21世纪高职高专规划教材

高等职业教育规划教材编委会专家审定

模拟电子技术与实训教程

主　编　董　兵
副主编　于丙涛　欧阳欣

U0349845

北京邮电大学出版社
www.buptpress.com

内容提要

本教程以基于工程实践理念，夯实电路工程应用基础知识，突出应用电路基本分析方法，强化应用电路检测与调试技能训练，注重工程实践教学环节为目标。教程共分6章，包括半导体器件认知、基本放大电路、反馈放大电路、功率放大电路、集成运算放大器、直流稳压电源等内容。为增强电子与通信类专业高职学生基本电路应用能力，在教程每章和每节中整合了与教学内容相关的十七个实验项目和实际工程应用电路，将电路的分析、设计、测量及调试方法及读图练习融入各章节中；为提高各个实验项目的可操作性，编写了每个实验项目的实验报告；为增强学生对元器件参数的理解和资料查询能力，在附录中增加了各类型号的元器件表格，供学生查询。

本教程可作为高职高专电子信息类、电气、自动化等相关专业的教材，也可供有关工程技术人员参考。

图书在版编目（CIP）数据

模拟电子技术与实训教程 / 董兵主编. -- 北京：北京邮电大学出版社，2016.1（2017.8重印）

ISBN 978-7-5635-4648-0

Ⅰ.①模…　Ⅱ.①董…　Ⅲ.①模拟电路－电子技术－高等职业教育－教材　Ⅳ.①TN710

中国版本图书馆CIP数据核字（2016）第001541号

书　　　名：模拟电子技术与实训教程
著作责任者：董　兵　主编
责 任 编 辑：刘　颖
出 版 发 行：北京邮电大学出版社
社　　　址：北京市海淀区西土城路10号（邮编：100876）
发　行　部：电话：010-62282185　传真：010-62283578
E-mail：publish@bupt.edu.cn
经　　　销：各地新华书店
印　　　刷：北京鑫丰华彩印有限公司
开　　　本：787 mm×1 092 mm　1/16
印　　　张：15.75
字　　　数：400千字
版　　　次：2016年1月第1版　2017年8月第2次印刷

ISBN 978-7-5635-4648-0　　定　价：34.00元

前　言

高职高专信息类专业人才培养应面向企业工程项目实施、产品生产、工艺管理等一线岗位，为其培养高素质、高技能型人才。因此，高职高专信息类专业基础课《模拟电子技术基础》的教学应以工程实践为原则，以掌握工程理念、强化电路中的工程应用为教学重点，注重电路检测、调试、工程应用、工艺管理等岗位能力的培养。本教程按照"基于工程实践理念，夯实电路工程应用基础知识，突出应用电路基本分析方法，强化应用电路检测与调试技能训练，注重工程实践教学环节"的原则编写，本书的编写有如下特点。

（1）基础知识编写方面：以基本元器件的工程认知、基本放大电路的工程理解、基本电路的工程调测、各种典型电路的工程应用为主线，深入浅出地让学生理解并掌握工程实践的基本理念，熟悉各种典型电路分析方法。各章节内容的重点放在各种电路的使用方法、调测和实际工程应用上。

（2）实训内容编写方面：选择了与各典型电路相关的工程实用型电路作为实训项目，通过让学生设计、测试和制作，增强学生对各种电路的工程应用能力，包括电路设计能力（电路原理图和 PCB 图设计）、电路调测能力（电路各静态和动态性能参数的测试）、数据测试与查询能力（测试曲线的绘制、各元器件参数的查询）、工程报告撰写能力（实验报告的评定）、电路应用的综合能力（电子产品的综合设计）。

（3）学生学习使用方面：为方便学生自学和复习，书中每章均有习题，并在附录中有对应每章的参考答案，以便于学生自检和自测。

本教程由广东轻工职业技术学院教师董兵任主编，广东轻工职业技术学院教师于丙涛和欧阳欣任副主编，参编的还有朱云鹏、司徒毅等多位广东轻工职业技术学院的教师。其中，第1、2 章由欧阳欣编写，第 3 章由于丙涛编写，第 4～6 章和附录部分由董兵编写。广东轻工职业技术学院半导体照明技术与应用专业 121 班学生赖东梅和移动通信技术专业 131 班学生陈丽婷也参与了资料整理和部分图表的制作。在编写过程中，我们参考了其他作者的资料，在此一并表示感谢。

本教程教学参考课时共为 76 学时。书中带有 * 号的内容，不同的专业可根据课时安排及需要选讲，或安排课外学习。教学过程中，教学课程结束后可另外安排 30 课时的实训周，完成一项电子产品的综合课程设计。

编　者

2015 年 12 月

目　录

第1章

半导体器件认知

本章导读:半导体器件是现代电子技术的基础,要学习电子技术,就必须了解器件的相关知识。本章作为全书的开篇,首先介绍半导体的基础知识和主要特性,以及半导体器件的核心部分——PN结,然后引出几种常用的半导体器件——半导体二极管、三极管和场效应管。本章的实验内容包括:实训室常用电子仪器操作与使用;半导体器件的识别与检测。

本章基本要求:掌握PN结的结构及单向导电性;了解二极管、三极管、场效应管等半导体器件的内部结构及工作原理,熟悉它们的符号、主要参数、特性曲线、测试方法和典型应用电路;掌握常用电子仪器操作与使用方法和半导体器件的识别与检测方法。

1.1 半导体基础

自然界中的物质,按其导电能力分为导体、半导体和绝缘体。导电能力较强的物质称为导体,如金、银、铜、铝等金属材料和离子溶液;导电能力差的物质称为绝缘体,如橡胶、玻璃、陶瓷等材料;半导体的导电能力介于导体和绝缘体之间,现代电子技术中最常用的半导体材料主要有硅(Si)和锗(Ge)以及一些化合物半导体等,硅是最常用的一种半导体材料,其次是锗半导体材料。

半导体具有一些其他物质所不具备的性质,它对温度、光照、压力等都非常敏感。半导体的电子特性主要表现在以下几个方面。

(1) 热敏性:当外界温度变化时,半导体材料的导电能力将发生显著改变。

(2) 光敏性:当受外界光照射时,半导体材料的导电能力将发生显著改变。

(3) 掺杂性:在纯净半导体材料中掺入微量杂质,它的导电能力将显著提高。

利用半导体导电的这些特点,可以制成热敏电阻、光敏电阻和二极管、三极管、场效应管等半导体器件。

1.1.1 本征半导体

具有一定晶体结构的半导体才能更好地实现其功能。我们把完全纯净、结构完整的半导体晶体称为本征半导体。

1. 本征半导体中的共价键

硅和锗都是四价元素,它们都具有4个价电子(最外层电子)。在本征半导体材料硅和锗中,每个原子外层的价电子会同时受到自身原子核以及相邻原子核的束缚,被相邻两个原子核所共有，就形成了晶体中的共价键结构。一个共价键内含有两个电子，由相邻的原子核各提供一个，称为束缚电子。图 1.1 所示为硅和锗的原子结构和共价键结构。

2. 本征激发和两种载流子

在半导体内部可以自由移动的带电粒子称为载流子，分为自由电子和空穴两类。在绝对零度($T=0$ K)下，本征半导体中没有载流子，不导电。但在一定的温度下，如 $T=300$ K 时，由于热激发，少数电子会获得足够的能量脱离共价键的束缚而成为自由电子，在原来的位置留下一个空位，称为空穴，这种现象叫本征激发。温度越高，半导体材料的本征激发现象越剧烈。在本征半导体中，自由电子和空穴总是成对出现和消失，因此其数量相同，如图 1.2 所示。

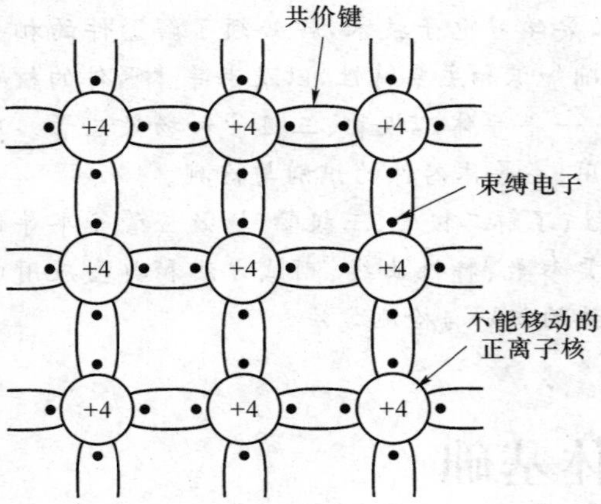

图 1.1　硅和锗的原子结构和共价键结构

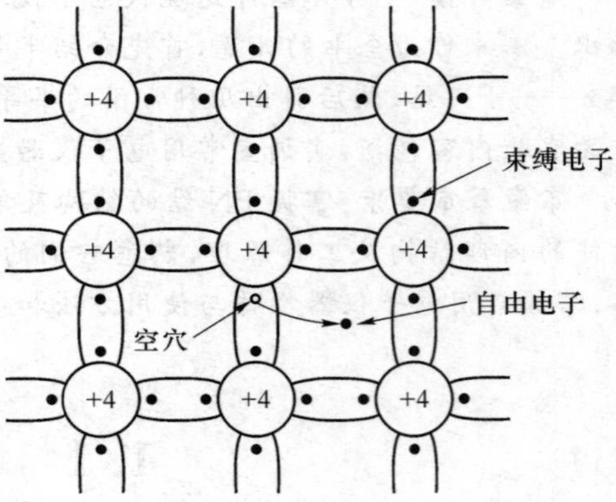

图 1.2　本征激发现象示意图

3. 空穴的运动

当空穴(如图 1.3 中位置 1)出现以后，可被邻近的束缚电子(如图 1.3 中位置 2)填补，同时在该电子的原有位置上形成一个空穴，这种电子填补空穴的运动称为复合；而这个空穴又可以被另一个束缚电子(如图 1.3 中位置 3)填补，再次出现一个新的空穴，这样就形成了空穴的运动。由此可见，空穴也是一种载流子。半导体材料中空穴越多，其导电能力也就越强。空穴的出现是半导体导电区别导体导电的一个主要特征。

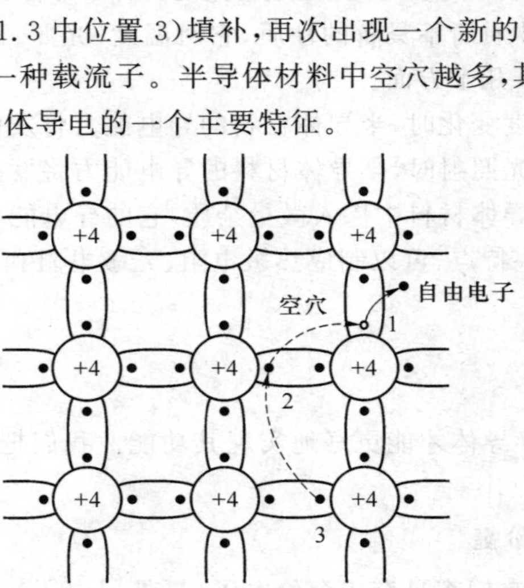

图 1.3　束缚电子填补空穴的运动

4. 结论

(1) 半导体导电的本质是载流子运载电荷形成电流，载流子分为两种，一种是带负电的自由电子，另一种是带正电的空穴。

(2) 在本征半导体中，自由电子和空穴总是成对产生，数目相等。

(3) 在一定温度下，本征半导体中电子-空穴对的产生与复合会达到动态平衡，其数目相对稳定。

(4) 温度升高，激发的自由电子-空穴对数目增加，半导体的导电能力增强。

1.1.2　杂质半导体

为了提高本征半导体的导电性，可在其中加入微量杂质，形成杂质半导体。根据掺入杂质的性质不同，杂质半导体可分为电子型(N 型)和空穴型(P 型)。

1. N 型半导体

N 型半导体是在硅(或锗)半导体晶体中掺入微量磷(P)、砷(As)等五价元素形成的。五价元素具有 5 个价电子，它们在与相邻的四价硅、锗原子组成共价键时，多出来的一个价电子很容易成为自由电子，使得 N 型半导体中自由电子的数目大大增加。自由电子参与导电移动后，原本位置的五价原子失去一个电子，成为一个不能移动的正离子，虽然此时没有相应的空穴产生，但半导体仍然呈现电中性，如图 1.4 所示。

请思考：为什么 N 型半导体仍然呈现电中性？

在 N 型半导体中，自由电子由掺杂的五价元素提供，其数量远多于因本征激发产生的空穴。因此对于 N 型半导体来说，自由电子为多数载流子，简称为多子；空穴为少数载流子，简称为少子。N 型半导体主要靠自由电子导电。

2. P 型半导体

P 型半导体是在硅(或锗)半导体晶体中掺入微量硼(B)、铟(In)等三价元素形成的。三价元素具有 3 个价电子，它们在与相邻的四价原子组成共价键时会多出来一个空位，形成空穴，此时没有相应的自由电子产生，半导体仍然呈现电中性，如图 1.5 所示。

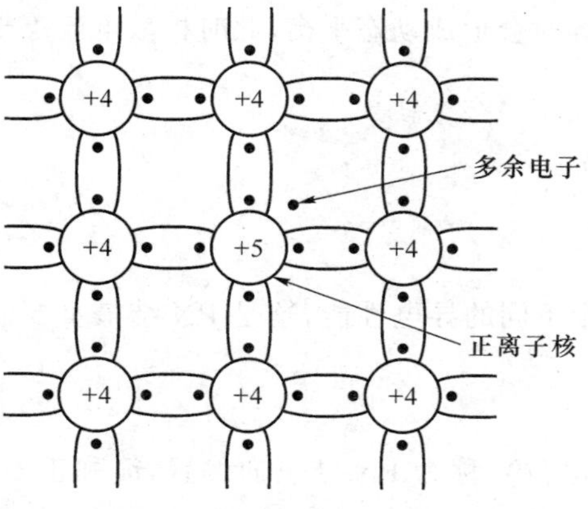

图 1.4　N 型半导体的共价键结构

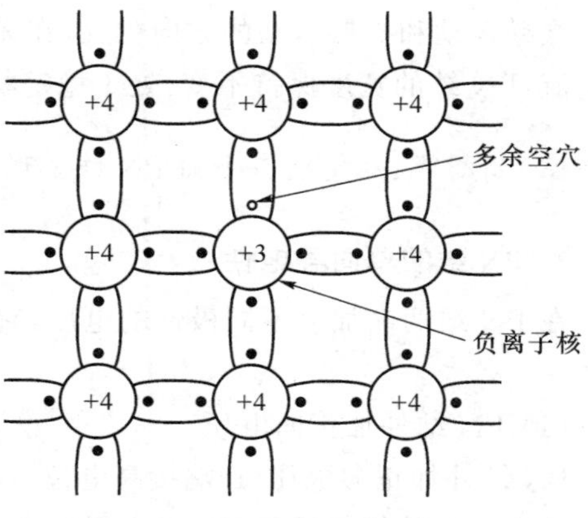

图 1.5　P 型半导体的共价键结构

在P型半导体中，空穴为多子，自由电子为少子。P型半导体主要靠空穴导电。

1.1.3 PN结及其单向导电性

1. PN结的形成

我们将一块半导体的两侧分别制成P型半导体和N型半导体，由于P型半导体中和N型半导体中的载流子存在浓度的差别，会发生扩散现象。P型区中的多子(空穴)将越过交界面向N型区扩散，留下不能移动的负离子；而N型区中的多子(自由电子)会向P型区扩散，留下不能移动的正离子。多数载流子的这种因浓度上的差异而形成的运动称为扩散运动，如图1.6所示。

原本P型区和N型区均呈现电中性，由于自由电子和空穴的扩散运动，使得P型区和N型区原来的电中性被破坏，在交界面的两侧分别形成不能移动的、带异性电荷的离子层，称为空间电荷区，这就是我们通常所说的PN结。

在PN结中，多数载流子扩散到对面发生复合而耗尽。因此空间电荷区又称为耗尽层，如图1.7所示。

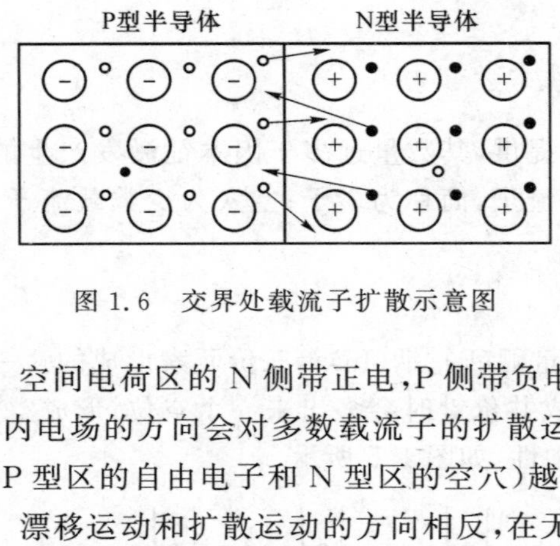

图1.6 交界处载流子扩散示意图

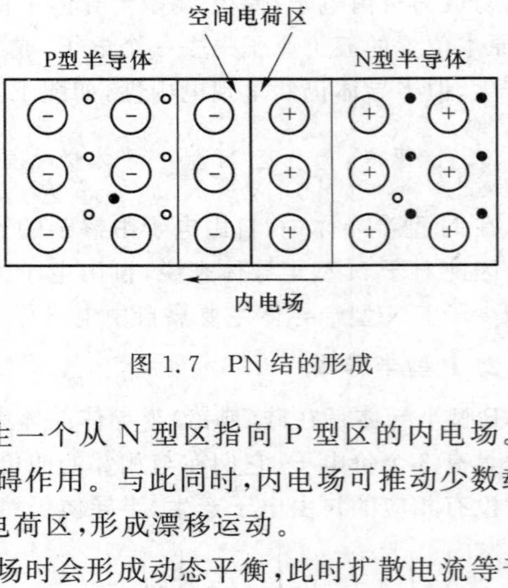

图1.7 PN结的形成

空间电荷区的N侧带正电，P侧带负电，会产生一个从N型区指向P型区的内电场。显然，内电场的方向会对多数载流子的扩散运动起阻碍作用。与此同时，内电场可推动少数载流子(P型区的自由电子和N型区的空穴)越过空间电荷区，形成漂移运动。

漂移运动和扩散运动的方向相反，在无外加电场时会形成动态平衡，此时扩散电流等于漂移电流，PN结的宽度保持不变，处于稳定状态。

请思考：稳定状态下的PN结呈现电中性吗？

2. PN结的单向导电性

在PN结两端加上不同极性的电压，它会呈现出不同的导电性能，这是PN结最重要的特性之一。

(1) PN结外加正向电压

PN结外加正向电压(P端接高电位，N端接低电位)，称为PN结正向偏置，简称正偏，如图1.8所示。外加电压在PN结上形成的外电场方向与内电场方向相反，驱使P型区的空穴和N型区的自由电子分别由两侧进入空间电荷区，打破了PN结原来的平衡状态，从而使空间电荷区变窄，内电场被削弱，有利于扩散运动不断进行。这样，多数载流子的扩散运动大为增强，从而形成较大的扩散电流。外部电源不断向半导体提供电荷，使电流得以维持，这时 PN 结所处的状态称为正向导通。

请思考：如果外电场小于内电场，PN 结能正向导通吗？

(2) PN 结外加反向电压

PN 结外加反向电压(P 端接低电位，N 端接高电位)，称为 PN 结反向偏置，简称反偏，如图 1.9 所示。此时内外电场方向相同，抑制扩散运动，使空间电荷区变得更宽。同时少数载流子的漂移运动却被加强，形成了反向的漂移电流。由于少数载流子的数目很少，故形成的反向电流也很小。PN 结这时所处的状态称为反向截止。少数载流子由本征激发产生，温度越高，其数量越多，所以温度对反向电流的影响很大。

请思考：反向电压能否无限加大？

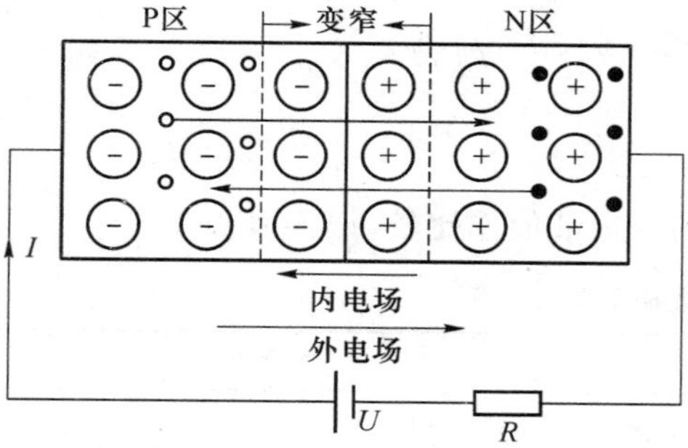

图 1.8　PN 结外加正向电压

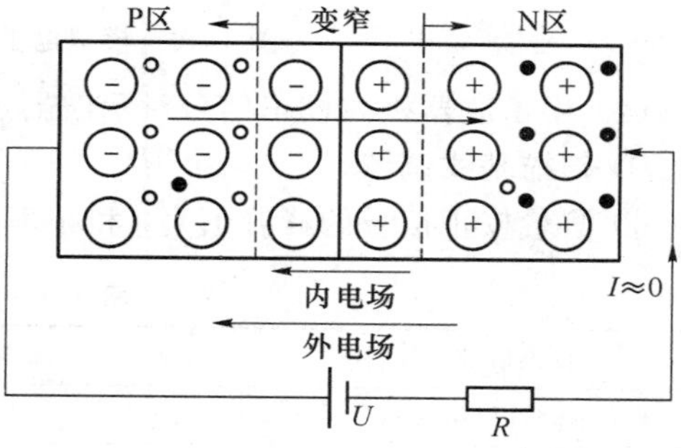

图 1.9　PN 结外加反向电压

3. 结论

(1) PN 结外加正向电压时处于导通状态，外加反向电压时处于截止状态，称为 PN 结的单向导电性。

(2) PN 结正偏时通过的正向导通电流较大，反偏时通过的反向截止电流很小。

1.1.4　实验项目一：实训室常用电子仪器操作与使用

1. 实验目的

(1) 了解示波器与信号发生器的主要技术指标、性能及其使用方法；

(2) 掌握用示波器观察测量波形的幅值、频率的基本方法；

(3) 掌握仪器共地的概念、意义和接法。

2. 实验设备

(1) 数字双踪示波器；

(2) 数字万用表；

(3) 信号发生器。

3. 预习要求

(1) 示波器的工作原理；

(2) 万用表的操作和使用方法。

4. 实验内容及步骤

(1) 模拟电子电路中常用电子仪器布局

模拟电子电路中常用电子仪器布局如图 1.10 所示。

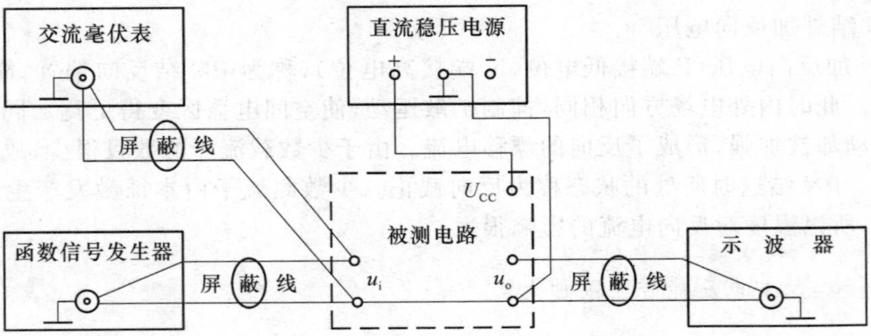

图 1.10 模拟电子电路中常用电子仪器布局图

(2) 用示波器机内校正信号对示波器进行自检

① 扫描基线调节。

② 测量校正信号的峰峰值 U_{PP} 和频率 f,把它们与标准值作比较,记入表 1.1。

表 1.1 校正信号数据记录

校正信号参数	标准值	实测值
峰峰值 U_{PP}/V		
频率 f/kHz		

(3) 用示波器测量信号源参数

① 用示波器测量信号幅值

调节信号发生器,送出一个频率 1 kHz(可直接输入或通过旋钮调节)、幅值 1V(调节幅值旋钮)的正弦信号,通过信号线连接到示波器的输入端,用示波器测量该信号的峰峰值 U_{PP},记入表 1.2。

② 用示波器测试正弦信号的周期

调节信号发生器,送出一个频率 1 kHz(可直接输入或通过旋钮调节)、幅值 1 V(调节幅值旋钮)的正弦信号,通过信号线连接到示波器的输入端,用示波器测出该正弦波的周期 T、频率 f,记入表 1.2。

表 1.2 用示波器测量信号源参数记录

信号频率	示波器测量值			
	幅值/V	峰峰值/V	周期/ms	频率/Hz
100 Hz	1			
1 kHz				
100 kHz				

(4) 用示波器测试直流电压

调节直流电源(见附录C TPE-A5Ⅱ型模拟电路实验箱简介,实验箱的直流稳压电源1.3～15 V端,如图1.11所示)以输出一个+10 V的直流电压(由数字万用表直流电压挡读出)。用双踪示波器测试该电压。

① 按示波器输入耦合于“GND”,显示出一条扫描线,此为0 V参考电位。

② 将输入耦合“GND”切换到“DC”,显示出一条上移扫描线,此为直流电平线。

③ 通过计算或用光标读出两线间的电压。

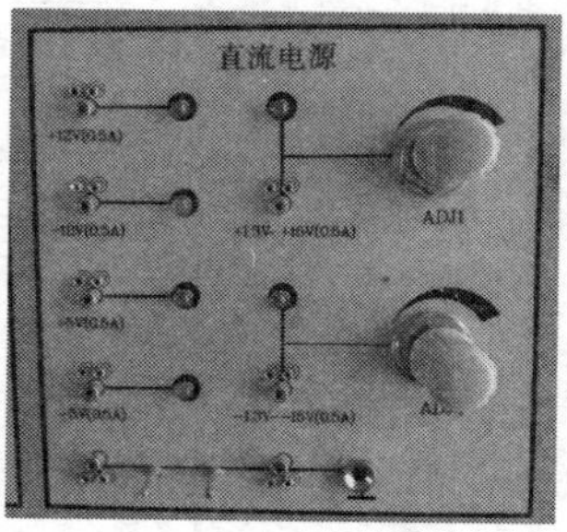

图1.11　实验箱上的直流稳压电源实物图

5. 实验报告要求

(1) 整理实验数据,求出误差、分析误差产生原因,按要求完成实验报告。

(2) 思考题:信号源输出的信号参数能不能用数字万用表测量?为什么?

表1.3　模拟电子技术实验报告一:实训室常用电子仪器操作与使用

<table>
<tr><td colspan="2">实验地点</td><td colspan="2"></td><td>时间</td><td></td><td>实验成绩</td><td></td></tr>
<tr><td>班级</td><td></td><td>姓名</td><td></td><td>学号</td><td></td><td>同组姓名</td><td></td></tr>
<tr><td colspan="2">实验目的</td><td colspan="6"></td></tr>
<tr><td colspan="2">实验设备</td><td colspan="6"></td></tr>
<tr><td colspan="2">实验内容</td><td colspan="6">1. 画出示波器自检波形,并将测试的数据填入下表中。
<table><tr><td>示波器机内信号</td><td>标准值</td><td>实测值</td></tr><tr><td>幅度 U_{PP}/V</td><td></td><td></td></tr><tr><td>频率 f/kHz</td><td></td><td></td></tr></table></td></tr>
</table>

续表

<table>
<tr><td>实验内容</td><td>2. 画出测量信号源的波形图,并将测试的数据填入下表中。
<table>
<tr><th rowspan="2">信号频率</th><th colspan="4">示波器测量值</th></tr>
<tr><th>幅值/V</th><th>峰峰值/V</th><th>周期/ms</th><th>频率/Hz</th></tr>
<tr><td>100 Hz</td><td rowspan="3">1</td><td></td><td></td><td></td></tr>
<tr><td>1 kHz</td><td></td><td></td><td></td></tr>
<tr><td>100 kHz</td><td></td><td></td><td></td></tr>
</table>
</td></tr>
<tr><td>实验过程中遇到的问题及解决方法</td><td></td></tr>
<tr><td>实验体会与总结</td><td></td></tr>
<tr><td>思考题</td><td></td></tr>
<tr><td>指导教师评语</td><td></td></tr>
</table>

1.2 半导体二极管

1.2.1 二极管的结构及符号

将一个PN结外加管壳和引线封装起来,制成半导体二极管(以下简称二极管),由P端引出的电极是正极,由N端引出的电极是负极。二极管和PN结一样,都具有单向导电性。

二极管的符号如图 1.12 所示，箭头的方向表示正向电流的方向，二极管通常用字母 VD 表示。

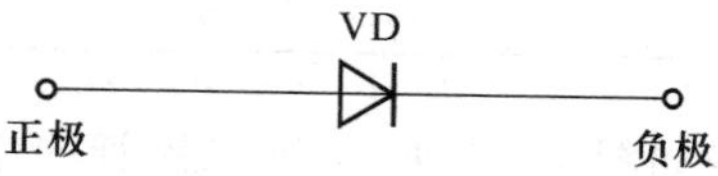

图 1.12 二极管的符号

按二极管内部结构的不同可分为点接触型、面接触型和平面型 3 类，如图 1.13 所示。点接触型二极管 PN 结结面积小，结电容小，不能承受过大的电流和电压，但其高频性能好，适用于小功率和高频电路；面接触型二极管 PN 结结面积大，结电容大，其高频性能较差，适用于整流电路；平面型二极管通常用作大功率开关。

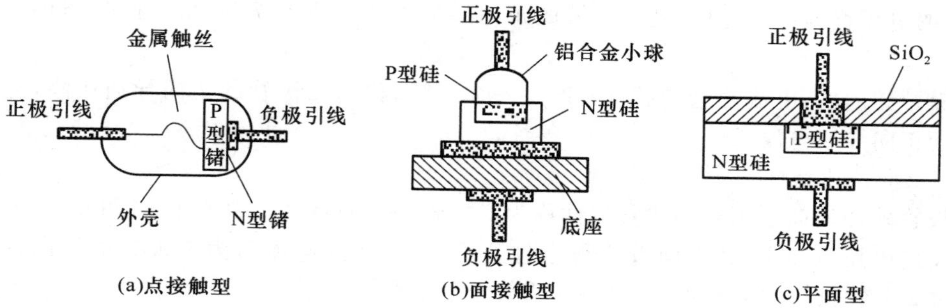

图 1.13 各类不同结构的二极管

另外，按半导体材料的不同，二极管主要可以分为硅二极管、锗二极管等；按封装可分为金属、塑料和玻璃封装 3 种；按功能可分为整流、检波、开关、稳压、发光、光电、快恢复和变容二极管等。图 1.14 所示为几种常见的二极管外形。

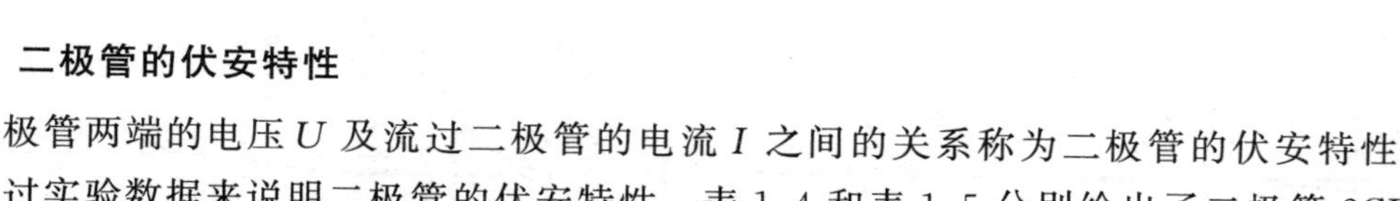

图 1.14 常见的二极管外形

1.2.2 二极管的伏安特性和主要参数

1. 二极管的伏安特性

二极管两端的电压 U 及流过二极管的电流 I 之间的关系称为二极管的伏安特性关系。这里通过实验数据来说明二极管的伏安特性。表 1.4 和表 1.5 分别给出了二极管 2CP31 外加正向电压和反向电压时的电压电流关系。

表 1.4 二极管 2CP31 加正向电压的实验数据

电压/V	0	0.1	0.5	0.55	0.6	0.65	0.7	0.75	0.8
电流/mA	0	0	0	10	60	85	100	180	300

表 1.5 二极管 2CP31 加反向电压的实验数据

电压/V	0	−0.01	−0.02	−0.06	−0.09	−0.115	−0.12	−0.125	−0.135
电流/μA	0	10	10	10	10	25	40	150	300

将上述实验数据绘成的曲线如图 1.15 所示，即二极管的伏安特性曲线。

(1) 正向特性

二极管加正向电压时的伏安特性称为二极管的正向特性。当二极管所加正向电压比较小时($0<U<U_{th}$)，二极管处于截止状态，流过的电流约为 0，此区域称为死区，U_{th} 称为死区电压或开启电压。硅二极管的 U_{th} 约为 0.5 V，锗二极管的 U_{th} 约为 0.1 V。

当二极管所加正向电压大于死区电压时，正向电流缓慢增加；当电压增大到一定数值，电流会随电压的增大而急剧上升，这时二极管呈现的电阻很小，可认为二极管处于正向导通状态，此时的电压称为导通电压，硅二极管的正向导通电压约为 0.7 V，锗二极管的正向导通电压约为 0.3 V。

二极管导通后，电流通过二极管会产生一个压降，称为二极管的正向导通压降，它在数值上约等于正向导通电压。

(2) 反向截止特性

二极管外加反向电压时的伏安特性称为二极管的反向特性。由图 1.15 可见，二极管在相当宽的反向电压范围内，其反向电流很小且几乎不变，称此电流值为二极管的反向饱和电流 I_S。这时二极管呈现的电阻很大，可以认为管子处于截止状态。

(3) 反向击穿特性

当反向电压的值增大到 U_{BR} 后，反向电流会急剧增大，称此现象为反向击穿，U_{BR} 称为反向击穿电压。一般的二极管不允许工作在反向击穿区，但可以利用二极管的反向击穿特性做成稳压二极管。

2. 二极管的温度特性

作为一种半导体器件，二极管对温度非常敏感。随温度升高，PN 结中的载流子数目增多，二极管的正向压降会减小，正向伏安特性左移；同时反向饱和电流会增大，反向伏安特性下移，如图 1.16 所示。

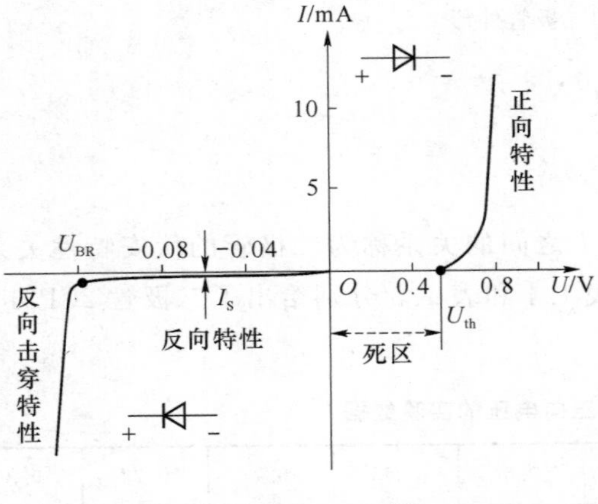

图 1.15 二极管的伏安特性曲线

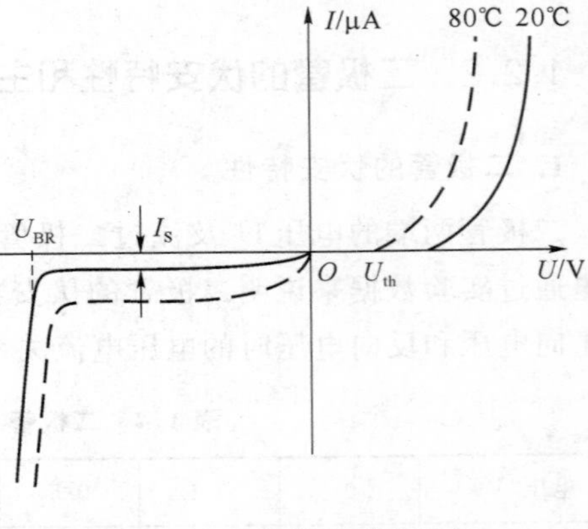

图 1.16 二极管的温度特性

3. 二极管的主要参数

(1) 最大整流电流 I_M

最大整流电流是指二极管连续工作时,允许通过二极管的最大正向电流的平均值。当电流流经二极管时,会引起管子发热,温度上升,如果电流太大,温度超过允许限度(硅管为140℃左右,锗管为90℃左右)时,会烧坏管子。通常点接触型二极管的最大整流电流在几十毫安以下。面接触型二极管的最大整流电流较大,如2CP10型硅二极管的最大整流电流为100 mA。

(2) 最高反向工作电压 U_{RM}

最高反向工作电压指二极管在正常工作时能承受的反向电压最大值,二极管的最高反向工作电压一般为反向击穿电压(U_{BR})的一半。通常过电压(过高的电压)比过电流更容易导致二极管的损坏,故应用中一定要保证所加反向电压不超过 U_{RM}。

(3) 反向饱和电流 I_S

反向饱和电流是指二极管在反向电压下的电流值,它在反向击穿前基本保持不变。硅管的反向饱和电流通常为1 μA或更小,而锗管为几百μA。反向电流的大小反映了二极管单向导电性的好坏,其值越小越好。

1.2.3 二极管应用电路

普通二极管的应用范围很广,可用于稳压、开关、限幅、整流等电路。

例题 1-1 二极管工作状态的判定。如图1.17所示电路,判定电路中硅二极管的工作状态,并计算 U_{AB} 的值。

解 判定二极管工作状态的方法:

① 假定断开二极管,估算其两端的电位;

② 接上二极管判定其是正偏还是反偏。若二极管正偏说明导通;否则二极管截止。

在图1.17中,假定VD断开,则VD上端A点电位和下端B点电位分别为6V和0V;接上VD,明显可见VD正偏导通。设硅二极管的正向导通压降为0.7 V,则VD导通后,其正极端比负极端的电位高出约0.7 V,因此 $U_{AB}=0.7$ V。

在例1-1中,由于二极管的正向导通压降在一定条件下可以认为是保持不变的(硅管约为0.7 V,锗管约为0.3 V),因此可抽象成二极管的恒压降模型,如图1.18所示。一般来说,如果不特别注明,通常使用的是二极管的恒压降模型。

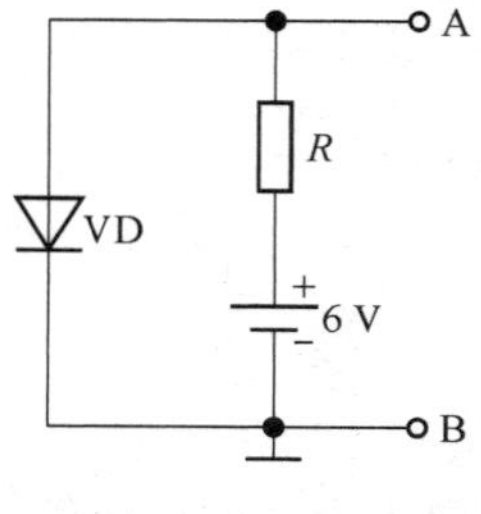

图1.17 例1-1题图

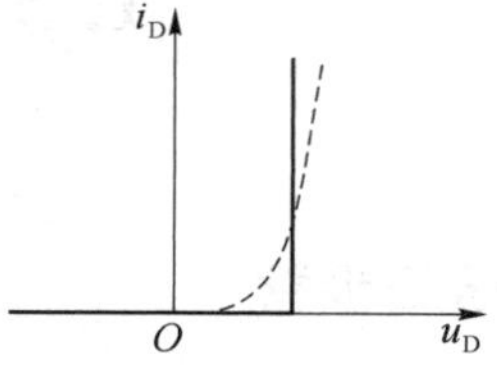

图1.18 二极管的恒压降模型

例题 1-2 二极管低压稳压电路。如图1.19所示,二极管为硅管,试计算 U_o 的值。

解 利用二极管的正向导通压降，可以获得良好的低电压稳压性能。在图 1.19 所示电路中，若电网电压 $U_I>1.4$ V，两个硅二极管都正向导通，输出电压 U_o为两个硅二极管的正向导通压降之和，即 $U_o=1.4$ V。当 U_I波动时($U_I>1.4$ V)，输出电压基本可以稳定在 1.4 V。

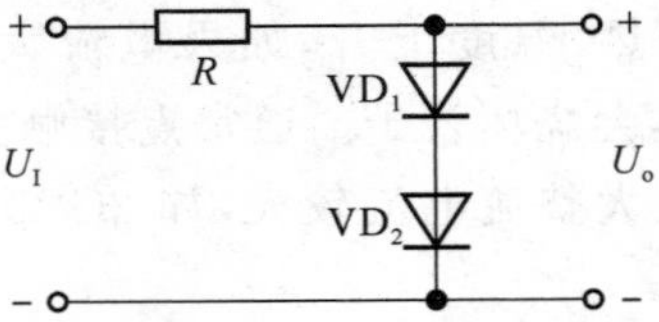

图 1.19 二极管低压稳压电路

例题 1-3 二极管限幅电路。图 1.20 所示为双向限幅电路，设二极管为硅二极管，输入电压为幅度为 15 V 的正弦波，试对应输入电压画出输出电压的波形。

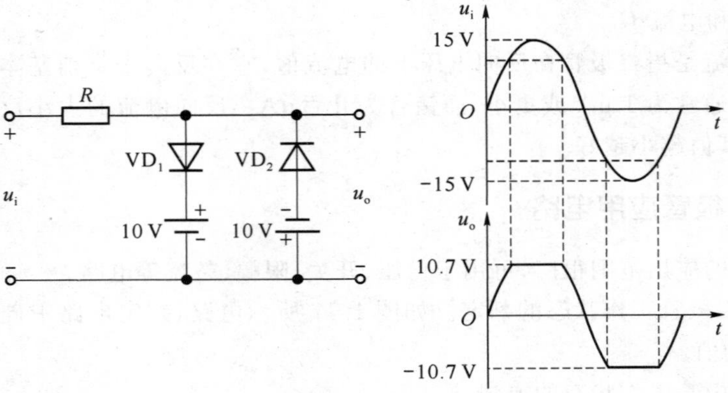

图 1.20 二极管限幅电路

解 限幅电路利用的是二极管的单向导电性和导通压降基本不变的特性。需要根据二极管的工作状态进行分析。

当输入电压大于＋10.7 V 时，VD_1 导通，VD_2 截止，输出电压被限定在＋10.7 V；当输入电压小于－10.7 V 时，VD_1 截止，VD_2 导通，输出电压被限定在－10.7 V；当输入电压在－10.7～＋10.7 V之间变化时，VD_1 和 VD_2 均截止，$u_o=u_i$。可见该电路把输出电压限制在±10.7 V 的范围之内。

1.3 特殊二极管

1.3.1 稳压二极管

稳压二极管又名齐纳二极管，简称稳压管，是一种工作于反向击穿区的二极管。稳压管是用特殊工艺制作的面接触型硅半导体二极管，这种管子的杂质浓度比较大，容易发生可逆的击穿(齐纳击穿)，其击穿时的电压基本上不随电流变化而变化，从而达到稳压的目的。

1. 稳压管的伏安特性和符号

稳压管的正向特性和普通二极管类似，但它的反向特性比较特殊：当反向电压加到一定程度时，管子处于击穿状态，虽然通过较大的电流，却并不会损毁。这种击穿是可逆的，当去掉反向电压后，稳压管又恢复正常。从图 1.21 的反向击穿特性可以看出，稳压管反向击穿后，电流可以在相当大的范围内变化，但稳压管两端的电压变化很小。稳压管就是利用这一特性在电路中起到稳压作用。

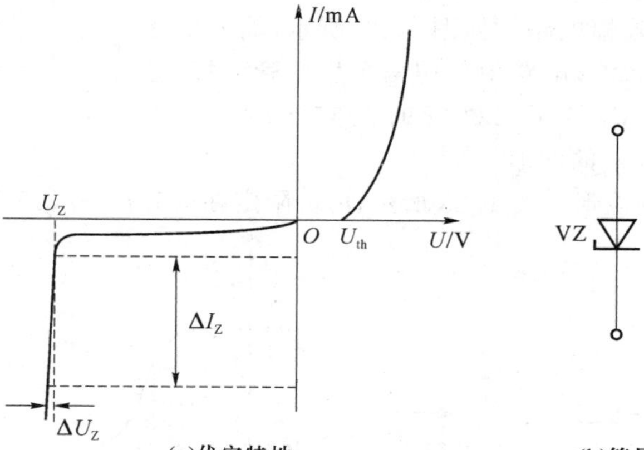

(a)伏安特性 (b)符号

图 1.21 稳压二极管的伏安特性和符号

2. 稳压管的主要参数

(1) 稳定电压 U_Z

它是指当稳压管中的电流为规定值时，稳压管在电路中其两端产生的稳定电压值。由于制造工艺的原因，同一型号稳压管的稳定电压 U_Z 具有较大的离散性，如型号为 2CW11 的稳压管，稳压范围为 3.2～4.5 V 之间。但对某一只稳压管而言，其稳定电压 U_Z 是一定的。

(2) 稳定电流 I_Z

稳定电流是稳压管工作在稳压状态时，稳压管中流过的电流，它应处于最小稳定电流 $I_{Z\min}$ 和最大稳定电流 $I_{Z\max}$ 之间。若稳压管中流过的电流小于 $I_{Z\min}$，稳压管没有稳压作用；若稳压管中流过的电流大于 $I_{Z\max}$，稳压管会因过流而损坏。

(3) 耗散功率 P_M

它是指稳压管正常工作时允许的最大耗散功率。若使用中稳压管消耗的功率超过这个数值，管子会因过损耗而损坏。稳压管的耗散功率 P_M 可由稳定电压 U_Z 和最大稳定电流 $I_{Z\max}$ 决定。

3. 稳压管使用注意事项

(1) 使用稳压管时要加反向电压，只有当反向电压大于或等于 U_Z 时，管子工作在反向击穿区，才能起到稳压作用；若外加的电压值小于 U_Z，稳压二极管可看作普通二极管。

(2) 稳压管需配合限流电阻使用，以保证稳压管中流过的电流在规定的电流范围之内。

请思考：如果不加限流电阻，稳压管是否还能实现稳压？

4. 稳压管应用电路

例题 1-4 稳压管稳压电路。如图 1.22 所示，若限流电阻 $R=1.6\ \text{k}\Omega$，$U_Z=12\ \text{V}$，$I_{Z\max}=18\ \text{mA}$，通过稳压管的电流 I_Z 等于多少？限流电阻的值是否合适？

解 稳压管处于反向工作状态，可得

$$I_Z=\frac{(20-12)\ \text{V}}{1.6\ \text{k}\Omega}=5\ \text{mA}$$

因为 $I_Z<I_{Z\max}$，所以限流电阻的值合适。

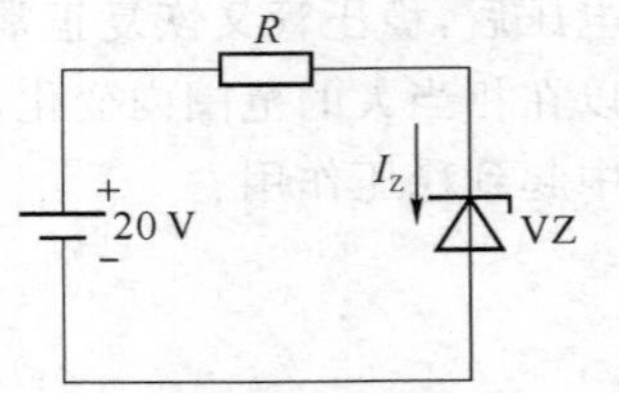

图 1.22 稳压二极管稳压电路

例题 1-5 稳压管限幅电路。如图 1.23 所示，输入电压 u_i 为振幅为 10 V 的正弦波，电路中使用两个稳压管对接，已知 $U_{Z1}=6\ \text{V}$，$U_{Z2}=3\ \text{V}$，稳压二极管的正向导通压降为 0.7 V，试画出输出电压 u_o 的波形。

解 输出电压 u_o 的波形如图 1.23 所示，u_o 被限定在 −6.7～+3.7 V 之间。

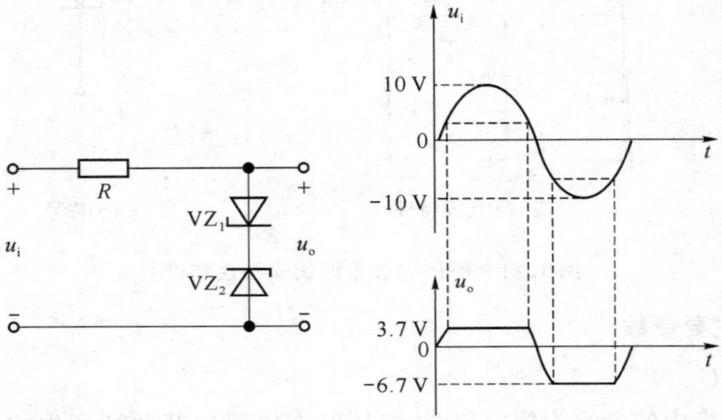

图 1.23 稳压二极管限幅电路

1.3.2 发光二极管

发光二极管是一种光发射器件，英文缩写是 LED，其外形和符号如图 1.24 所示。此类管子通常采用三、五价元素的化合物作为半导体材料，如铝(Al)、镓(Ga)、铟(In)、氮(N)、磷(P)、砷(As)等。发光二极管工作在正向导通状态，当导通电流足够大时，能把电能直接转换为光能。发光二极管在 20 世纪 60 年代被发明，目前已实现所有可见光色。发光二极管的发光颜色主要取决于所用半导体发光材料的种类，如砷化镓材料 LED 发红光，而磷化镓材料 LED 则发绿光。

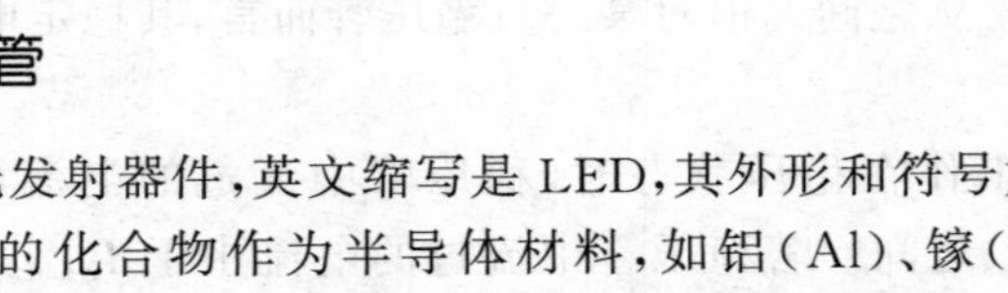

图 1.24 发光二极管的外形和符号

发光二极管工作时导通电压比普通二极管大，随材料的不同而不同。普通绿、黄、红、橙色发光二极管工作电压约为 2 V；白色发光二极管的工作电压通常高于 2.4 V；蓝色发光二极管的工作电压一般高于 3.3 V。

请思考：发光二极管发光的条件是什么？

发光二极管的应用非常广泛，可用于各种电子产品的指示灯，还可以做成七段数码显示管。另外如道路交通标志灯、户外显示屏也常采用发光二极管。近年来，随着发光二极管功率的不断提高，在电子设备背光源、照明等领域也得到了大量应用。

1.3.3　光电二极管

光电二极管又称为光敏二极管，它是一种光接受器件，其PN结工作在反偏状态。它与发光二极管相反，可以将光能转换为电能，实现光电转换。

图1.25所示为光电二极管的符号和基本电路。它的管壳上有一个玻璃窗口，以便接受光照。当窗口受到光照时，形成反向电流 I_{RL}，通过回路中的电阻 R_L，就可得到电压信号，从而实现光电转换。光电二极管的反向电流与光照度成正比，即受到的光照越强，反向电流越大。光电二极管的应用非常广泛，可用于光测量、光电控制等领域，如遥控接收器、光纤通信、激光头中都离不开光电二极管。另外，大面积的光电二极管可制成光电池，应用于光伏产业，是一种极有发展前途的绿色能源。

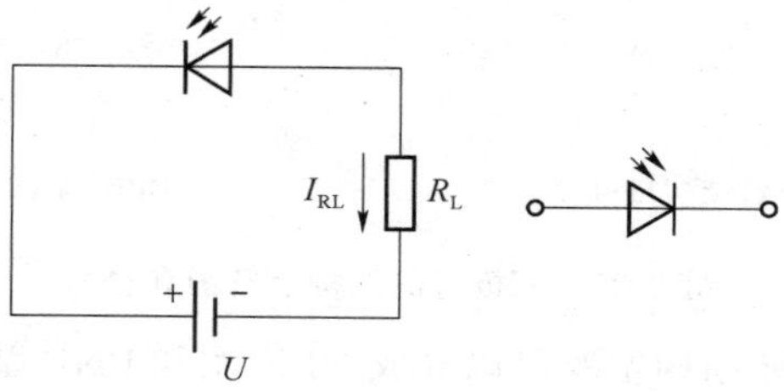

图1.25　光电二极管的符号和基本电路

1.3.4　变容二极管

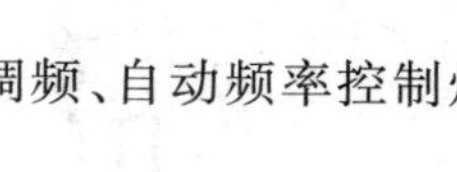

图1.26　变容二极管的符号

图1.26所示为变容二极管的符号。此二极管是利用PN结的电容效应进行工作的，它工作在反向偏置状态。当外加的反偏电压变化时，其电容量也随着改变。

请思考：为什么变容二极管的电容量会随着电压的改变而改变？

变容二极管可当作可变电容使用，主要用于高频电路中的电子调谐、调频、自动频率控制灯电路中，如高频电路中的变频器，手机中的本振电路都用到变容二极管。

1.4　半导体三极管

1.4.1　三极管的结构及符号

半导体三极管一般简称三极管或晶体管。它是通过一定的制作工艺，将两个PN结结合在一起的器件，两个 PN 结相互作用，不同于单个 PN 结的性能，使三极管成为一个具有控制电流作用的半导体器件。三极管可以用来放大微弱的信号和作为无触点开关器件。图 1.27 所示为三极管的结构示意图和符号。

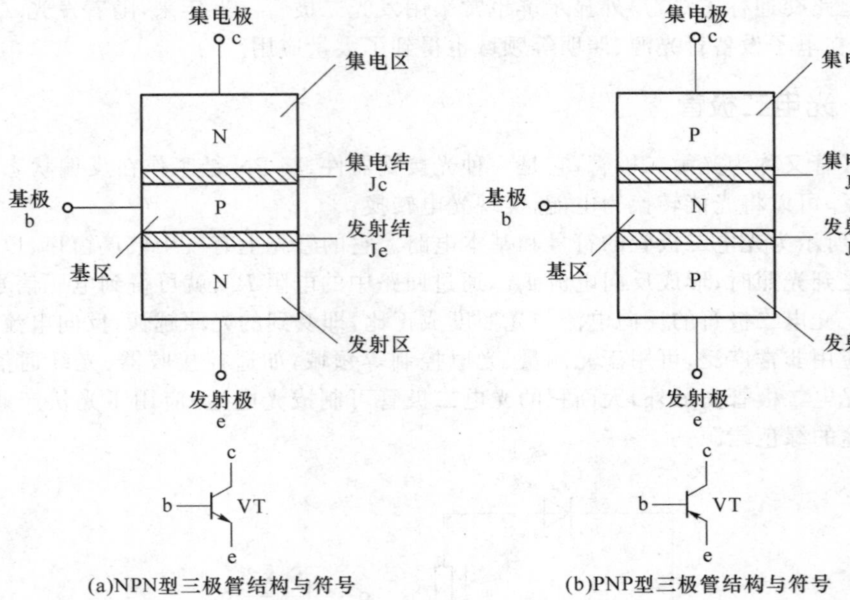

图 1.27 三极管的结构示意图和符号

从图中可见，三极管按照结构主要可以分成 NPN 型和 PNP 型两类，它们都具有 3 个电极（基极 b、集电极 c 和发射极 e）；与之对应的是三个区（基区、集电区和发射区）；有两个 PN 结（基区和发射区之间的 PN 结称为发射结 Je，基区和集电区之间的 PN 结称为集电结 Jc）。三极管符号中发射极上的箭头方向表示发射结正偏时电流的流向，NPN 管的箭头向外，PNP 管的箭头向内。

三极管按制造材料可分为硅三极管和锗三极管。从应用的角度讲，三极管还可以根据工作频率可分为高频管、低频管和开关管；根据工作功率可分为大功率管、中功率管和小功率管。常见的三极管外形如图 1.28 所示。

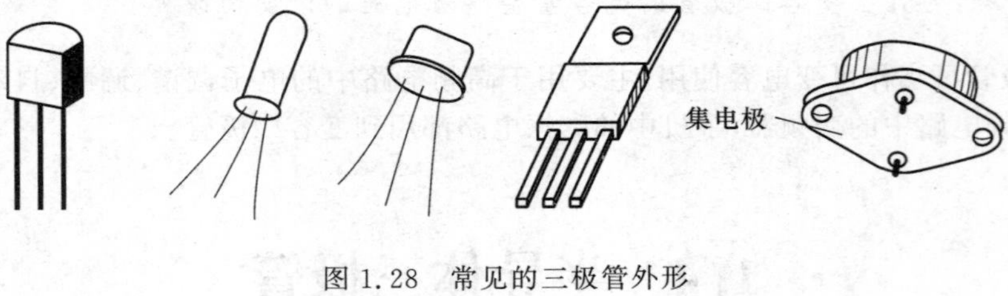

图 1.28 常见的三极管外形

1.4.2 三极管的电流放大作用

三极管在的基区通常做得很薄（几微米到几十微米），且掺杂浓度低；发射区的杂质浓度则比较高；集电区的面积需要比发射区做得大。这是三极管实现电流放大的内部条件。三极管内部结构图如图 1.29 所示。

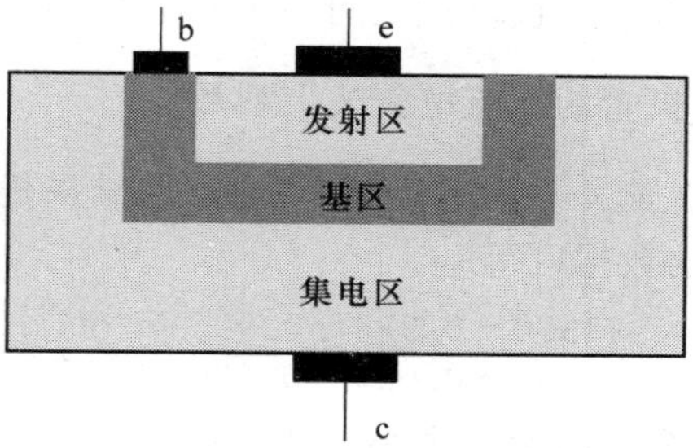

图 1.29　三极管内部结构图

请思考：使用三极管时 e 和 c 能不能互换？

为了实现三极管的电流放大作用，还要给三极管各电极加上正确的电压。其发射结须加正向电压（正偏），而集电结须加反向电压（反偏），这是三极管实现电流放大的外部条件。

1. 三极管电流放大实验

这里通过实验来验证三极管的电流分配原则。实验电路如图 1.30 所示。在电路中给三极管的发射结加正向电压，集电结加反向电压，保证三极管能起到放大作用。改变可变电阻 R_b 的值，则基极电流 I_B、集电极电流 I_C 和发射极电流 I_E 都发生变化，电流的方向如图 1.30 所示。测量结果如表 1.6 所示。

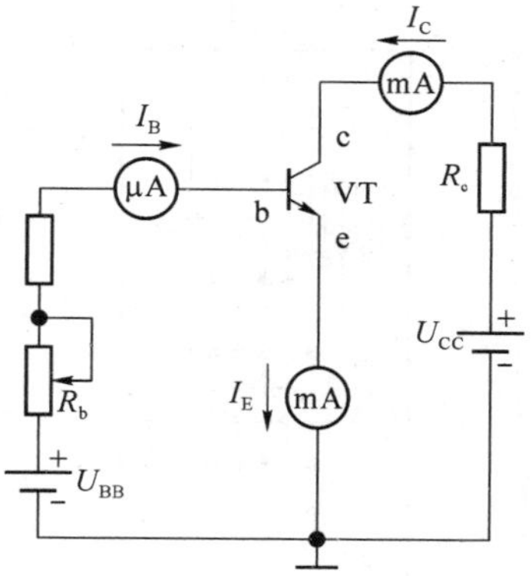

图 1.30　三极管电流放大的实验电路

表 1.6　三极管各电极电流的实验测量数据

基极电流 I_B/mA	0	0.010	0.020	0.040	0.060	0.080	0.100
集电极电流 I_C/mA	<0.001	0.495	0.995	1.990	2.990	3.995	4.965
发射极电流 I_E/mA	<0.001	0.505	1.015	2.030	3.050	4.075	5.065

由实验及测量结果可以得出以下结论：

（1）实验数据中的每一列数据均满足关系：$I_E = I_B + I_C$，此结果符合基尔霍夫电流定律。

(2) 每一列数据都有 $I_C \gg I_B$，而且 I_C和 I_B的比值近似相等，约等于 50。

可见，三极管的集电极电流和基极电流之间满足一定的比例关系，此即三极管的电流放大作用。定义$\frac{I_C}{I_B}=\bar{\beta}$，$\bar{\beta}$ 称为三极管的直流电流放大系数。

(3) 对表 1.5 中任两列数据求 I_C和 I_B变化量的比值，结果仍然近似相等，约等于 50。

如比较第 3 列和第 4 列的数据可得

$$\frac{\Delta I_C}{\Delta I_B}=\frac{1.990-0.995}{0.040-0.020}=\frac{0.995}{0.020}=49.75\approx 50$$

由此可见，当三极管的基极电流有一个小的变化量(0.02 mA)时，在集电极上可以得到一个与基极电流成比例变化的较大电流(0.995 mA)。也就是说三极管可以实现电流的放大及控制作用，因此通常称三极管为电流控制器件。定义$\frac{\Delta I_C}{\Delta I_B}=\beta$，$\beta$ 称为三极管的交流电流放大系数。

一般有三极管的直流和交流电流放大系数：$\bar{\beta}\approx\beta$。

(4) 从表 1.5 中可知，当 $I_B=0$(基极开路)时，集电极电流的值很小，称此电流为三极管的穿透电流 I_{CEO}。通常穿透电流 I_{CEO}越小越好。

2. 三极管实现电流分配的过程

上述实验结论可以用载流子在三极管内部的运动规律来解释，下面以 NPN 三极管为例作详细介绍。三极管内部载流子的传输与分配过程如图 1.31 所示。

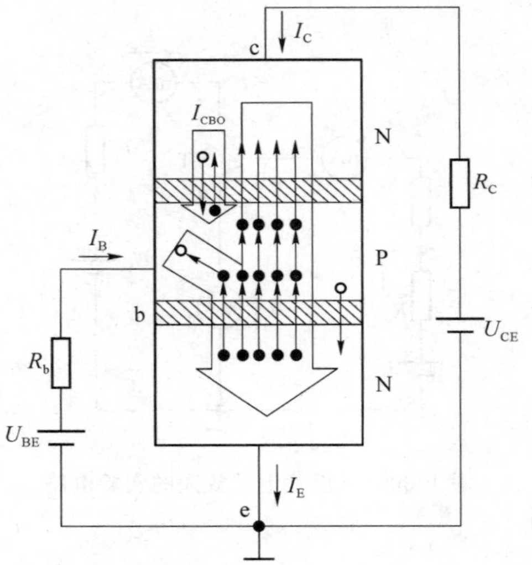

图 1.31　三极管内部载流子的传输与分配

(1) 发射区向基区发射自由电子，形成发射极电流 I_E

由于发射结正向偏置，有利于多数载流子的扩散运动，发射区的多数载流子自由电子不断扩散到基区，并不断从电源补充电子，形成发射极电流 I_E。同时基区的多数载流子空穴也要扩散到发射区，但由于基区的掺杂浓度很低，空穴的浓度远远低于发射区自由电子的浓度，空穴电流很小，可以忽略不计。

(2) 自由电子在基区与空穴的复合形成基极电流 I_B

由发射区扩散到基区的电子在发射结处浓度高，而在集电结处浓度低，形成浓度上的差别，因此自由电子在基区将向集电结方向继续扩散。在扩散的过程中，一小部分自由电子与基区的空穴相遇而复合，基区电源不断补充被复合掉的空穴，形成基极电流 I_B。

由于基区很薄，且杂质浓度低，自由电子在基区与空穴复合的比较少，大部分自由电子能够到达集电结附近。

(3) 集电区收集从发射区扩散过来的自由电子，形成集电极电流 I_C

由于集电结反向偏置，可对多数载流子的扩散运动起阻挡作用，阻止集电区的多数载流子(自由电子)和基区的多数载流子(空穴)向对方区域扩散，但可将从发射区扩散到基区并到达集电区边缘的自由电子拉入集电区，从而形成集电极电流 I_C。从发射区扩散到基区的自由电子，只有一小部分在基区与空穴复合掉，绝大部分被集电区收集。

另外，集电结反偏有利于少数载流子的漂移运动。集电区的少数载流子空穴漂移到基区，基区的少数载流子自由电子漂移到集电区，形成反向电流 I_{CBO}。I_{CBO}很小，受温度影响很大，常忽略不计。若不计反向电流 I_{CBO}，则有 $I_E=I_B+I_C$，即集电极电流与基极电流之和等于发射极电流。

PNP 管与 NPN 管的工作过程类似，它实现电流放大的外部条件同样是发射结正偏、集电结反偏，但所加的电压极性、产生的电流方向等与 NPN 管刚好相反。

3. 结论

(1) 三极管实现电流放大的外部条件是：发射结正偏、集电结反偏。

(2) 对三极管一般有 $\beta \gg 1$，且 $\bar{\beta} \approx \beta$。

(3) 三极管的电流分配及放大关系式为

$$I_E=I_C+I_B$$

$$I_C=\beta I_B$$

例题 1-6 在图 1.30 所示的电路中，若测得 $I_B=0.025$ mA，取 $\beta=50$，试计算 I_C 和 I_E 的值。

解 $I_C=\beta I_B=50\times0.025=1.25$ mA，$I_E=I_C+I_B=1.25+0.025=1.275$ mA

1.4.3 三极管的特性曲线及主要参数

1. 三极管的特性曲线

三极管的特性曲线反映了通过三极管的各电极的电流和各电极间电压的关系。它可以用专用的晶体管特性图示仪进行显示，也可通过实验测量数据描点的方法得到。三极管常用的特性曲线有输入特性曲线和输出特性曲线两种，下面以 NPN 管为例分别介绍。

(1) 输入特性曲线

在一定的集电极-发射极电压 U_{CE}下，三极管的基极电流 I_B与发射结电压 U_{BE}之间的关系曲线称为三极管的输入特性曲线。由图 1.32 中所示的三极管输入特性曲线中可以看出：

① 该输入特性是在 $U_{CE}\geq 1$ V 时的情况，三极管处于放大状态。当 $U_{CE}\geq 1$ V 时，对于每个不同的 U_{CE}值，三极管的输入特性基本保持不变。

② 三极管的输入特性曲线与二极管的正向特性类似，也有一段死区。只有发射结电压U_{BE}达到导通电压时，三极管才完全进入放大状态。此时的三极管输入特性曲线很陡，U_{BE}稍有变化，I_B就变化很大。

(2) 输出特性曲线

三极管输出特性曲线是一组曲线。它是指在不同的基极电流 I_B下，三极管的集电极电流I_C与集电极-发射极电压U_{CE}之间的关系曲线，如图 1.33 所示。

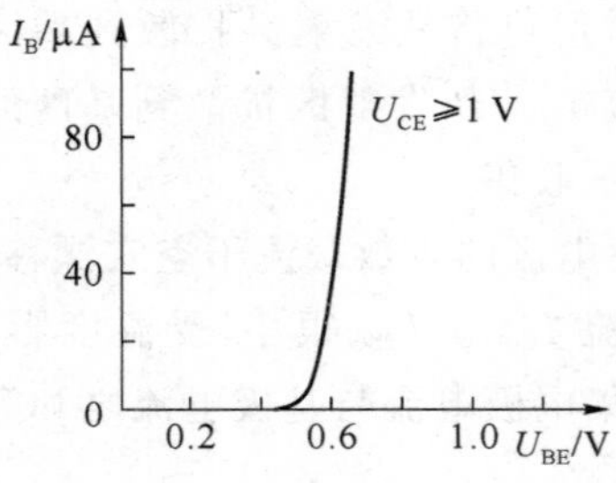

图 1.32 三极管的输入特性曲线

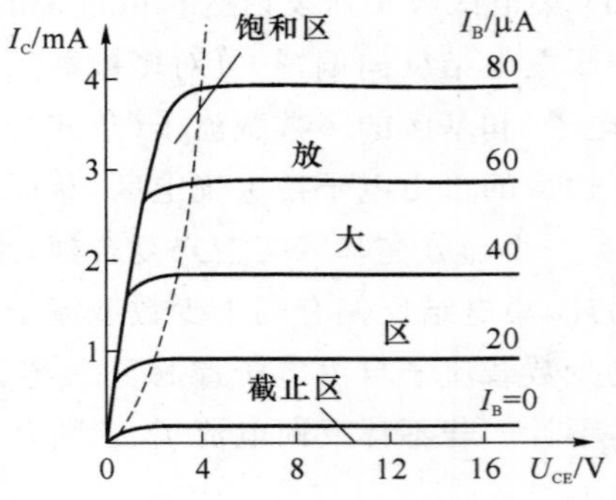

图 1.33 三极管的输出特性曲线

由图中可知，每一个不同的 I_B值都对应着一条 I_C-U_{CE}曲线。在曲线的起始部分，I_C随 U_{CE}的增大迅速上升；当 U_{CE}达到一定的值后，I_C不再随 U_{CE}的变化而变化，基本维持恒定。由于此时曲线几乎与横坐标平行，表示三极管具有恒流的特性。在图 1.33 中可以把三极管的输出特性曲线分为三个工作区域，分别是截止区、放大区和饱和区。

① 放大区。输出特性曲线后段平坦的区域称为放大区。此时三极管工作在放大状态，具有以下特点：

- 三极管的发射结正向偏置，集电结反向偏置；
- 此时满足关系 $I_C=\beta I_B$；
- 对 NPN 型的三极管有电位关系 $U_C>U_B>U_E$，PNP 型三极管与之相反；
- 对 NPN 型硅三极管有发射结电压 $U_{BE}\approx 0.7$ V，锗三极管有 $U_{BE}\approx 0.3$ V。

② 截止区。输出特性中 $I_B=0$ 的曲线下方与横坐标轴之间的区域称为截止区。此时的I_C数值很小，几乎为 0，有 $I_C=I_{CEO}$（穿透电流）。三极管工作在截止状态时，具有以下特点：

- 此时发射结和集电结均反向偏置；
- I_B和 I_C都近似为 0；
- 三极管的集电极和发射极之间几乎没有电流通过，可看成是断开的状态。

③ 饱和区。输出特性曲线迅速上升的区域称为饱和区。三极管工作在饱和状态时具有如下特点：

- 三极管的发射结和集电结均正向偏置；
- 三极管的电流放大能力达到饱和而下降，通常有 $I_C<\beta I_B$；
- U_{CE}的值很小，称为三极管的饱和压降，用 U_{CES}表示，一般硅三极管的 U_{CES}约为 0.3 V，锗三极管的 U_{CES}约为 0.1 V；

• 三极管的集电极和发射极近似短接，三极管类似于一个开关导通。

三极管在电路中可作为放大器件或开关器件。前者需要工作在放大区，后者需要在截止和饱和状态之间不断切换。

例题 1-7　一个工作在放大状态中的三极管，已经测得其3个引脚的电位分别为①3.5 V、②6.6 V和③2.8 V。试问此三极管为什么类型？3个引脚分别对应管子的什么电极？

解　管子工作在放大区，有6.6 V>3.5 V>2.8 V，由于3.5 V−2.8 V=0.7 V，可判断引脚①和③分别为硅管的基极和发射极，剩下的②端是三极管的集电极，又根据$U_C>U_B>U_E$可推断出它是NPN型。

2. 三极管的主要参数

(1) 共发射极电流放大系数 $\bar{\beta}$ 和 β

它是指将发射极作为公共端，从基极输入信号，从集电极输出信号，此种接法下的电流放大系数。

在共发射极接法下，三极管集电极静态(无交流信号输入时)电流与基极静态电流的比值 $\bar{\beta}$ 称为共发射极直流电流放大系数，即 $\bar{\beta}=\frac{I_C}{I_B}$。

在交流工作状态下，三极管集电极电流变化量与基极电流变化量的比值 β 称为共发射极交流电流放大系数，即 $\beta=\frac{\Delta I_C}{\Delta I_B}$。

一般有 $\bar{\beta}\approx\beta$，对于不同的三极管，其值大约从几十倍到几百倍不等。

(2) 极间反向电流

① 集电极基极间的反向饱和电流 I_{CBO}。它是集电结反偏时的反向电流，因此 I_{CO} 对温度十分敏感。通常硅管的 I_{CBO} 此较小，为纳安数量级；锗管的 I_{CBO} 较大，为微安数量级。

② 集电极发射极间的穿透电流 I_{CEO}。它是指基极开路($I_B=0$)时，集电极到发射极间的穿透电流，有关系 $I_{CEO}\approx(1+\beta)I_{CBO}$。

I_{CBO} 同 I_{CEO} 都会随温度的升高而增大，它们都是衡量三极管温度特性的一个重要参数，其值越小，三极管的热稳定性越好。由于硅三极管的反向电流小，因此使用较多。

(3) 极限参数

① 集电极最大允许电流 I_{CM}。三极管正常工作时，集电极电流 I_C 应小于 I_{CM}，否则管子的性能下降，甚至会因过流而损坏，如图1.34所示。

② 反向击穿电压。三极管的反向击穿电压主要指 $U_{(BR)CEO}$，即基极开路时，集电极与发射极之间允许的最大反向电压，它的数值较大，一般为几十伏到几百伏，如图1.34所示。

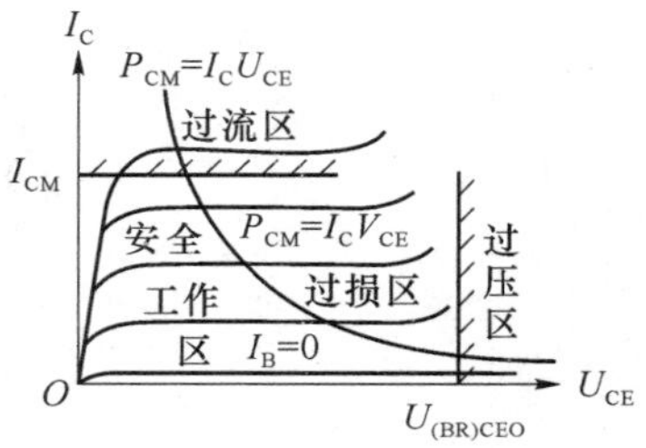

图1.34　三极管的安全工作区

除此之外，三极管的反向击穿电压还有以下两种。

• $U_{(BR)EBO}$：集电极开路时，发射极与基极之间允许的最大反向电压。

• $U_{(BR)CBO}$：发射极开路时，集电极与基极之间允许的最大反向电压。

选择三极管时，要保证反向击穿电压大于工作电压的两倍以上。

③ 集电极最大允许功率损耗 P_{CM}。它表示集电结上允许损耗功率 $P_C=I_CU_{CE}$ 的最大值，若功率过高，三极管有烧坏的危险。图 1.34 中的曲线 $P_{CM}=I_CU_{CE}$ 是三极管的允许功率损耗线。

P_{CM} 与三极管的散热条件、最高允许结温密切相关。通常将 $P_{CM}\leqslant 1$ W 的三极管称为小功率管，将 1 W$<P_{CM}<$5 W 的三极管称为中功率管，将 $P_{CM}\geqslant 5$ W 的三极管称为大功率管。

综上所述，在图 1.34 中，由过流线、过压线、过损线所围起来的的区域表示三极管的安全工作区域。

3. 温度对三极管特性的影响

三极管是一种对温度十分敏感的器件，随温度的变化，三极管的性能参数会发生改变。

实验表明，随温度的升高，三极管的输入特性具有负的温度特性（约为 −2 mV/℃），即在相同的基极电流 I_B 下，U_{BE} 的值会随温度的升高而减小，这一点与二极管的正向温度特性类似，如图 1.35 所示。

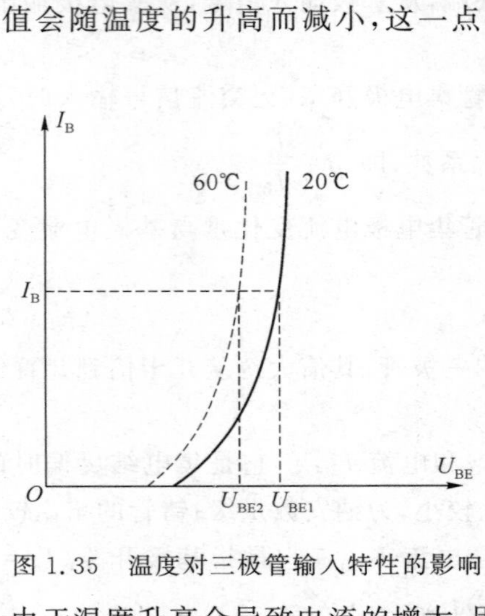

图 1.35 温度对三极管输入特性的影响

对于三极管的输出特性，由于温度升高会导致电流的增大，因此各条曲线之间的间隔会随温度的升高而拉宽，温度每升高 1 ℃，β 值约增大 1%，如图 1.36 所示。

另外，三极管的反向电流也会随温度的升高而增大，温度每升高 1℃，反向饱和电流将增加一倍。

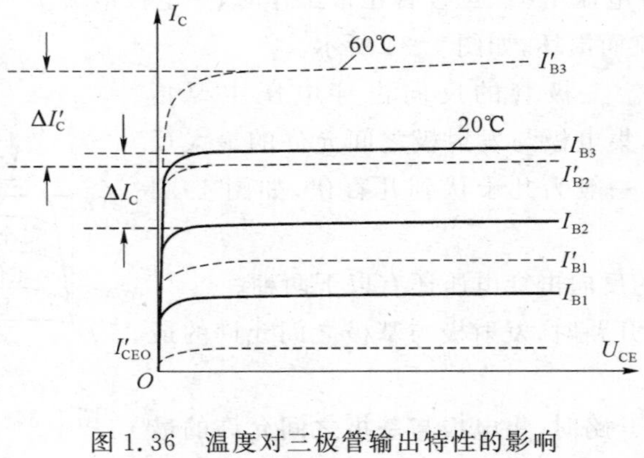

图 1.36 温度对三极管输出特性的影响

例题 1-8 某三极管的 $P_{CM}=100$ mW，$I_{CM}=20$ mA，$U_{(BR)CEO}=15$ V。试问在下列几种情况下，哪种是正常工作？①$U_{CE}=3$ V，$I_C=10$ mA；②$U_{CE}=2$ V，$I_C=40$ mA；③$U_{CE}=6$ V，$I_C=20$ mA。

解 ①：因为 $U_{CE}<0.5U_{(BR)CEO}$，$I_C<I_{CM}$，$P_C=I_CU_{CE}=30$ mW$<P_{CM}$，所以是正常工作。

②：因为 $I_C>I_{CM}$，因此不是正常工作。

③：虽然 $U_{CE}<0.5U_{(BR)CEO}$，$I_C<I_{CM}$，但 $P_C=I_CU_{CE}=120$ mW$>P_{CM}$，因此不是正常工作。

1.5 特殊三极管

1.5.1 光电三极管

光电三极管也称光敏三极管，它的电流受外部光照控制，是一种半导体光电器件。光电三极管是一种相当于在三极管的基极和集电极之间接入一只光电二极管的三极管，光电二极管的电流相当于三极管的基极电流。因为具有电流放大作用，光电三极管比光电二极管灵敏得多，在集电极可以输出很大的光电流。

光电三极管有塑封、金属封装（顶部为玻璃镜窗口）、陶瓷、树脂等多种封装结构，引脚分为两脚和三脚型。一般两个管脚的光电三极管，管脚分别为集电极和发射极，而光窗口则为基极。图 1.37 所示为光电三极管的等效电路、符号和外形。

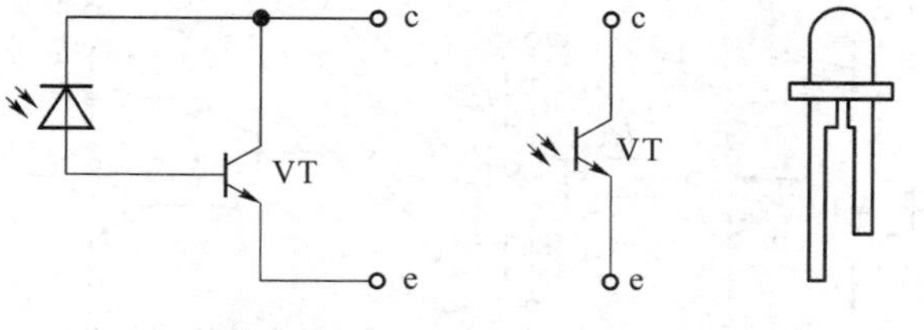

(a)等效电路　(b)符号　(c)外形

图 1.37 光电三极管的等效电路、符号和外形

在无光照射时，光电三极管处于截止状态，无电信号输出。当光信号照射光电三极管的基极时，光电三极管导通，首先通过光电二极管实现光电转换，再经由三极管实现光电流的放大，从发射极或集电极输出放大后的电信号。

1.5.2 光耦合器

光耦合器亦称光电隔离器，简称光耦，是把发光二极管和光电三极管组合在一起的光电转换器件。光耦合器以光为媒介传输电信号，实现电—光—电的传输与转换。它对输入、输出电信号有良好的隔离作用，在各种电路中得到广泛的应用。图 1.38 所示为光耦合器的一般符号。

光耦合器一般由光的发射、光的接收及信号放大三部分组成。输入的电信号驱动发光二极管，使之发出一定波长的光，被光探测器接收而产生光电流，再经过进一步放大后输出。在光耦合器应用电路的输入回路和输出回路各自独立，不共地。因此，光耦合器的抗干扰能力强，广泛应用于检测和控制系统中的光电隔离方面。

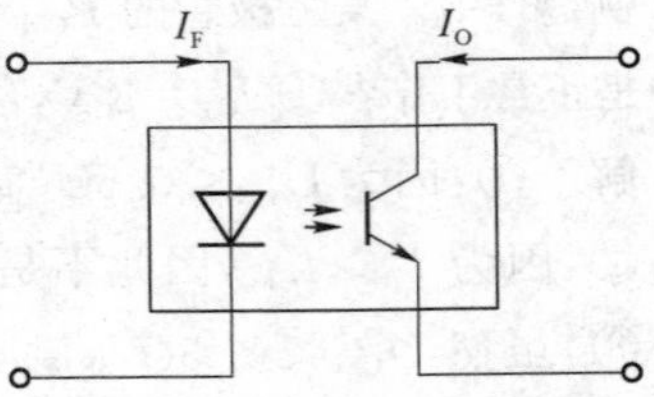

图 1.38　光耦合器的一般符号

1.5.3　复合管

在实际应用中，如果三极管的放大倍数不够，可考虑使用复合管。复合管也称达林顿管，是由两个或以上的三极管按照一定的连接方式组成的等效三极管。

复合管的特点是放大倍数非常高，实际应用中采用复合管结构，可以改变放大电路的某些性能，来满足不同的需要。复合管可在高灵敏的放大电路中放大非常微小的信号，使输出电流尽可能大，以满足负载的要求，如功率放大器和稳压电源等电路。

1. 复合管的连接原则

复合管可以由同类型的管子复合而成，也可以由不同类型的管子复合连接，具体的连接方法有多种，但需要遵循以下原则：

(1) 为防止单管的功率过大，需要把小功率管放在前面，大功率管放在后面；

(2) 连接时要保证每管都工作在放大区域，以实现放大功能；

(3) 连接时要保证每管的电流通路，后一级的基极与前一级的集电极/发射极相连时，连接处的电流方向需保证相同，如图 1.39 所示 4 种常见的复合管结构。

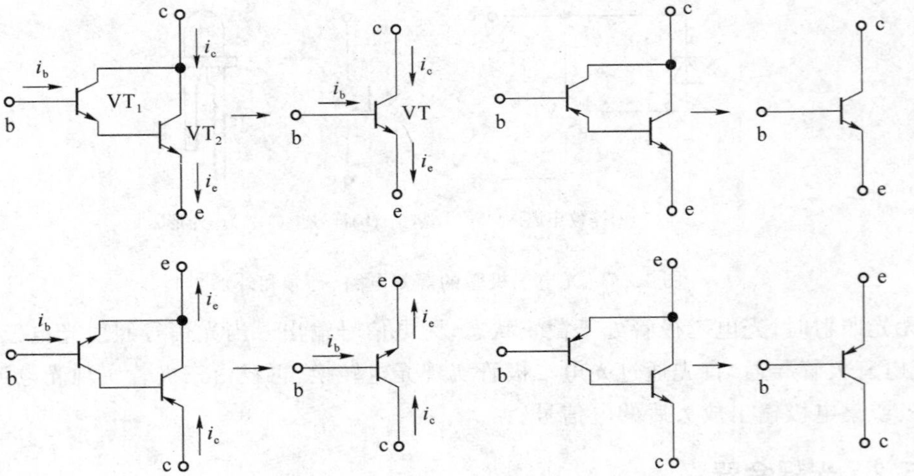

图 1.39　4 种常见的复合管结构

2. 复合管的特点

(1) 复合管的管型与组成复合管的第一只三极管的管型相同。如果第一只管子为 NPN 型，则复合管的管型也为 NPN 型；若第一只管子为 PNP 型，则复合管的管型也为 PNP 型。

(2) 由复合管的连接方式,可计算出复合管的电流放大倍数 β 近似为组成该复合管的各三极管电流放大倍数的乘积,即

$$\beta \approx \beta_1 \beta_2 \beta_3 \cdots$$

*1.6　场效应管

场效应管和三极管一样,也是一种放大器件。所不同的是,三极管是一种电流控制器件,它利用电流对电流的控制作用来实现放大;而场效应管则是一种电压控制器件,它利用电场效应来控制电流,从而实现放大。

另外,二极管、三极管在工作时,两种载流子自由电子和空穴都参与导电,称为双极型器件;而场效应管工作时,内部只有一种载流子参与导电,因此又称为单极型器件。

根据结构,场效应管可以分为结型场效应管和绝缘栅场效应管两大类。

1.6.1　结型场效应管和绝缘栅场效应管

1. 结型场效应管

场效应管有 3 个电极:栅极 g、漏极 d、源极 s,与三极管的基极、集电极、发射极分别对应。结型场效应管分为 N 沟道和 P 沟道两类。

(1) 结型场效应管的结构与符号

以 N 沟道结型管为例,它是在一片 N 型半导体的两侧分别制作两个高浓度的 P 型区。两 P 型区相连并引出一个电极,称为场效应管的栅极 g,N 型半导体的两端各引出一个电极,分别作为管子的漏极 d 和源极 s。两个 PN 结中间的 N 型区域称为导电沟道,如图 1.40 所示,图中结型场效应管符号中的箭头表示由 P 型区指向 N 型区。

P 沟道结型场效应管的结构与 N 沟道类似,只需将杂质半导体的类型反过来即可。图 1.41 所示为 P 沟道结型场效应管的结构与符号。

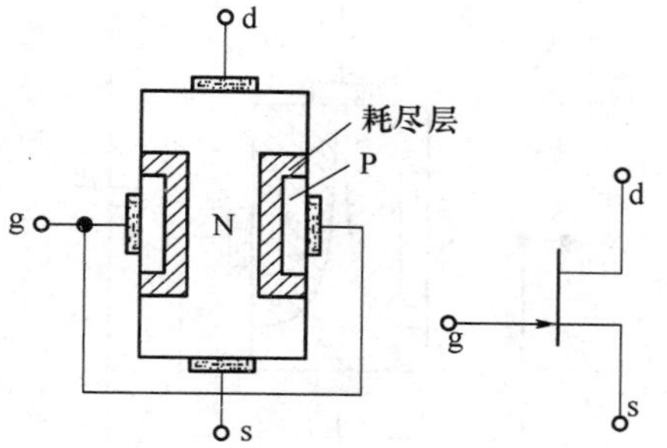

图 1.40　N 沟道结型管的结构与符号

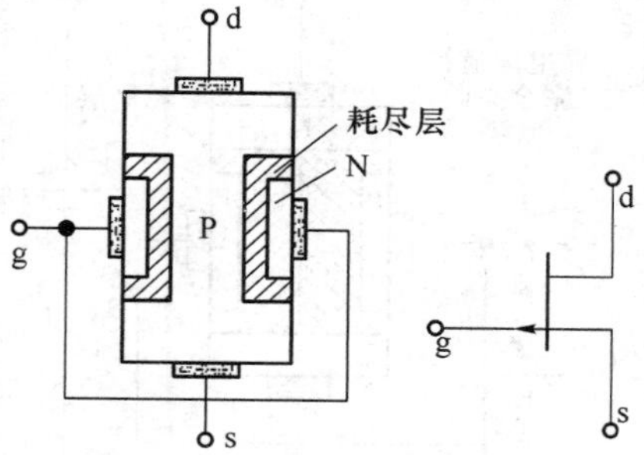

图 1.41　P 沟道结型管的结构与符号

(2) N沟道结型场效应管的工作过程

① 当栅源电压$U_{GS}=0$时，两个PN结的耗尽层比较窄，中间的N型导电沟道比较宽，沟道电阻小，通过电流的能力较强，如图1.42所示。

② 当$U_{GS}<0$时，两个PN结反向偏置，PN结的耗尽层变宽，中间的N型导电沟道相应变窄，沟道导通电阻增大，通过电流的能力减弱，如图1.43所示。

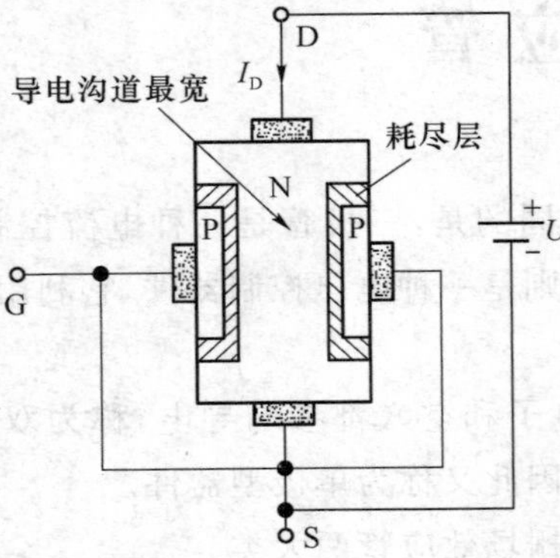

图1.42 $U_{GS}=0$时的导电沟道

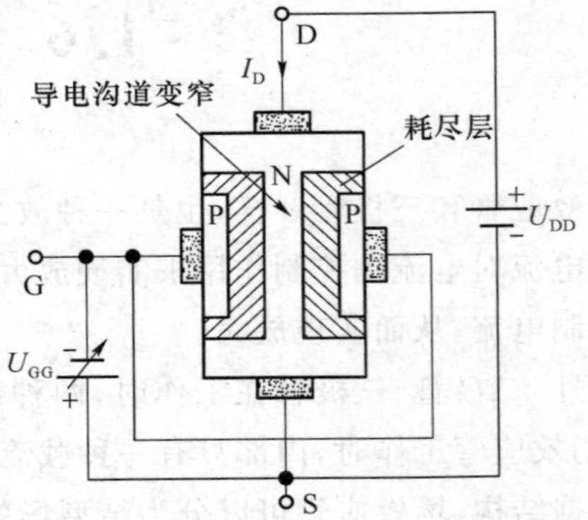

图1.43 $U_{GS}<0$时的导电沟道

③ U_{GS}继续减小至$U_{GS}\leqslant U_P$时，两个PN结的耗尽层完全合拢，N型导电沟道被完全夹断，沟道导通电阻为无穷大，无法通过电流。U_P称为场效应管的夹断电压，如图1.44所示。

可见，调整栅源电压U_{GS}的值，可以改变导电沟道的宽度，从而调整沟道的导通电阻。

④ 当$U_P<U_{GS}\leqslant 0$且$U_{DS}>0$时，可产生漏极电流I_D，由于U_{GS}可以控制导电沟道的宽度，因此I_D的大小随栅源电压U_{GS}的变化而变化，从而实现U_{GS}对I_D的控制作用，此时栅极和源极之间的PN结反向偏置。

⑤ 漏源电压U_{DS}的存在使得漏极附近的电位高，源极附近的电位低，PN结靠近漏极的位置所加的反向偏置电压增大，耗尽层加宽，从而使导电沟道成为一个楔形，如图1.45所示。当U_{DS}较小时，两个PN结之间的导电沟道是畅通的，漏极电流I_D随着U_{DS}的增大而增大；当U_{DS}上升到一定数值时，导电沟道在漏极附近首先被夹断，称为预夹断。此后U_{DS}增加，预夹断长度增加，但I_D几乎不再随U_{DS}上升而上升。

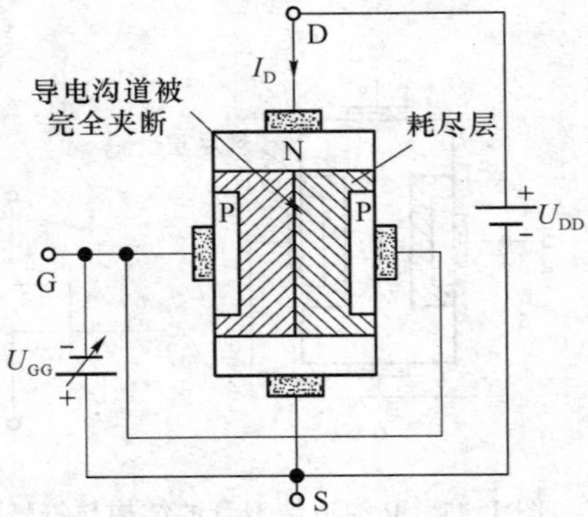

图1.44 $U_{GS}\leqslant U_P$时的导电沟道

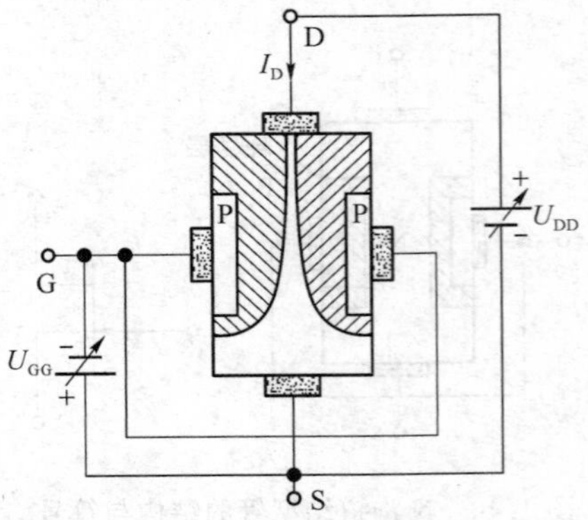

图1.45 U_{GS}和U_{DS}共同作用的情况

(3) 结型场效应管的特性曲线

① 输出特性曲线

输出特性曲线是指栅源电压 U_{GS} 一定时，漏极电流 I_D 与漏源电压 U_{DS} 之间的关系曲线，如图 1.46 所示。从图中可见，每一个不同的 U_{GS} 对应一条曲线，在起始部分 I_D 随 U_{DS} 的增大而上升，但当 U_{DS} 达到一定值后，曲线则比较平坦。

场效应管的输出特性可分为 4 个区域：可变电阻区、恒流区、截止区和击穿区。

• 可变电阻区。在图 1.46 中，可变电阻区是指预夹断轨迹左方的区域。在此区域，导电沟道畅通，I_D 随 U_{DS} 的上升而上升。

• 恒流区。在图 1.46 中，恒流区是指曲线比较平坦的区域。在此区域，I_D 几乎与 U_{DS} 无关，而是受 U_{GS} 控制。放大电路中的场效应管要工作在此区域。

• 截止区(夹断区)。截止区是指导电沟道被完全夹断，管子截止，即 $U_{GS} \leqslant U_P$ 的区域。

• 击穿区。击穿区是指随 U_{DS} 过大，导致管子击穿的区域。正常工作时，场效应管不允许进入此区域。

② 转移特性曲线

在场效应管的 U_{DS} 一定时，I_D 与 U_{GS} 之间的关系称为转移特性，如图 1.47 所示，它反映了场效应管栅源电压对漏极电流的控制作用。

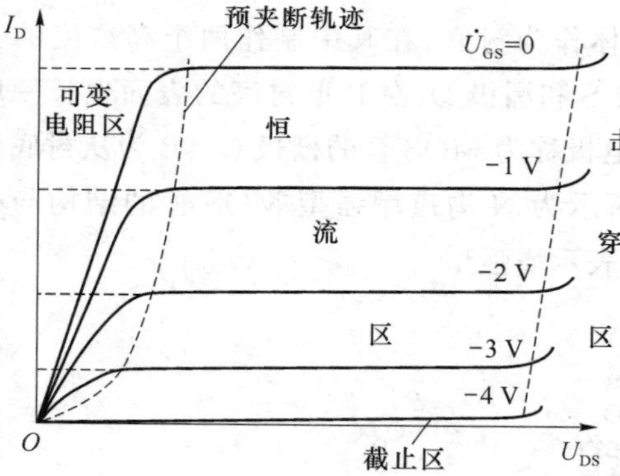

图 1.46　N 沟道结型场效应管的输出特性

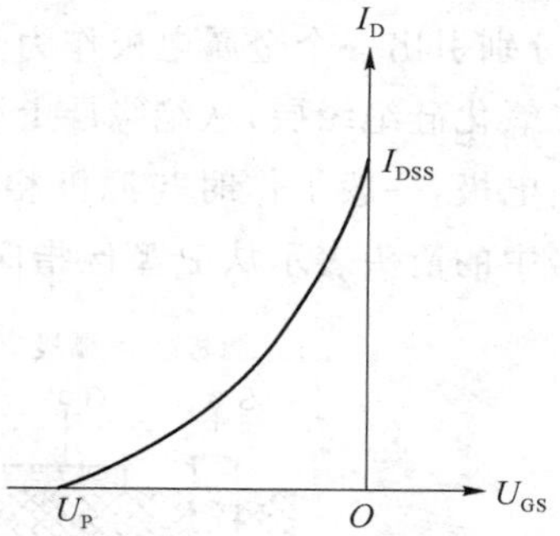

图 1.47　N 沟道结型场效应管的转移特性

当 $U_{GS}=0$ V 时，导电沟道电阻最小，I_D 最大，称此电流为场效应管的饱和漏极电流 I_{DSS}。

当 $U_{GS}=U_P$ 时，导电沟道被完全夹断，$I_D \approx 0$。

(4) 结型场效应管的主要参数

① 夹断电压 U_P。当 U_{DS} 为某一固定值时(一般取 10 V)，使漏极电流 I_D 近似为零的栅源电压值称为夹断电压。

② 饱和漏极电流 I_{DSS}。当 U_{DS} 为某一固定值时(一般取 10 V)，$U_{GS}=0$ 时所对应的漏极电流称为饱和漏极电流。它是结型场效应管所能输出的最大电流。

③ 直流输入电阻 R_{GS}。它是指栅源电压 U_{GS} 与栅源电流 I_{GS} 的比值。场效应管正常工作时，栅极几乎没有电流通过，R_{GS} 很大，结型场效应管的 $R_{GS} > 10^7\,\Omega$。

④ 最大耗散功率 P_{DM}。它是指管子允许的最大耗散功率，与三极管的 P_{CM} 类似。正常工作时，管子上的功率消耗不能超过 P_{DM}，否则会烧坏管子。

⑤ 低频跨导 g_m。g_m 为 U_{DS} 一定时，漏极电流的变化量与栅源电压变化量的比值，即

$$g_m = \frac{\Delta I_D}{\Delta U_{GS}}\Bigg|_{U_{DS}}$$

g_m 反映了场效应管栅源电压 U_{GS} 对漏极电流 I_D 的控制及放大作用，单位是 mS(毫西门子)。

⑥ 漏源击穿电压 $U_{(BR)DS}$ 和栅源击穿电压 $U_{(BR)GS}$。它们分别是漏源极之间和栅源极之间的击穿电压。使用时，U_{DS} 和 U_{GS} 不允许超过相应的击穿电压，否则管子会发生击穿损坏，造成短路。

2. 绝缘栅场效应管

绝缘栅场效应管又叫 MOS 管，分为增强型和耗尽型两种，每一种又包括 N 沟道和 P 沟道两种类型。

增强型 MOS 管是指场效应管的栅源电压 $U_{GS}=0$ 时，管子没有导电沟道，需要一定的栅源电压 U_{GS} 来开启导电沟道。

耗尽型 MOS 管是指场效应管的栅源电压 $U_{GS}=0$ 时，管子的导电沟道已经存在，加上电压 U_{DS}，就会有漏极电流 I_D 产生。

(1) 增强型 MOS 管的结构与符号

以 N 沟道增强型 MOS 管为例，它以 P 型半导体作为衬底，在其中制作两个高浓度的 N 型区，并分别引出一个金属电极作为 MOS 管的源极 S 和漏极 D；在 P 形衬底的表面生长一层很薄的二氧化硅绝缘层，从绝缘层上引出一个金属电极称为 MOS 管的栅极 G。B 为从衬底引出的金属电极，一般工作时与源极相连。图 1.48 所示为 N 沟道增强型 MOS 管的结构与符号。符号中的箭头表示从 P 型区指向 N 型区，虚线表示增强型。

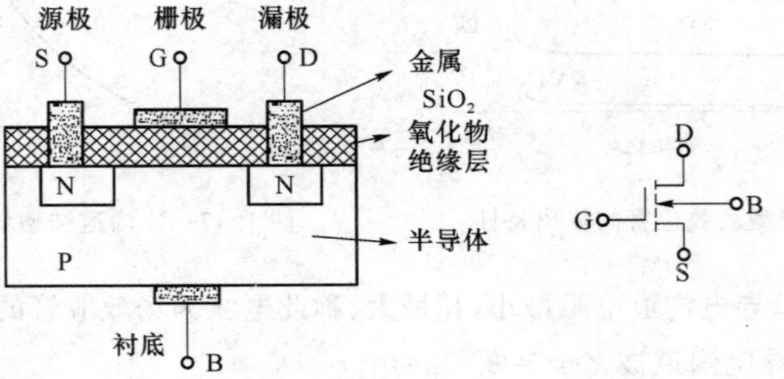

图 1.48 N 沟道增强型 MOS 管的结构与符号

可见 MOS 管的栅极 G 与其他电极是绝缘的，所以它称为绝缘栅场效应管。D 和 S 之间有没有导电沟道，加上电压 U_{DS}，也不会有漏极电流 I_D 产生。

(2) 增强型 MOS 管的工作过程

以 N 沟道增强型 MOS 管为例，如图 1.49 所示，在 MOS 上加加电压 U_{GS} 和 U_{DS}，衬底 B 与源极 S 相连。

当 $U_{GS}=0$ 时，漏极和源极之间没有导电沟道，无电流流过。如图 1.49(a)所示。

当 $U_{GS}>0$ 时，在 U_{GS} 的作用下，绝缘层中会产生一个垂直于 P 型衬底表面的电场，吸引 P 型衬底的自由电子汇集到衬底表面上来，形成一个自由电子层把漏极 D 和源极 S 连接起来，构成 DS 间的导电沟道。此时若在 DS 间加电压 U_{DS}，就会有漏极电流 I_D 产生。如图 1.49(b)所示。

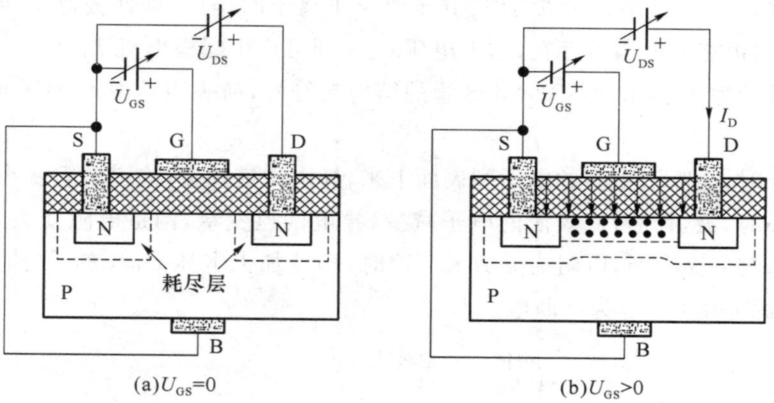

图 1.49　N 沟道增强型 MOS 管的工作原理

综上所述，管子在栅源电压 $U_{GS}=0$ 时，DS 间没有导电沟道。只有当 $U_{GS}\geqslant U_T$ 时，才有沟道形成，因此称此类管子为增强型管。形成导电沟道所需要的最小栅源电压 U_{GS}，称为开启电压 U_T。

(3) 增强型 MOS 管的特性曲线

① 输出特性(漏极特性)曲线。它是指栅源电压 U_{GS} 一定时，漏极电流 I_D 与 U_{DS} 之间的关系曲线。图 1.50(a)所示为 N 沟道增强型 MOS 管的输出特性曲线。

由图 1.50(a)可知，N 沟道增强型 MOS 管的输出特性曲线与 N 沟道结型管的输出特性曲线相似，其输出特性也可分为 4 个区域：可变电阻区、恒流区、截止区和击穿区，各区的含义与 N 沟道结型场效应管一样。不同的是，这里的栅源电压 U_{GS} 要大于开启电压 U_T 才会有漏极电流 I_D 产生。

② 转移特性曲线。转移特性曲线是指在 U_{DS} 一定时，漏极电流 I_D 与栅源电压 U_{GS} 之间的关系曲线，如图 1.50(b)所示。

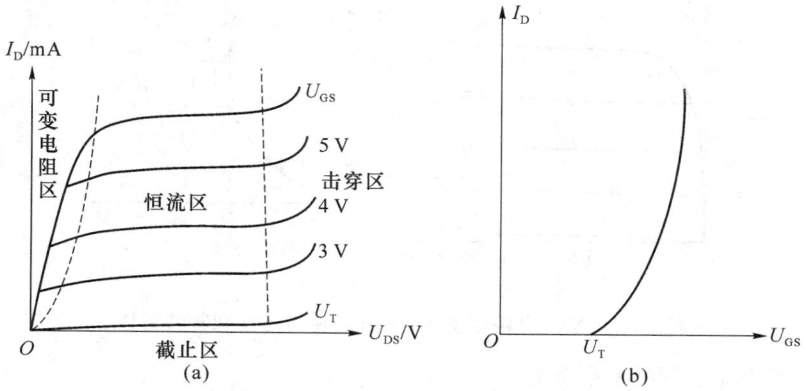

图 1.50　N 沟道增强型 MOS 管的输出特性和转移特性

(4) 耗尽型 MOS 管的结构、符号与工作原理

以 N 沟道耗尽型 MOS 管为例。这种管子与 N 沟道增强型管的结构类似,不同的是在制作时,二氧化硅绝缘层里面加入了大量的正离子,正离子可以把 P 型衬底的自由电子吸引到表面上来,形成一个 N 型层。所以,此类管子由于正离子的作用,即使栅源电压 $U_{GS}=0$,漏极 D 和源极 S 之间仍有导电沟道存在,加上电压 U_{DS},即可产生漏极电流 I_D。

图 1.51 所示为 N 沟道耗尽型 MOS 管的结构与符号,箭头表示由 P 型区指向 N,实线表示耗尽型。

当 $U_{GS}>0$ 时,会吸引更多的电子到表面上来,导电沟道加宽,沟道电阻变小。

当 $U_{GS}<0$ 时,吸引到衬底表面的电子减少,导电沟道变窄,沟道电阻变大,当 U_{GS} 电压达到一定负值后,沟道会夹断,电阻为无穷大。这时,即使加上电压 U_{DS},亦不会有电流 I_D 产生,此时对应的栅源电压 U_{GS} 称为夹断电压 U_P。

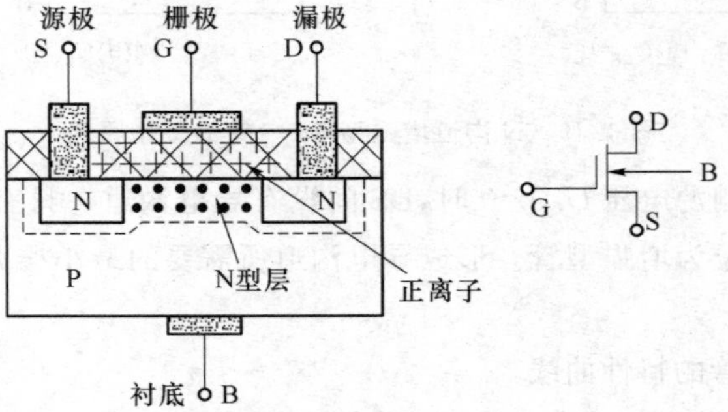

图 1.51 N 沟道耗尽型 MOS 管的结构与符号

(5) 耗尽型 MOS 管的特性曲线

图 1.52 所示为 N 沟道耗尽型 MOS 管的输出特性和转移特性。

在转移特性曲线中,一般取 U_{DS} 为一定值(一般为 10 V),当 $U_{GS}=0$ 时,对应的漏极电流称为饱和漏极电流 I_{DSS}。从在转移特性曲线中还能看出,耗尽型 MOS 管工作时,其栅源电压 U_{GS} 可以为 0,也可以取正值或负值,这个特点使其在应用中具有更大的灵活性。

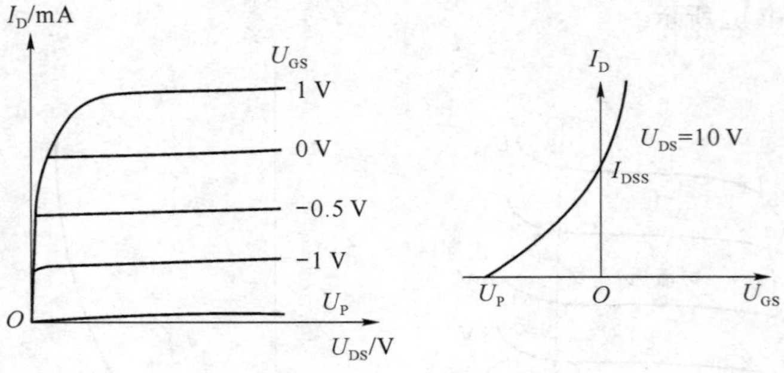

图 1.52 N 沟道耗尽型 MOS 管的输出特性和转移特性

(6) 绝缘栅场效应管的主要参数

开启电压 U_T:是指 U_{DS} 为一定值时,形成导电沟道,使增强型 MOS 管导通所需要的栅源

电压值。

其他主要参数与结型管的含义相同，如直流输入电阻 R_{GS}、夹断电压 U_P、饱和漏极电流 I_{DSS}、漏源击穿电压 $U_{(BR)DS}$、栅源击穿电压 $U_{(BR)GS}$、最大耗散功率 P_{DM}、低频跨导 g_m 等。另外在绝缘栅场效应管的栅极与源极之间，因为有二氧化硅绝缘层的存在，其直流输入电阻 R_{GS} 比较大，可以达到 $10^9 \sim 10^{15}\ \Omega$。

1.6.2　三极管与场效应管的性能特点比较

三极管与场效应管的性能特点如表 1.7 所示。

表 1.7　三极管与场效应管的性能特点比较

器件 / 性能特点	三极管	场效应管
导电机制	多子和少子都参与导电	只有多子参与导电
器件名称	三极管，晶体管，双极性管	场效应管，单极性管
器件类型	NPN 型，PNP 型	结型和绝缘栅型 N 沟道、P 沟道
控制方式	电流控制（I_B 控制 I_C）	电压控制（U_{GS}控制 I_D）
放大控制参数	β(20～100)	g_m（1～6 mS）
直流输入电阻	小（$10^2 \sim 10^5\ \Omega$）	大（$10^7 \sim 10^{15}\ \Omega$）
热稳定性	低	高
噪声	较大	较小
抗辐射能力	弱	强
制作工艺	较复杂	简单，成本低，易于集成化
静电影响	不受静电影响	易受静电影响
集成工艺	不易大规模集成	适宜大规模或超大规模集成

1.6.3　实验项目二：半导体器件的识别与检测

1. 实验目的

(1) 熟悉各类半导体器件的基本特性；

(2) 学会常用测试设备的使用方法；

(3) 掌握各类半导体器件的识别与检测技能。

2. 实验设备

(1) 指针式万用表 1 块；

(2) 数字式万用表 1 块；

(3) 半导体器件若干。

3. 预习要求

指针式和数字式万用表的操作与使用。

4. 实验内容及步骤

(1) 半体器件的直观识别

对各类半导体器件(二极管、稳压二极管、发光二极管、三极管、场效应晶体管)的名称、型号、引脚极性等进行识读。

(2) 普通二极管极性判别

① 将万用表置于“Ω”挡,选择 $R\times100\ \Omega$ 或 $R\times1\ \text{k}\Omega$ 挡量程。

② 将万用表的两表笔分别接触二极管的两脚,测得第一次电阻值。

③ 交换万用表的两表笔,测得第二次电阻值。

④ 阻值较小的一次,黑表笔接触的一端是二极管正极,具体如图 1.53 所示。

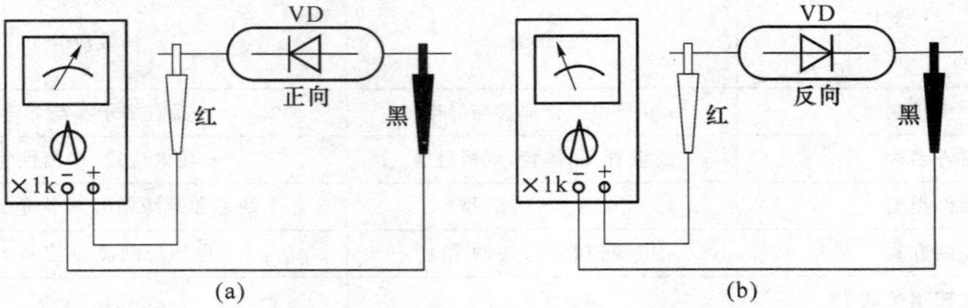

图 1.53　二极管的极性判别

(3) 普通二极管性能检测

① 将指针式万用表置于“Ω”挡,选择 $R\times100\ \Omega$ 挡量程。

② 测量小功率锗管,其正向电阻 R(黑表笔接二极管的正极,红表笔接二极管的负极)在 200～600 Ω 之间,反向电阻 R(黑表笔接二极管的负极,红表笔接二极管的正极)大于 20 kΩ 以上,则符合一般要求。

③ 测量小功率硅管,其正向电阻在 900 Ω～2 kΩ 之间,反向电阻在 500 kΩ 以上,则符合一般要求。

④ 二极管正、反向电阻相差越大越好,凡阻值相同或相近都视为坏管。

请思考:如何用数字万用表检测普通二极管性能。

(4) 稳压二极管的检测

① 将指针式万用表置于“Ω”挡,选择 $R\times1\ \text{k}\Omega$ 挡量程。

② 极性和好坏的判断与普通二极管所使用的方法一样。

③ 将万用表置于“Ω”挡,选择 $R\times10\ \text{k}\Omega$ 量程。

④ 测量稳压二极管的反向电阻,从万用表“10 V 电压刻度线”上读出数值。

⑤ 根据“稳压值=(10－读数)×(9+1.5)/10”,可估算出稳压值。

请思考:能通过图 1.54 完成稳压二极管稳压值的精确测量吗?为什么?说明其原理。

(5) 稳压二极管与普通二极管的判别

① 将指针式万用表置于“Ω”挡，选择 $R\times10$ kΩ 量程。

② 测量稳压二极管与普通二极管的反向电阻值，对于稳压二极管，若表内叠层电池电压高于稳压管稳压值时，其反向电阻则变得较小，因为此时稳压管已被击穿；对于普通二极管阻值一般为∞。

③ 有电阻者为稳压二极管，无电阻值(即∞)者为普通二极管。

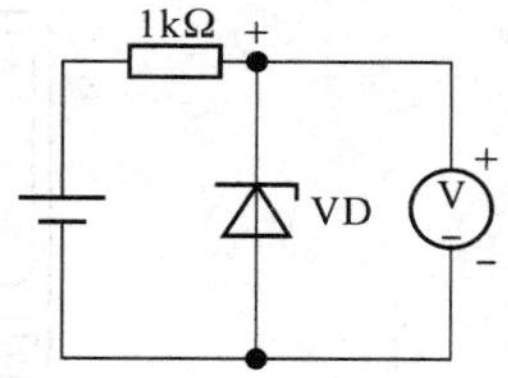

图 1.54 稳压二极管稳压值的精确测量原理图

(6) 发光二极管的检测

① 将万用表置于“Ω”挡，选择 $R\times10$ kΩ 挡量程。

② 测量发光二极管的正向电阻 R 很小，有的会发出微弱光来。

③ 测量发光二极管的反向电阻 R 为∞。

④ 符合上述条件则为合格器件。发光二极管的检测方法如图 1.55 所示。

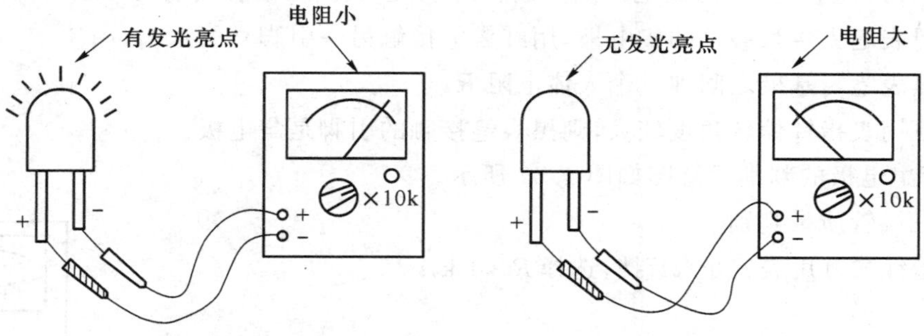

图 1.55 发光二极管的检测

请思考：能否用数字万用表检测 LED?

(7) 光敏二极管的检测

① 将万用表置于“Ω”挡，选择 $R\times1$ kΩ 挡量程。

② 判断出正负极，然后再测其反向电阻。

③ 无光照射时，一般阻值都大于 200 kΩ。

④ 若变化不大，则说明被测管已损坏或不是光敏二极管。

(8) 三极管基极 b 和管型的判别

① 将指针式万用表置于“Ω”挡，选择 $R\times1$ kΩ 挡量程。

② 假定三极管某一引脚为基极，将它接至黑表笔，用红表笔分别去接触余下两脚，测得两个电阻值。

③ 如果两次电阻值都很小，则黑表笔接触的引脚是基极，且三极管是 NPN 型。

三极管基极和类型的判别示意图如图 1.56 所示。

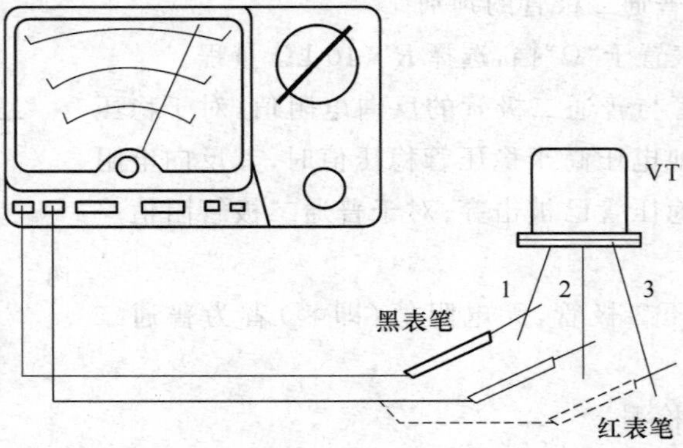

图 1.56 三极管基极 b 和类型的判别示意图

(9) 三极管集电极 c 的判别

① 将万用表置于“Ω”挡,选择 $R\times10$ kΩ 挡量程。

② 以 NPN 型管为例,已确定被测三极管的基极,假设三极管其余两极之一为集电极。

③ 用黑表笔去接触假设的集电极,用红表笔接触另一引脚。

④ 在黑表笔与基极之间加一个人体电阻 $R_{人}$。

⑤ 若万用表指针偏转角度较大,则黑表笔接触的引脚是集电极。

三极管集电极的判别示意图如图 1.57 所示。

(10) 三极管质量判别

① 将指针式万用表置于“Ω”挡,选择 $R\times1$ kΩ 挡量程。

② 判断 b-e 和 b-c 极的好坏,可参考普通二极管好坏判别方法。

③ 将万用表置于“Ω”挡,选择 $R\times10$ kΩ 挡量程。

④ 测量 c-e 漏电电阻,对于 NPN(PNP)型三极管黑(红)表笔接 c 极,红(黑)表笔接 e 极,b 极悬空,R_{CE}阻值越大越好。

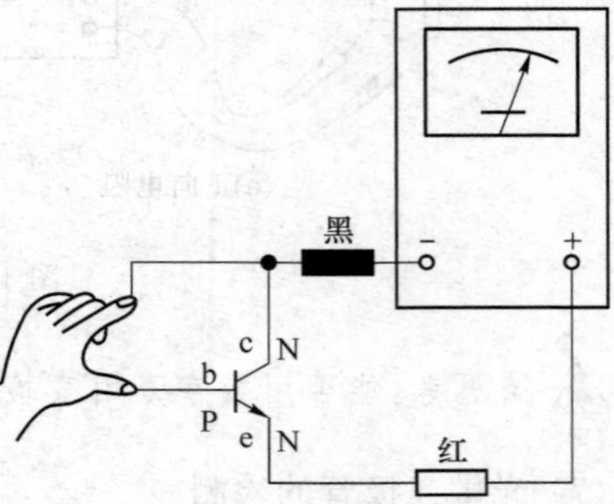

图 1.57 三极管集电极 c 的判别示意图

(11) 三极管的放大倍数 β 的测试

① 将指针式或数字式万用表的档位置于 hFE 挡。

② 将被测三极管插入相应类型的插孔。

③ 读取显示器上的数值,便是 β 值。

请思考:如何用数字式万用表对以上三极管的性能和参数进行测量?

(12) 场效应晶体管的识别与判别

① 利用指针式万用表电阻 $R\times1$ kΩ 挡对 J-FET 的极性及好坏作如表 1.8 的测试。

表 1.8 结型场效应晶体管极性及好坏判别

测试方式 \ 沟道类型	[黑表笔]→G [红表笔]→D	[红表笔]→G [黑表笔]→D	[红表笔]→S [黑表笔]→D	[黑表笔]→S [红表笔]→D
N 沟道	几十欧至几千欧	∞	几十欧至几千欧	几十欧至几千欧
P 沟道	∞	几十欧至几千欧	几十欧至几千欧	几十欧至几千欧

② MOS-FET 则不能以万用表检查，而必须用测试仪，而且要在接入测试仪后才能去掉各电极的短路线；测毕，应先行短路而后取下，关键是应避免栅极悬空。

5. 注意事项

(1) 测量二极管正、反向电阻时宜用指针式万用表 $R\times100\ \Omega$ 或 $R\times1\ \mathrm{k}\Omega$ 挡，硅管也可以用 $R\times10\ \mathrm{k}\Omega$ 挡来测量。

(2) 绝缘栅管一般用测试仪而不能用万用表去检查。

6. 实验报告要求

填写相应表格，完成实验报告。

表 1.9 模拟电子技术实验报告二：半导体器件的识别与检测

实验地点				时间		实验成绩	
班级		姓名		学号		同组姓名	
实验目的							
实验设备							
实验内容							
		正向电阻		反向电阻		测试结果	
普通二极管检测							
稳压二极管的检测							
发光二极管的检测							
光敏二极管的检测							
		be 电阻		bc 电阻		放大倍数	测试结果
三极管质量判别 NPN							
三极管质量判别 PNP							
		GD 电阻		DG 电阻		SD 电阻	DS 电阻
结型场效应晶体管 N 沟道							

续表

结型场效应晶体管 P 沟道				
详细写出用数字式万用表检测三极管好坏的方法，并指出实验过程中遇到的问题及解决方法				
实验体会与总结				
指导教师评语				

本章小结

(1) 半导体材料中有两种载流子：带负电的自由电子和带正电的空穴。在纯净半导体中掺入不同的杂质，可以得到 N 型半导体和 P 型半导体。N 型半导体中多子是自由电子，P 型半导体中多子是空穴。

(2) PN 结具有单向导电性：正向偏置导通，反向偏置截止。

(3) 二极管是由一个 PN 结封装而成的，同样具有单向导电性。其特性可以用伏安特性和一系列参数来描述。伏安特性有正向特性、反向特性及反向击穿特性。正向特性中有死区电压，硅二极管的死区电压约为 0.5 V，锗二极管约为 0.1 V。反向特性中有反向电流，反向电流越小，单向导电性越好，反向电流受温度影响大。反向击穿特性有反向击穿电压，二极管正常工作时其反向电压不能超过此值。

(4) 二极管可用于限幅、稳压、开关等电路。稳压二极管稳压时，要工作在反向击穿区。稳压二极管的主要参数有稳定电压、稳定工作电流、耗散功率等。应用稳压管时，一定要配合限流电阻使用。

(5) 三极管由两个 PN 结构成。工作时，有两种载流子参与导电，因此又称为双极型晶体管。三极管是一种电流控制电流型的器件，改变基极电流就可以控制集电极电流。三极管实现电流放大和控制的内部条件是基区做得很薄且掺杂浓度低，发射区的杂质浓度较高，集电区的面积较大；外部条件是发射结要正向偏置，集电结反向偏置。三极管的特性可用输入特性曲线和输出特性曲线来描述;其性能可以用一系列参数如电流放大系数、反向电流、极限参数等来表征。三极管有3个工作区:饱和区、放大区和截止区,在饱和区发射结和集电结均正偏,在放大区发射结正偏、集电结反偏,在截止区两个结均反偏。

(6) 复合管又称为达林顿管。其连接的基本规律为小功率管放在前面,大功率管放在后面。复合管的类型与组成复合管的第一只三极管的类型相同;复合管的 β 近似为组成该复合管的各三极管 β 的乘积。

(7) 二极管和三极管均是非线性器件,对温度非常敏感。

(8) 场效应管分为结型场效应管和绝缘栅场效应管两种。工作时只有一种载流子参与导电,因此称为单极性晶体管。场效应管是一种电压控制电流型器件,改变其栅源电压就可以改变其漏极电流。场效应管的特性可用转移特性曲线和输出特性曲线来描述,其性能可以用一系列参数如饱和漏极电流、夹断电压、开启电压、低频跨导、耗散功率等来表征。

习 题 1

1-1 填空题。

(1) 半导体具有________性、________性和________性。

(2) 温度________将使半导体的导电能力大大增加。

(3) 半导体中有两种载流子,一种是________,另一种是________。

(4) 杂质半导体按导电类型分为________和________。

(5) N型半导体多子是________;P型半导体多子是________。

(6) PN结的基本特点是具有______性,PN结正向偏置时______,反向偏置时______。

(7) 二极管正、反向电阻相差越________越好。

(8) 用在电路中的整流二极管,主要考虑两个参数________和________,选择时应适当留有余地。

(9) 稳压二极管在稳压时,应工作在其伏安特性的________区。

(10) 三极管是一种________控制器件;而场效应管是一种________控制器件。

(11) 三极管具有电流放大作用的外部条件是:发射结________偏置;集电结________偏置。

(12) 三极管起放大作用时的内部要求是:基区________________________________;发射区________________________________;集电区________________________________。

(13) 三极管的输出特性分为三个区域,即________区、________区和________区。

(14) 三极管在放大区的特点是当基极电流固定时,其________电流基本不变,体现了三极管的________特性。

(15) 在放大区,对NPN型的三极管有电位关系:U_C________U_B________U_E;而对PNP型的管子,有电位关系:U_C________U_B________U_E。

(16) 根据结构不同,场效应管分为两大类,________和________场效应管。

(17) 为实现场效应管栅源电压对漏极电流的控制作用，结型场效应管在工作时，栅源之间的PN结必须________偏置。N沟道结型场效应管的U_{GS}不能________0，P沟道结型场效应管的U_{GS}不能________0。

(18) 场效应管的参数________反映了场效应管栅源电压对漏极电流的控制及放大作用。

(19) 场效应管与三极管相比较，其特点是输入电阻________，热稳定性________。

(20) 复合管的类型与组成复合管的________三极管的类型相同。

1-2 选择题。

(1) 本征半导体中，自由电子和空穴的数目________。

A. 相等　B. 自由电子比空穴的数目多　C. 自由电子比空穴的数目少

(2) P型半导体中的空穴数目多于自由电子，则P型半导体呈现的电性为________。

A. 负电　B. 正电　C. 电中性

(3) 在纯净半导体中掺入微量3价元素形成的是________型半导体。

A. P　B. N　C. PN　D. 电子导电

(4) 纯净半导体中掺入微量5价元素形成的是________型半导体。

A. P　B. N　C. PN　D. 空穴导电

(5) 二极管的反向饱和电流主要与________有关。

A. 反向电压的大小　B. 环境温度　C. 制作时间　D. 掺入杂质的浓度

(6) 二极管的伏安特性曲线反映的是二极管________的关系曲线。

A. U_D-I_D　B. U_D-R_D　C. I_D-R_D　D. f-I_D

(7) 用指针式万用表测量二极管的极性，将红、黑表笔分别接二极管的两个电极，若测得的电阻很小(几千欧以下)，则黑表笔所接电极为二极管的________。

A. 正极　B. 负极　C. 无法确定

(8) 下列器件中，________不属于特殊二极管。

A. 稳压管　B. 整流管　C. 发光管　D. 光电管

(9) 稳压二极管稳压，利用的是稳压二极管的________。

A. 正向特性　B. 反向特性　C. 反向击穿特性

(10) 稳压管的稳定电压U_Z是指其________。

A. 反向偏置电压　B. 正向导通电压　C. 死区电压　D. 反向击穿电压

(11) 光电二极管有光线照射时，反向电流________。

A. 减少　B. 增大　C. 基本不变　D. 无法确定

(12) 稳压二极管稳压，利用的是稳压二极管的________。

A. 正向特性　B. 反向特性　C. 反向击穿特性

(13) 测得电路中一个NPN型三极管的3个电极电位分别为$U_C=6$ V，$U_B=3$ V，$U_E=2.3$ V，则可判定该三极管工作在________。

A. 截止区　B. 饱和区　C. 放大区

(14) 三极管的电流放大系数β，随温度的升高会________。

A. 减小　B. 增大　C. 不变

(15) 三极管的主要特征是具有________作用。

A. 电压放大　　B. 单向导电　　C. 电流放大　　D. 电流与电压放大

(16) 三极管处于放大状态时，________。

A. 发射结正偏，集电结反偏　　B. 发射结正偏，集电结正偏

C. 发射结反偏，集电结反偏　　D. 发射结反偏，集电结正偏

(17) NPN 三极管工作在放大状态时，其两个结的偏置为________。

A. $U_{BE}>0, U_{BE}<U_{CE}$　　B. $U_{BE}<0, U_{BE}<U_{CE}$

C. $U_{BE}>0, U_{BE}>U_{CE}$　　D. $U_{BE}<0, U_{CE}>0$

(18) 对于 PNP 型三极管，为实现电流放大，各极电位必须满足________。

A. $U_C>U_B>U_E$　　B. $U_C<U_B<U_E$

C. $U_B>U_C>U_E$　　D. $U_B<U_C<U_E$

(19) 对于 NPN 型三极管，为实现电流放大，各极电位必须满足________。

A. $U_C>U_B>U_E$　　B. $U_C<U_B<U_E$

C. $U_B>U_C>U_E$　　D. $U_B<U_C<U_E$

(20) 场效应管三个电极中，用 D 表示的电极称为________。

A. 栅极　　B. 源极　　C. 基极　　D. 漏极

1-3　判断题。

(1) 二极管外加正向电压时呈现很大的电阻，外加反向电压时呈现很小的电阻。(　　)

(2) 普通二极管在电路中正常工作时，其所承受的反向电压应小于二极管的反向击穿电压，否则会使二极管击穿损坏。(　　)

(3) 三极管工作在饱和状态时，发射结和集电结均正向偏置；工作在截止状态时，两个结均反向偏置。(　　)

(4) 场效应管的抗干扰能力比三极管差。(　　)

(5) 三极管工作时有两种载流子参与导电，因此称为双极型器件；而场效应管工作时只有一种载流子参与导电，因此称为单极型器件。(　　)

(6) 有些场效应管的源极和漏极可以互换。(　　)

1-4　图 1.58 所示为二极管构成的各电路，设二极管为硅二极管。

(1) 判定各电路中二极管的工作状态；

(2) 试求各电路的输出电压 U_o。

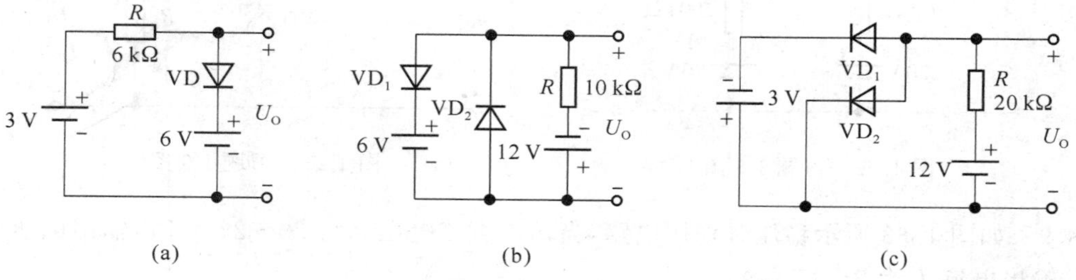

图 1.58　习题 1-4 图

1-5 如图 1.59 所示，设变压器副边电压 u_2 的峰值为 10 V，试对应 u_2 的波形画出输出电压 u_o 的波形，假设二极管为硅二极管。

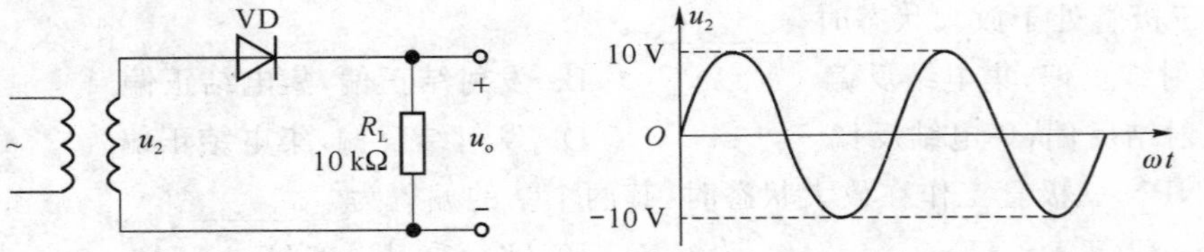

图 1.59 习题 1-5 图

1-6 如图 1.60 所示，当输入电压为 $u_i=5\sin\omega t$ V 时，试对应输入电压 u_i 画出输出电压 u_o 的波形。设二极管为硅二极管。

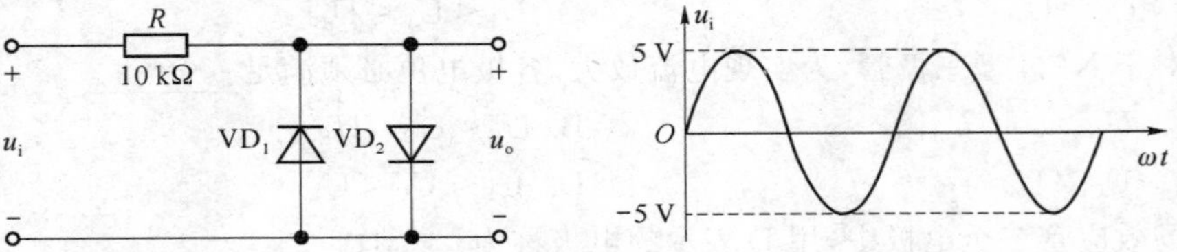

图 1.60 习题 1-6 图

1-7 稳压管二极管为硅管，其稳压电路如图 1.61 所示，已知稳压管的稳定电压为 $U_z=8$ V，当输入电压为 $u_i=15\sin\omega t$ V 时，试对应输入电压 u_i 画出输出电压 u_o 的波形。

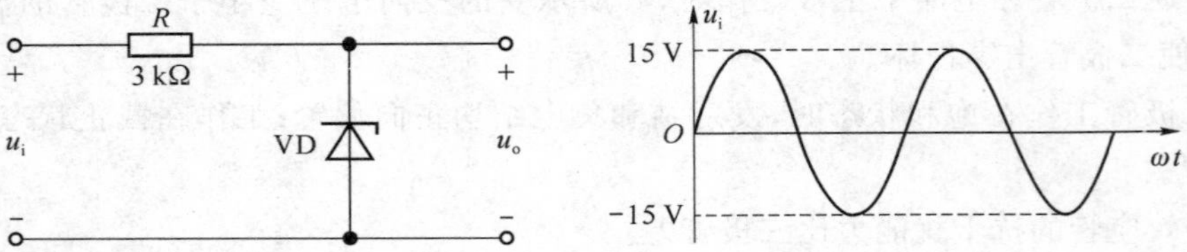

图 1.61 习题 1-7 图

1-8 如图 1.62 所示双向限幅电路中的二极管是理想元件，输入电压 u_i 从 0 V 变到 100 V。试画出电路的电压传输特性（$u_o \sim u_i$ 关系的曲线）。

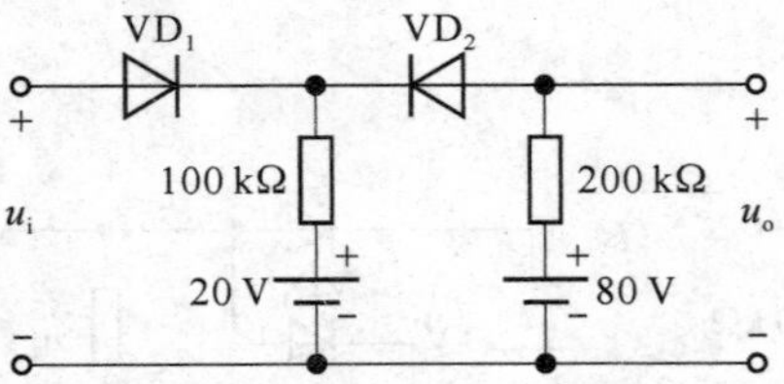

图 1.62 习题 1-8 图

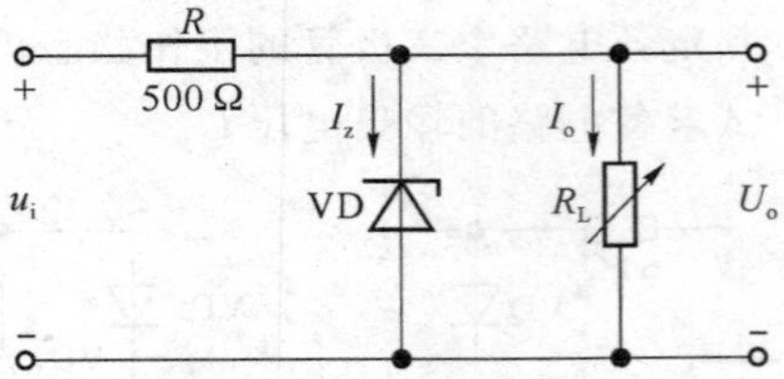

图 1.63 习题 1-9 图

1-9 如图 1.63 所示稳压管稳压电路，当输入直流电压 u_i 为 20～22 V 时，输出电压 U_o 为 12 V，输出电流 I_o 为 5～15 mA。

(1) 试计算流过稳压管的最大电流。

(2) 试计算稳压管上的最大功耗。

(3) 选取合适的稳压管型号。

1-10　两个双极型三极管：A 管的 $\beta=200$，$I_{CEO}=200\ \mu A$；B 管的 $\beta=50$，$I_{CEO}=50\ \mu A$，其他参数相同，应选用哪一个？为什么？

1-11　测得某放大电路中三极管的 3 个电极电位分别为①3.1 V、②6.8 V、③2.4 V。

(1) 试判定此三极管的管型。

(2) 分析①、②和③分别对应三极管的哪个电极？

(3) 此三极管用的是硅材料还是锗材料？

1-12　图 1.64 所示为某放大三极管的电流流向和数值。

(1) 此三极管是 NPN 型，还是 PNP 型？

(2) 计算三极管的电流放大系数 β。

(3) 管脚①对应三极管的发射极、集电极还是基极？

1-13　已知三极管的 $\beta=60$，在放大电路中测得 $I_C=8$ mA，求 I_B，I_E。

1-14　已知两只晶体管的电流放大系数 β 分别为 50 和 100，现测得放大电路中这两只管子两个电极的电流如图 1.65 所示。分别求另一电极的电流，标出其实际方向，并在圆圈中画出管子的符号。

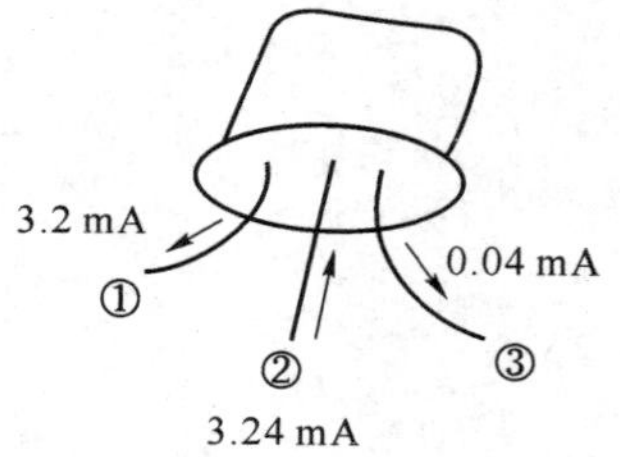

图 1.64　习题 1-12 图

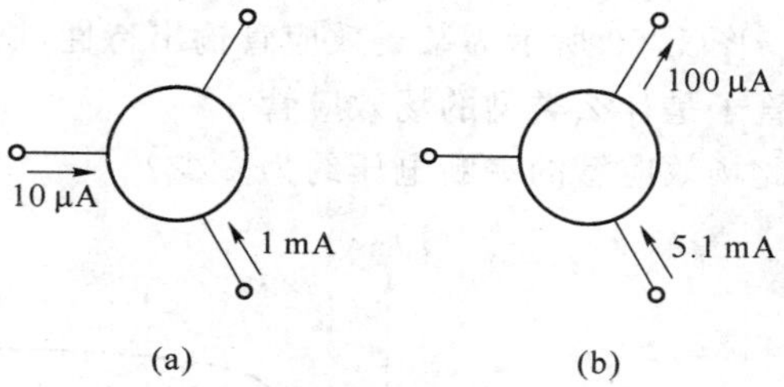

图 1.65　习题 1-14 图

1-15　三极管工作在放大状态时，测得三只晶体管的直流电位如图 1.66 所示。试判断各管子的管脚、管型和半导体材料。

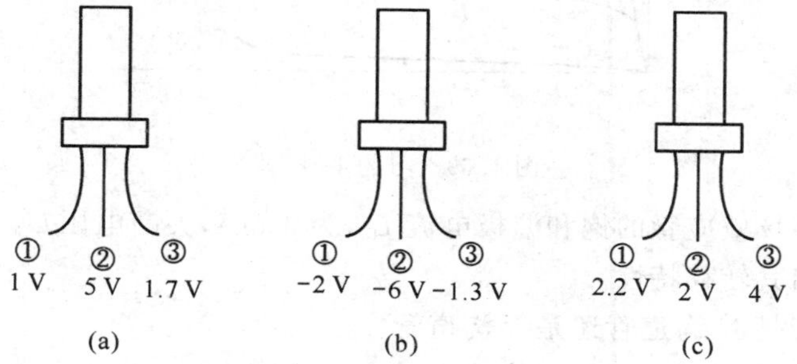

图 1.66　习题 1-15 图

1-16　三极管的每个电极对地的电位，如图 1.67 所示，试判断各三极管的发射结、集电结分别处于何种偏置状态？三极管处于何种工作状态？(NPN 型为硅管，PNP 型为锗管)。

1-17　测得电路中三极管的各极电位如图 1.68 所示，试判定各个三极管分别工作在截止、放大还是饱和状态？

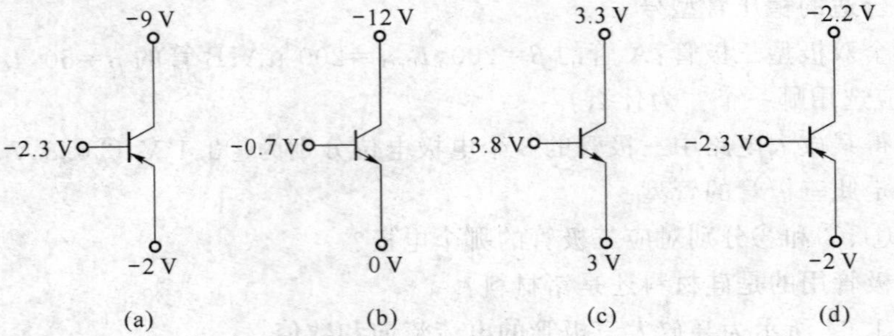

图 1.67 习题 1-16 图

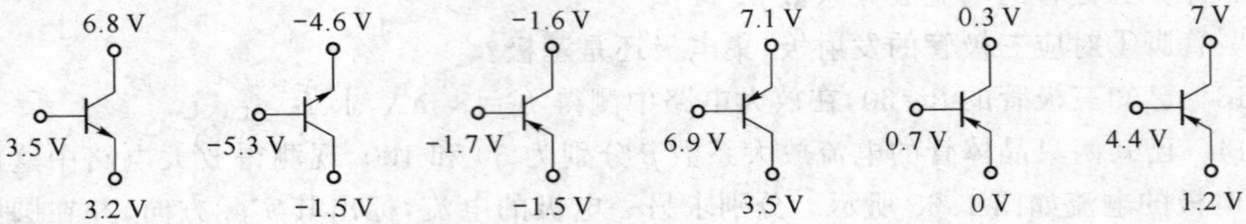

图 1.68 习题 1-17 图

1-18 图 1.69 所示为某场效应管输出特性，试求：

(1) 管子是什么类型的场效应管？

(2) 此场效应管的夹断电压约为多少？

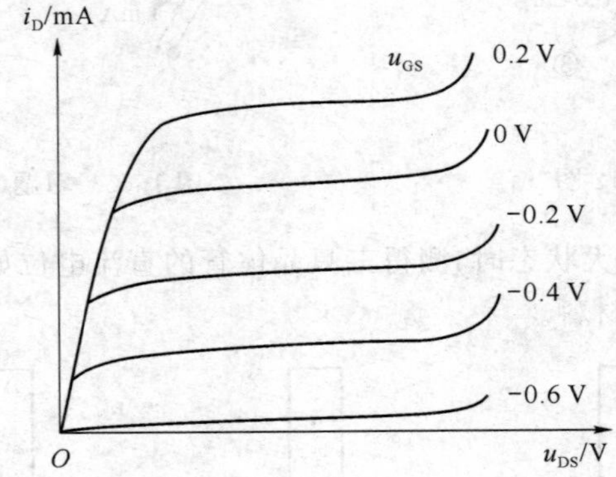

图 1.69 习题 1-18 图

1-19 一个结型场效应管的饱和漏极电流 I_{DSS} 为 4 mA，夹断电压 U_P 为 -2.4 V。

(1) 试定性画出其转移特性。

(2) 此场效应管是 N 沟道管还是 P 沟道管？

第 2 章

基本放大电路

本章导读：放大电路是模拟电子技术应用中最基本的内容，是构成各类模拟电子电路的基础。放大电路的主要功能是将电路中的小信号放大，以满足负载的需要。本章从基本共发射极放大电路为例，介绍放大电路的基本形式、组成、工作原理、性能指标以及常用的分析方法。由此引出其他形式的基本放大电路，如工作点稳定电路、共集电极电路、共基极电路等。并进一步介绍多级放大电路的基本原理、耦合方式、分析方法和放大电路的频率响应等内容。还介绍了另一种常用的基本放大电路——差动放大电路以及零点漂移的概念。实训内容包括：共发射极放大电路调测；静态工作点稳定电路调测；恒流源式差动放大电路调测；共集电极放大电路调测；两级阻容耦合放大电路调测；两级阻容耦合放大电路频率响应调测。

本章基本要求：掌握各种基本放大电路的构成及特点以及静态工作点的求解方法；会用微变等效电路分析法求解电压放大倍数、输入电阻和输出电阻；理解非线性失真的概念，会用图解分析法进行分析；掌握工作点稳定电路稳定工作点的原理；了解零点漂移的概念以及差动放大电路的工作原理；掌握通过实验电路对各类基本放大电路的静态和动态参数的调测方法；掌握多级放大电路的几种耦合方式及特点；理解放大电路频率响应以及上、下限频率和通频带的含义。

2.1 放大电路概述

2.1.1 放大电路的组成和工作原理

1. 放大电路的组成

共发射极放大电路简称共射放大电路，是最基本、使用最普遍的放大电路。这里以 NPN 型共射放大电路为例讨论放大电路的基本组成和工作原理。

图 2.1 所示为 NPN 型基本共射放大电路的原理性电路，电路中各元件的作用如下。

(1) 三极管

三极管是放大电路的核心器件，利用它的电流放大作用来实现信号的放大。

(2) 交流输入信号 u_i 和输出信号 u_o

放大电路放大的是输入信号 u_i，它从放大电路的输入端（信号源）输入电路，经过电路的放大，产生输出信号 u_o，通过输出端提供给负载或下一级电路。

(3) 基极回路电源 U_{BB}和基极偏置电阻 R_b

它们的作用是保证三极管的发射结正向偏置，并提供适当的偏置电流 I_B。R_b的阻值通常较大，为几十到几百千欧。

(4) 集电极直流电源 U_{CC}

U_{CC}为集电极回路电源，一般在几伏到几十伏之间。它保证了三极管的集电结处于反偏状态。另外，U_{CC}还为输出信号提供能量，是整个电路的能量来源。

(5) 集电极负载电阻 R_c

R_c的作用是将三极管集电极电流的变化转为电压的变化输出，从而实现电压的放大。

(6) 隔直耦合电容 C_1和 C_2

电路中 C_1和 C_2一般是几微法(μF)到几十微法的电解电容器，其作用是隔离直流电源产生的直流电量，通过信号源产生的交流信号。

在实际的电路中，通常只使用一个直流电源。因此常把原理电路中的电源 U_{BB}省去，将基极偏置电阻 R_b直接接到电源 U_{CC}上。即三极管的基极和集电极共用一个电源。图 2.2 所示为单电源 NPN 共射放大电路。

另外，在放大电路中，通常把交流输入端 u_i、输出端 u_o和直流电源 U_{CC}的共同端点称为“地”，用“⊥”表示，作为零电位参考点(不一定真正接地)。这样电路中各点的电位就指的就是该点与参考点之间的电压值。在画电路时，为了简化，常常省去直流电源的符号，只标出电源对“地”的电压数值和极性；输入、输出电压也可以用类似的方法表示，其中的“+”“－”分别表示各电压对“地”的参考方向，如图 2.2 所示。

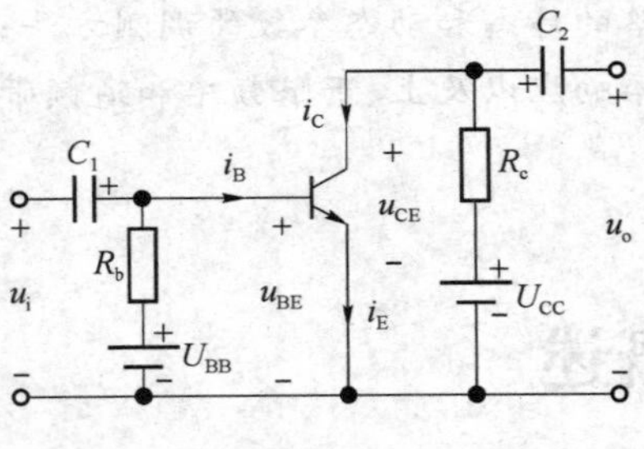

图 2.1　基本共射极原理性电路

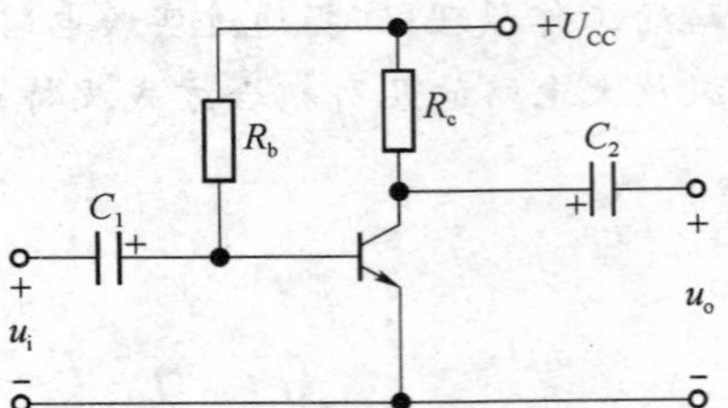

图 2.2　简化后的单电源共射放大电路

2. 电压、电流符号的规定

图 2.2 所示的放大电路中既有直流电源 U_{CC}，又有交流信号 u_i，因此电路中的各个电量都包含直流量和交流量两部分。为了分析的方便，各分量的符号规定如下。

(1) 直流分量：用大写字母和大写下标表示，如 I_B表示三极管基极的直流电流。

(2) 交流分量：用小写字母和小写下标表示，如 i_b表示三极管基极的交流电流。

(3) 瞬时值：用小写字母和大写下标表示，它是直流分量和交流分量之和，如 i_B表示三极管基极的瞬时电流值，有 $i_B=I_B+i_b$。

(4) 交流有效值：用大写字母和小写下标表示，如 I_b表示三极管基极交流电流的有效值。

(5) 交流峰值：用交流有效值符号再增加小写 m 下标表示，如 I_{bm}表示三极管基极交流电流的峰值。

3. 放大电路实现信号放大的过程

当放大的交流信号 u_i 加到放大电路的输入端，经 C_1 交流耦合，输入信号 u_i 加到三极管的发射结上。u_i 的变化会引起基极电流 i_b 的变化。因为三极管工作在放大状态，有 $i_c=\beta i_b$，即 i_b 的变化会引起 i_c 作相应的变化。i_c 的变化通过电阻 R_c 产生压降，最终转为电压的变化经 C_2 交流耦合传送出去形成输出信号 u_o。

图 2.3 所示为放大电路实现信号放大的工作过程，其中每个坐标轴中阴影部分是输入交流信号 u_i 的变化引起的三极管各电极电流和电压的变化量，即交流分量；而 I_{BQ}、I_{CQ}、U_{CEQ} 是直流电源 U_{CC} 为三极管所提供的各电极的直流电流和电压，即直流分量。

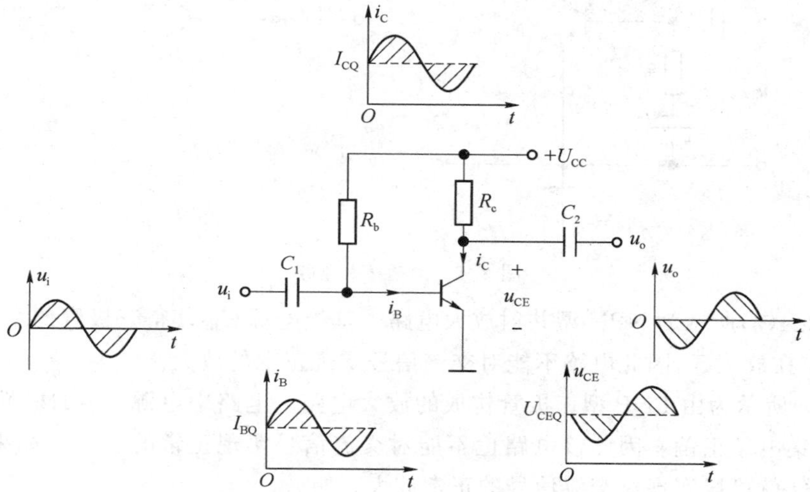

图 2.3 放大电路实现信号放大的工作过程

从电路图 2.3 可知，u_{CE} 经 C_2 耦合(隔直通交)之后得到输出电压 u_o，因此 u_o 就是 u_{CE} 的交流分量。由电压关系得 $u_{CE}=U_{CC}-i_cR_c$，则 $u_o=-i_cR_c=-\beta i_bR_c$，可见通过三极管的电流放大作用，输出电压可以为输入电压的许多倍，从而达到电压信号放大的目的。式中的负号代表经过电路的放大，输出信号和输入信号的相位相反。

假定输入电压 u_i 为 50 mV 的正弦波，它引起的基极电流变化量 $i_b=20\ \mu A$，设三极管的 β 为 100，集电极负载电阻 R_c 为 2 kΩ，则有 $u_o=-i_cR_c=-\beta i_bR_c=-4\ V$，即电压放大倍数为 80。可见共射放大电路是利用三极管的基极电流 i_B 对集电极电流 i_C 的控制作用来实现电压信号的放大，即用一个小的变化量去控制实现一个较大的变化量。

放大电路放大的实质是实现小信号对大信号的控制和转换作用。在这个过程中，被放大的是输入的交流信号 u_i；从能量的角度来说，电路中的直流电源 U_{CC} 在放大过程中为输出信号 u_o 提供能量。

4. 放大电路的组成原则

三极管具有放大、截止、饱和 3 种工作状态，在放大电路中三极管实现的是其放大作用，因此必须工作在放大状态。以下是放大电路的组成原则。

(1) 发射结正偏，集电结反偏：外加直流电源 U_{CC} 的极性必须保证三极管的发射结正偏，集电结反偏。

(2) 要有交流输入回路：输入电压 u_i 要能引起三极管的基极电流 i_B 产生相应的变化。

(3) 要有交流输出回路：三极管集电极电流 i_C 的变化要尽可能地转为输出电压 u_o 的变化。

(4) 要有合适的静态工作点 Q：直流电源 U_{CC} 要为三极管提供合适的静态工作电流 I_{BQ}、I_{CQ} 和电压 U_{CEQ}，即电路要有一个合适的静态工作点 Q。

例题 2-1 如图 2.4 所示的放大电路，电路能否实现对正弦交流信号的正常放大？

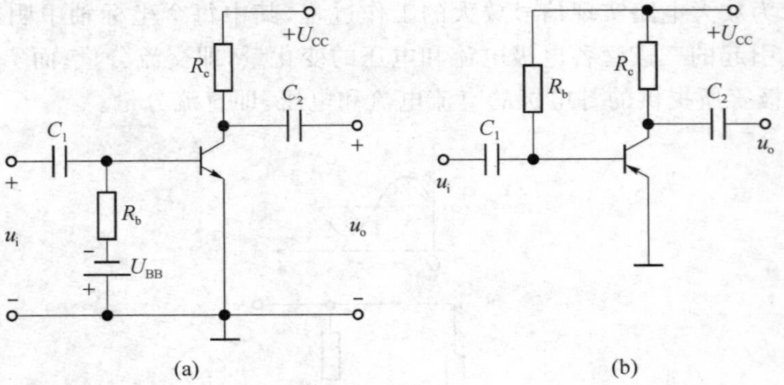

图 2.4 例题 2-1 电路

解 图 2.4(a)所示为 NPN 型共射放大电路。基极电源 U_{BB} 使得三极管的发射结反偏，三极管未能工作在放大区，因此电路不能对交流信号实现正常的放大。

图 2.4(b)所示为由 PNP 型三极管构成的放大电路。电路中电源 U_{CC} 的极性使三极管的发射结反偏、集电结正偏。因此该电路也不能对交流信号实现正常的放大。如果把电源 U_{CC} 的极性反过来，就可以实现对交流信号的正常放大。

2.1.2 放大电路的主要性能指标

1. 放大倍数 A_u、A_i

放大倍数是衡量放大电路对信号放大能力的主要技术参数，包括电压放大倍数 A_u 和电流放大倍数 A_i。

(1) 电压放大倍数 A_u

它是指放大电路输出电压与输入电压的比值，表示为

$$A_u = \frac{u_o}{u_i}$$

在单级放大电路中，A_u 约为几十；在多级放大电路中其值可以很大（$10 \sim 10^6$）。工程上为了表示的方便，常用分贝(dB)来表示电压放大倍数，称为增益。

$$|A_u|(\text{dB}) = 20\lg|A_u|(\text{dB})$$

例题 2-2 ①如果一个放大电路的电压放大倍数为 100 倍，用分贝作单位，其电压增益为多少分贝？②若一个放大电路的电压增益为 60 dB(分贝)，此放大电路的电压放大倍数为多少？

解 ① 放大电路的电压增益为 40 dB(分贝)。

② 放大电路的电压放大倍数为 1 000 倍。

（2）电流放大倍数 A_i

它是指放大电路输出电流与输入电流的比值，表示为

$$A_i=\frac{i_o}{i_i}$$

2．输入电阻 R_i

放大电路可以在信号的输入端等效成一个电阻，称为输入电阻 R_i，它等于输入电压和输入电流的比值，即

$$R_i=\frac{u_i}{i_i}$$

如图 2.5 所示，输入电阻也可以看成是信号源的负载电阻，若信号源的电压为 u_S，信号源内阻为 R_S，则实际加到放大电路上的输入电压值为 $u_i=\frac{R_i}{R_i+R_S}u_S$。因此，在信号源不变的情况下，输入电阻 R_i越大，放大电路从信号源得到的输入电压 u_i就越大。

3．输出电阻 R_o

从放大电路的输出端看进去，放大电路内部相当于存在一个内阻为 R_o，电压大小为 u_o'的电压源，当负载电阻 R_L变化时，输出电压 u_o也相应变化，即此内阻即为放大电路的输出电阻 R_o，如图 2.6 所示。

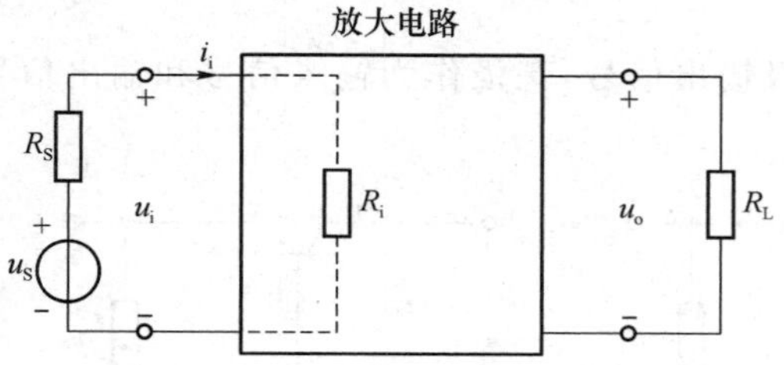

图 2.5　放大电路的输入电阻

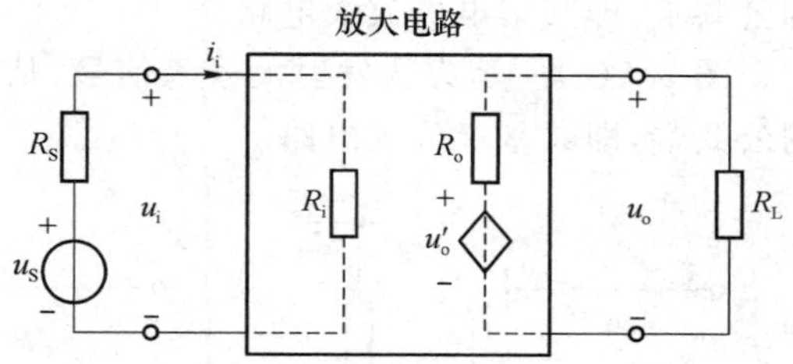

图 2.6　放大电路的输出电阻

R_o的计算有两种方法。

（1）计算法（加压求流法）

$$R_o=\frac{u_t}{i_t}\bigg|_{\substack{u_S=0\\R_L=\infty}}$$

令负载开路（$R_L=\infty$），信号源短路（$u_S=0$），假设在放大电路的输出端加一测试电压 u_t，可计算出相应产生的电流值 i_t，二者的比值即为放大电路的输出电阻。图 2.7 所示为计算法求解 R_o的等效电路图。

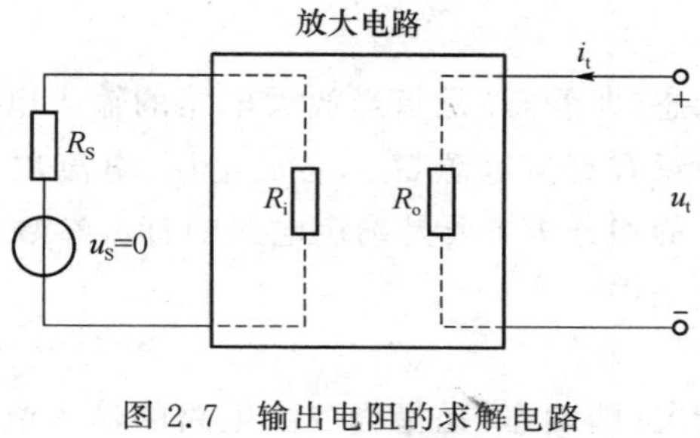

图 2.7　输出电阻的求解电路

(2) 实验法

在实验中测定 R_o 时，可以先断开负载，测出负载开路时的输出电压 u_o'；再测出有负载时的输出电压 u_o，结合负载 R_L 的大小，计算出 R_o 的值。

$$R_o=\left(\frac{u_o'}{u_o}-1\right)R_L$$

在放大电路中，输出电阻 R_o 的大小决定了放大电路的带负载能力。R_o 越小，放大电路的带负载能力越强，即放大电路的输出电压 u_o 受负载的影响越小。

2.2 共发射极放大电路

三极管有 3 个电极，它在组成放大电路时便有 3 种连接方式，即放大电路的 3 种组态：共发射极、共集电极和共基极，如图 2.8 所示。

图 2.8(a)所示为从基极输入信号，从集电极输出信号，发射极作为输入信号和输出信号的公共端，即共发射极放大电路。

图 2.8(b)所示为从基极输入信号，从发射极输出信号，集电极作为输入信号和输出信号的公共端，即共集电极放大电路。

图 2.8(c)所示为从发射极输入信号，从集电极输出信号，基极作为输入信号和输出信号的公共端，即共基极放大电路。

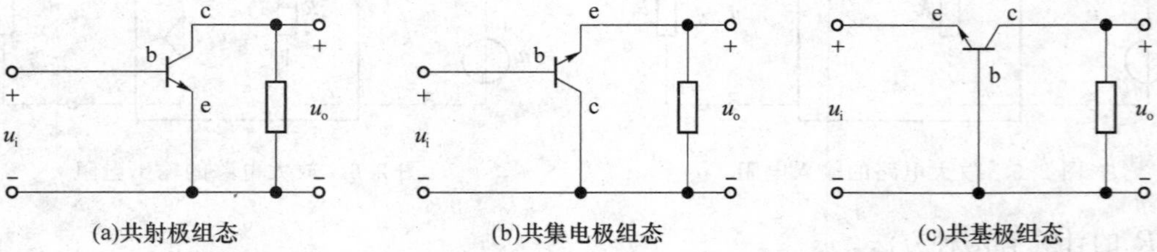

图 2.8 三极管放大电路的 3 种组态

本节继续以共发射极放大电路为例，介绍放大电路的一般分析方法。

2.2.1 放大电路的静态工作点分析

1. 静态工作点的概念

(1) 静态

放大电路的静止工作状态(即静态)是指当放大电路的输入电压 $u_i=0$ 时，电路中各处的电压、电流数值，此时电路中只有直流电源 U_{CC}，各处电压、电流均为大小不变的直流量，因此静态也称为直流工作状态。静态分析主要是确定电路的直流参数(即静态工作点 Q)，这是三极管进行不失真放大的前提条件。

(2) 动态

放大电路的动态工作情况(即动态)是指当放大电路的输入电压 $u_i\neq0$ 时，电路中各处的电压、电流情况，由于有交流输入信号 u_i，各处电压、电流都随之不断变化，因此动态也称为交流工作状态。动态分析主要是针对输入信号(交流小信号)，确定放大电路的放大倍数 A_u、A_i，以及放大电路的输入电阻 R_i、输出电阻 R_o 等。

(3) 静态工作点 Q

静态工作点 Q 是指静态时，直流电源为三极管提供的各电极的电流和电压在三极管输入、输出特性曲线上确定的一个点，如图 2.9 所示。一般将静态工作点的值表示为 I_{BQ}、U_{BEQ}(对应输入特性曲线)、I_{CQ}、U_{CEQ}(对应输出特性曲线)。

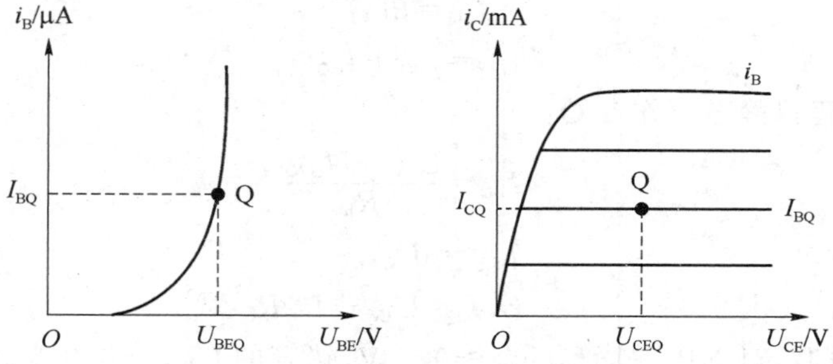

图 2.9　静态工作点 Q

2. 直流通路与 Q 点的计算

放大电路中既有直流电源 U_{CC}，又有交流信号 u_i，因此电路中直流、交流并存。由于耦合电容的隔直作用，电路中直流和交流的电流通路是不一样的。为了分析的方便，把电路中的直流量和交流量分开讨论。其中直流通路是指静态时，电路中只有直流电流流过的通路。计算电路的静态工作点 Q 时必须依据直流通路。

(1) 直流通路

直流通路是指静态($u_i=0$)时，电路中直流分量流过的通路。画直流通路有以下三个要点：

① 电容有隔直通交的作用，因此在直流通路中视为开路。

② 电感对直流电流的阻抗为零，因此可视为短路。

③ 电路中交流输入信号 $u_i=0$，视为开路。

图 2.10 和图 2.11 所示分别为某共射放大电路及其直流通路。

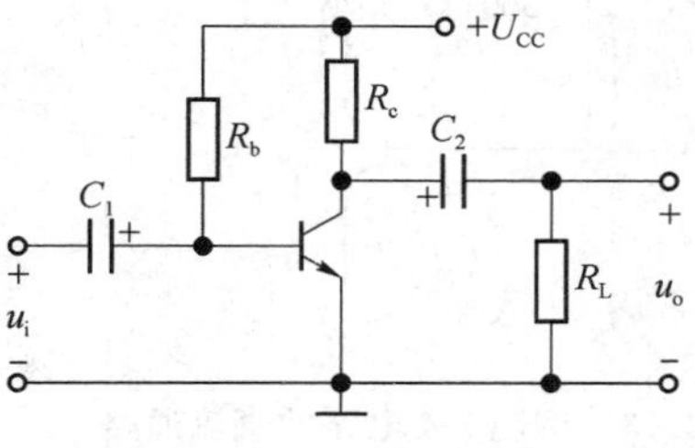

图 2.10　共射放大电路

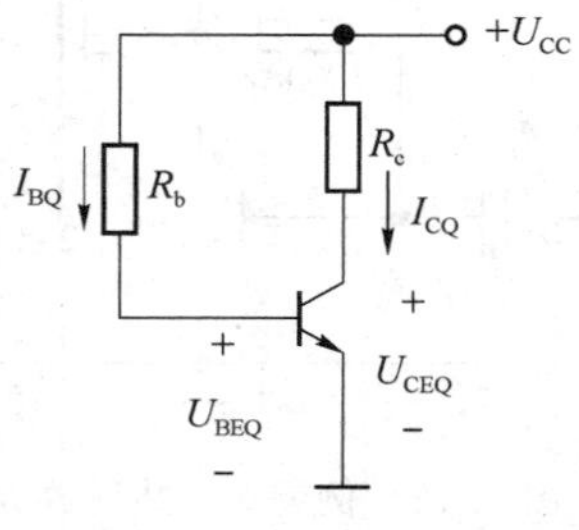

图 2.11　共射放大电路的直流通路

(2) Q 点的计算

① 根据直流通路和基尔霍夫定律列出电路的输入回路、输出回路方程，以及三极管的电

流分配关系计算确定 Q 点(以图 2.11 电路为例)。

输入回路方程:

$$U_{CC}=I_{BQ}R_b+U_{BEQ}$$

输出回路方程:

$$U_{CC}=I_{CQ}R_c+U_{CEQ}$$

三极管的电流分配关系:

$$I_{CQ}=\beta I_{BQ}$$
$$I_{EQ}=I_{BQ}+I_{CQ}$$

解上述四个方程得静态工作点 Q:

$$I_{BQ}=\frac{U_{CC}-U_{BEQ}}{R_b}$$
$$I_{CQ}=\beta I_{BQ}$$
$$U_{CEQ}=U_{CC}-I_{CQ}R_c$$

其中,理论计算时,对 NPN 硅管,$U_{BEQ}\approx 0.7$ V,锗管的 $U_{BEQ}\approx 0.3$ V;实验电路中则需要用万用表测量出 U_{BEQ},再代入公式进行计算。

例题 2-3 如图 2.11 所示电路,已知 $U_{CC}=10$ V,三极管为硅管,$R_b=320$ kΩ,$\beta=80$,$R_c=2$ kΩ,计算 Q 点的值。

解 由电路可得

$$I_{BQ}=\frac{U_{CC}-U_{BEQ}}{R_b}=\frac{10\ \text{V}-0.7\ \text{V}}{320\ \text{k}\Omega}\approx 29\ \mu\text{A}$$
$$I_{CQ}=\beta I_{BQ}=80\times 29\ \mu\text{A}\approx 2.3\ \text{mA}$$
$$U_{CEQ}=U_{CC}-I_{CQ}R_c=10-2.3\times 2=5.4\ \text{V}$$

例题 2-4 如图 2.12 所示的共射放大电路,已知 $U_{CC}=12$ V,三极管为硅管,$\beta=50$,试确定静态工作点 Q。

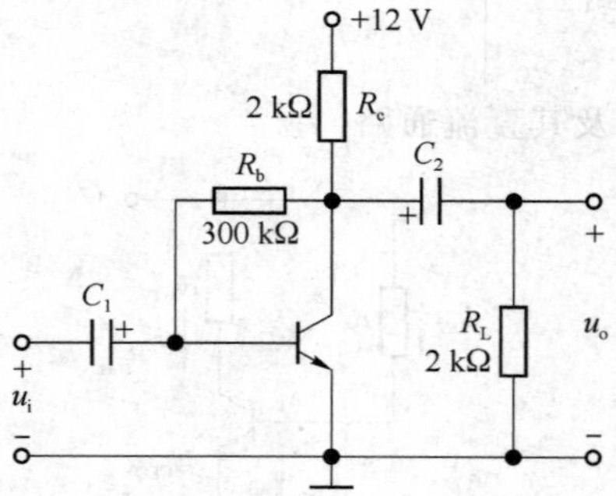

图 2.12 例题 2-4 共射放大电路

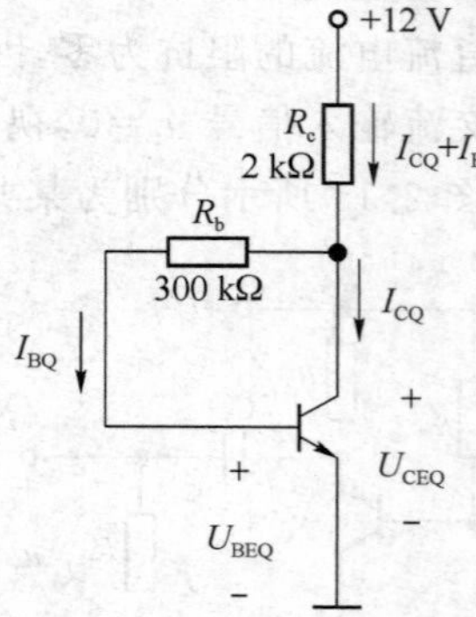

图 2.13 例题 2-4 电路的直流通路

解 ①用输入回路方程、输出回路方程、三极管的电流分配关系计算确定 Q 点。电路的直流通路如图 2.13 所示。

输入回路方程:

$$U_{CC}=(I_{BQ}+I_{CQ})R_c+I_{BQ}R_b+U_{BEQ}$$

输出回路方程：

$$U_{CC}=(I_{BQ}+I_{CQ})R_c+U_{CEQ}$$

三极管的电流分配关系：

$$I_{CQ}=\beta I_{BQ}$$
$$I_{EQ}=I_{BQ}+I_{CQ}$$

解方程得静态工作点 Q：

$$I_{BQ}=\frac{U_{CC}}{R_b+(\beta+1)R_c}\approx 30\ \mu A$$
$$I_{CQ}=\beta I_{BQ}=1.5\ mA$$
$$U_{CEQ}=U_{CC}-(I_{BQ}+I_{CQ})R_c\approx 9\ V$$

② 图解法估算 Q 点。已知三极管的输出特性，以图 2.11 电路可知，输出特性曲线中的 U_{CE}、I_C 之间的关系如下：

$$U_{CE}=U_{CC}-I_CR_c$$

这是一条斜率为 $-\frac{1}{R_c}$ 的直线，称为直流负载线。在直流通路中估算 I_{BQ} 的大小，所对应的三极管输出特性曲线与直流负载线的交点即为放大电路的静态工作点，如图 2.14所示。

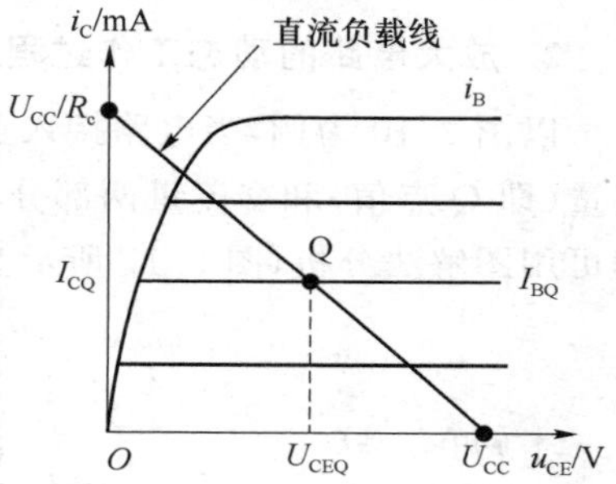

图 2.14　图解法确定 Q 点

2.2.2　放大电路的动态工作过程与非线性失真

三极管是一个非线性器件，其输入、输出特性均是非线性的，分析放大电路的工作过程时，不能简单地用线性电路的分析方法，通常采用图解分析方法。图解分析方法是指根据输入信号，在三极管的特性曲线上直接作图求解的方法。

1. 交流通路与交流负载线

(1) 交流通路

交流通路是指动态($u_i\neq 0$)时，电路中交流分量流过的通路。画交流通路时有以下两个要点。

① 电容视为短路、电感视为开路。隔直耦合电容的电容量足够大，对于一定频率的交流信号，容抗近似为零，可视为短路。

② 直流电压源置零。交流电流通过直流电源 U_{CC} 时，两端无交流电压产生，可视为短路。

图 2.15 所示为图 2.10 共射放大电路的交流通路。计算动态参数 A_u、R_i、R_o 等必须依据交流通路。

(2) 交流负载线

在图 2.15 中有关系式：

$$u_o=\Delta u_{CE}=-i_cR_c /\!/ R_L=-i_cR_L'$$

其中，$R_L'=R_c /\!/ R_L$ 称为交流负载电阻，负号表示电流 i_c 和电压 u_o 的方向相反。

交流变化量在变化过程中一定要经过零点($u_i=0$)，因此定义过 Q 点，斜率为 $-\frac{1}{R_L'}$ 的直线，且 Q 点是交流负载线和直流负载线的交点，如图 2.16 所示。

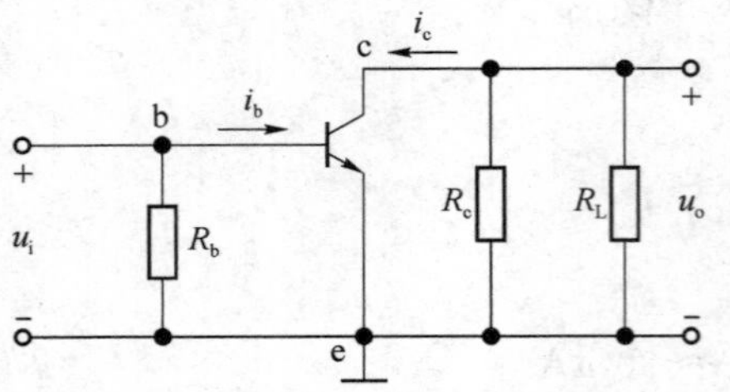

图 2.15　共射放大电路的交流通路

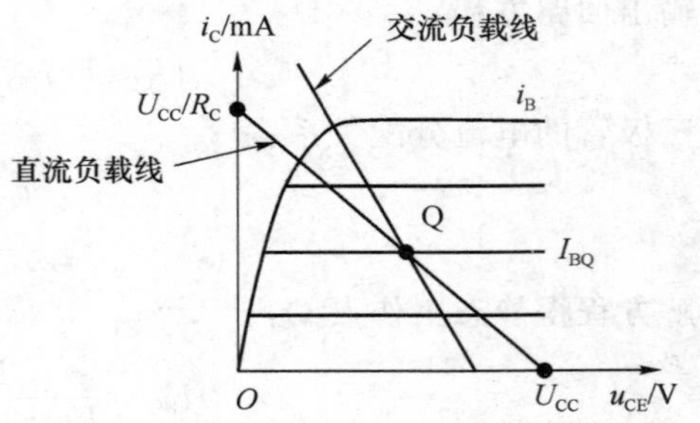

图 2.16　交流负载线

交流负载线由交流通路获得，且过 Q 点，因此交流负载线是动态工作点移动的轨迹。

2. 放大电路的动态工作过程

以图 2.10 为例，当电路接入正弦输入电压 u_i 时，电路中各电压和电流的瞬时值都包含直流量(即 Q 点值)和交流量两部分，并以 Q 点为正弦量的平衡点作相应的变化。这个变化的过程可用图解法分析，图 2.17 所示为电路的动态工作过程。

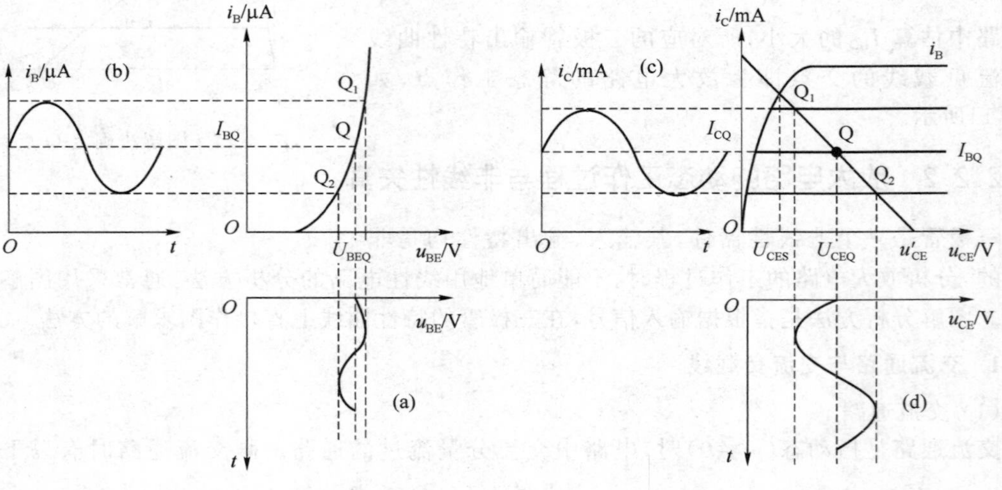

图 2.17　共射放大电路的动态工作过程

(1) 输入电压 u_i 经 C_1 耦合，叠加在 U_{BEQ} 上，瞬时值 $u_{BE}=U_{BEQ}+u_i$，如图 2.17(a)所示。

(2) 当 u_{BE} 增大时，引起 i_b 增大，动态工作点由 Q 点上移到 Q_1 点；反之，u_{BE} 减小时，工作点下移到 Q_2 点。瞬时值 $i_B=I_{BQ}+i_b$，如图 2.17(b)所示。

(3) 三极管工作在放大区，i_C 随 i_B 的变化而变化，瞬时值 $i_C=I_{CQ}+i_c$，如图 2.17(c)所示。

(4) 随 i_C 的增大，动态工作点由 Q 点移动到 Q_1 点，u_{CE} 值减小；随 i_C 减小，工作点移动到 Q_2 点，u_{CE} 值增大。瞬时值 $u_{CE}=U_{CEQ}+u_{ce}$。其中直流量 U_{CEQ} 被隔直耦合电容隔断，交流量 u_{ce} 经 C_2 耦合输出，形成 u_o，如图 2.17(d)所示。

由于交流负载线的斜率为负值，因此从图中可以看到，u_o 与 u_i 相位差为 180°(π)，即共射放大电路的输出电压与输入电压相位相反，这种现象称为反相。

图中 U_{CES} 和 u'_{ce} 为交流负载线与三极管动态特性曲线边界的交点，放大电路的动态输出被限制在 U_{CES}～u'_{ce} 的范围内。正弦交流信号以 Q 值为中心作正、负半周变化，为保证动态工作点不进入截止区或饱和区，信号的峰值要在（$U_{CEQ}-U_{CES}$）和（$u'_{ce}-U_{CEQ}$）中选取一个最小值。由此可确定电路能够输出的最大不失真正弦电压峰值 U_{om}。

3. 非线性失真

放大电路的动态输出范围是 U_{CES}～u'_{ce}（对应三极管的放大区），如果输出信号的峰值过大或者 Q 点的选取不合理，使输出电压超过了这个范围，进入截止区或饱和区，就会产生失真（输出信号的波形与输入信号的波形不一致），此时集电极电流 i_c 与基极电流 i_b 不再成线性比例的关系。

三极管放大电路的非线性失真分为截止失真和饱和失真两种。

(1) 截止失真。当放大电路的静态工作点 Q 选取比较低时，导致输入信号的负半周进入截止区而造成的失真称为截止失真。图 2.18 所示为放大电路的截止失真。u_i 负半周进入截止区造成 i_b 失真，从而引起 i_c 失真，最终使 u_o 失真。

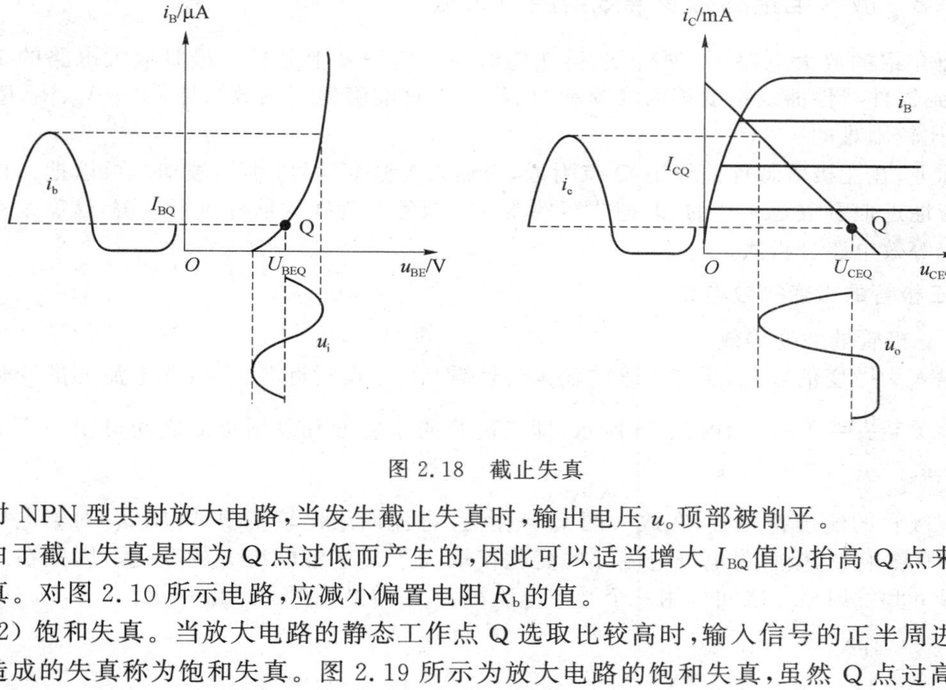

图 2.18　截止失真

对 NPN 型共射放大电路，当发生截止失真时，输出电压 u_o 顶部被削平。

由于截止失真是因为 Q 点过低而产生的，因此可以适当增大 I_{BQ} 值以抬高 Q 点来消除截止失真。对图 2.10 所示电路，应减小偏置电阻 R_b 的值。

(2) 饱和失真。当放大电路的静态工作点 Q 选取比较高时，输入信号的正半周进入饱和区而造成的失真称为饱和失真。图 2.19 所示为放大电路的饱和失真，虽然 Q 点过高不会导致 i_b 失真，但由于三极管进入饱和区，不能够提供足够的放大倍数，i_c 失真，进而造成 u_o 失真。

对 NPN 型共射放大电路，当发生饱和失真时，输出电压 u_o 底部被削平。

电路中若产生饱和失真，可减小 I_{BQ} 的值，以增大 U_{CEQ}、降低 Q 点来进行消除。对图 2.10 电路，应增大偏置电阻 R_b 的值。

由此可见，放大电路中的 Q 点如果选取不当，不但会引起非线性失真，还会影响放大电路的动态输出范围，影响输出电压峰值 U_{om}。在实际应用中，要根据电路的参数要求，灵活地选取 Q 点，使 Q 点处在三极管特性曲线的线性放大区，远离截止区和饱和区；另外，在保证不失真且能满足幅度要求的情况下，Q 的选取要低一些，以便减少直流电源的能量消耗；当要求不失真输出幅度尽可能大时，则要合理的调整 Q 点，充分利用动态输出范围。

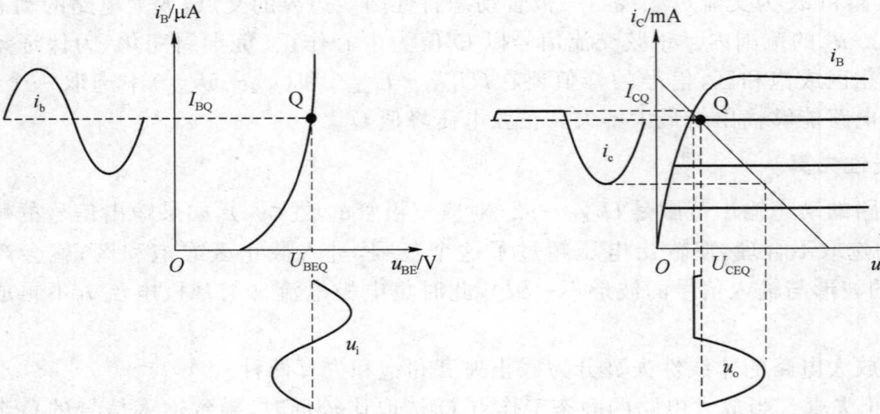

图 2.19 饱和失真

2.2.3 放大电路的微变等效电路分析法

前面介绍的放大电路图解分析法虽然能够在一定程度上分析三极管放大电路的工作过程，但受到器件特性曲线精度等因素的制约，若要相对准确地得到放大电路的 A_u、R_i、R_o 等参数，还是比较困难的。

实际上，在三极管特性曲线上 Q 点附近，当输入为微变信号（小信号）时，可以把三极管的非线性特性近似看成是线性的，即把非线性器件三极管转为线性器件进行求解，这就是放大电路的微变等效电路分析法。

1. 三极管的微变等效电路

（1）三极管的微变等效

当输入为微变信号时，从三极管的输入特性看，在 Q 点附近电压 u_{BE} 和电流 i_B 的变化近似满足线性关系 $\frac{du_{BE}}{di_B}\approx r_{be}$，如图 2.20 所示，即三极管的基极 b 和发射极 e 之间可用一个交流电阻 r_{be} 来等效。

从三极管的输出特性看，在放大区 Q 点附近，电流曲线比较平坦，电压 u_{CE} 对集电极电流 i_C 几乎没有影响，三极管集电极电流 i_C 的变化仅取决于其基极电流 i_B 的变化。因此在三极管的集电极 c 和发射极 e 之间可用一个受控电流源 βi_b 来等效，如图 2.21 所示。

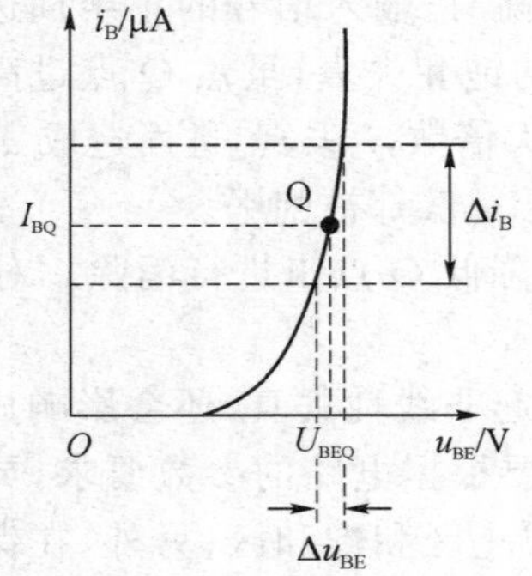

图 2.20 三极管的交流输入电阻 r_{be}

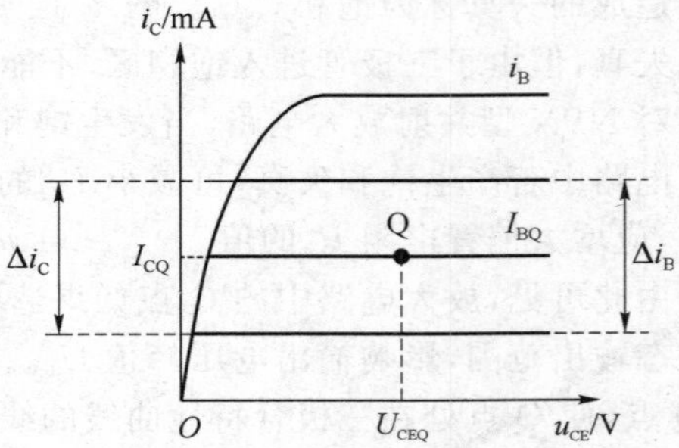

图 2.21 三极管的电流放大系数 β

综上所述，当输入为微变信号时，三极管可用如图2.22(b)所示的等效电路来代替。图2.22(a)所示的三极管是一个非线性器件，但图2.22(b)所示的是一个线性电路。这样就把三极管的非线性问题转化为了线性问题。

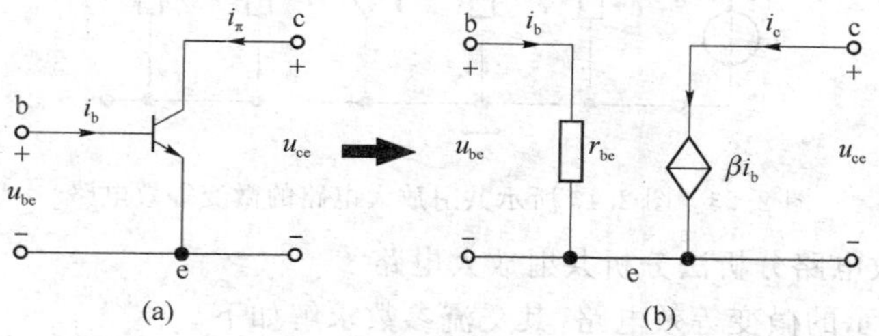

图2.22　三极管的微变等效电路模型

(2) 三极管微变等效电路的几点说明

① 对于微变输入信号，三极管的基极和发射极之间可用交流输入电阻 r_{be} 来代替；集电极和发射极之间可以用受控电流源 βi_b 来代替。

② 交流输入电阻 r_{be} 的计算公式如下：

$$r_{be}=200\ \Omega+(1+\beta)\frac{26\ \text{mV}}{I_{EQ}} \tag{2-1}$$

式(2-1)中，200 Ω 为三极管的基区电阻，$(1+\beta)\frac{26\ \text{mV}}{I_{EQ}}$ 为三极管发射结电阻。由此可见，r_{be} 的数值与Q点密切相关，Q点越高，I_{EQ} 越大，r_{be} 越小。通常 r_{be} 的值为几百欧到几千欧。另外，由三极管的电流分配关系得

$$r_{be}=200\ \Omega+(1+\beta)\frac{26\ \text{mV}}{I_{EQ}}=200\ \Omega+\beta\frac{26\ \text{mV}}{I_{CQ}}=200\ \Omega+\frac{26\ \text{mV}}{I_{BQ}}$$

在实际中可以灵活运用。

③ 等效电路中的受控电流源不能独立存在，其方向必须与基极电流方向对应。如假定基极电流从基极流向发射极，则受控电流源的电流方向必须是从集电极流向发射极。

④ 此等效电路成立的前提条件是小信号(微变信号)。大信号电路(如功率放大电路)不能用此微变等效电路模型。

⑤ 微变等效电路中的电压、电流量都是交流信号，电路中无直流量，因此不能用等效电路来求解静态工作点Q的值。

⑥ NPN型和PNP型三极管的微变等效电路结构相同，但电流方向(包括受控电流源)相反。

2. 共射放大电路的微变等效电路分析

(1) 用微变等效电路分析法分析放大电路的求解步骤

① 根据电路的直流通路计算出静态工作点(I_{BQ}、U_{BEQ}、I_{CQ}、U_{CEQ})，并计算Q点处的参数 r_{be} 值。

② 三极管微变等效电路的画法：在放大电路的交流通路中，用三极管的微变等效电路直接取代交流通路中的三极管。无论电路是何种组态，三极管的b、e间都用交流电阻 r_{be} 代替，c、e间都用受控电流源 βi_b 代替即可。如图2.23所示为图2.10中共射放大电路的微变等效电路。其中 u_S 为外接的信号源，R_S 是信号源内阻。

③ 根据等效电路直接列方程求解 A_u、R_i、R_o。

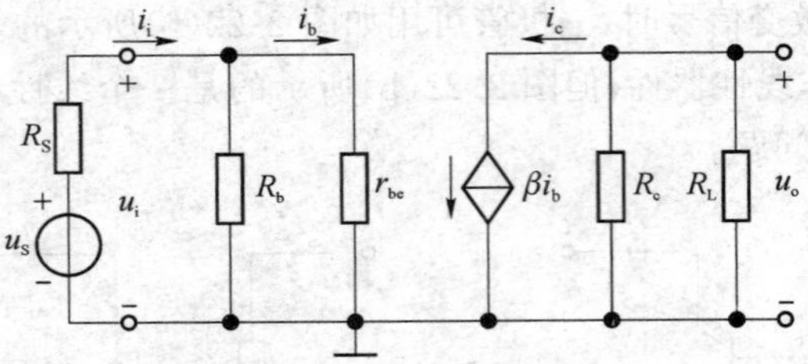

图 2.23　图 2.10 所示共射放大电路的微变等效电路

(2) 用微变等效电路分析法分析共射放大电路

对于图 2.23 所示的微变等效电路，其交流参数求解如下。

① 电压放大倍数 A_u

$$u_i = i_b r_{be}$$

$$u_o = -i_c R_c /\!/ R_L$$

$$i_c = \beta i_b$$

$$A_u = \frac{u_o}{u_i} = -\frac{\beta R_c /\!/ R_L}{r_{be}} \tag{2-2}$$

式中的负号表示输出电压 u_o与输入电压 u_i反相。

② 输入电阻 R_i

由输入电阻的定义 $R_i = \frac{u_i}{i_i}$得

$$R_i = R_b /\!/ r_{be} \tag{2-3}$$

一般基极偏置 R_b为几十千欧到几百千欧，而 r_{be}的值通常为几百欧到几千欧，$R_b \gg r_{be}$，因此$R_i \approx r_{be}$。输入电阻 R_i越大，从前级(信号源)获得电压的能力越强。输入电阻 R_i中不应包含信号源内阻 R_S。

③ 输出电阻 R_o

根据 $R_o = \left.\frac{u_t}{i_t}\right|_{\substack{u_S=0 \\ R_L=\infty}}$ 可求出放大电路的输出电阻 R_o。图 2.24 所示为求解输出电阻的等效电路，令信号源置零、负载开路，该共射放大电路的输出电阻为

$$R_o \approx R_c \tag{2-4}$$

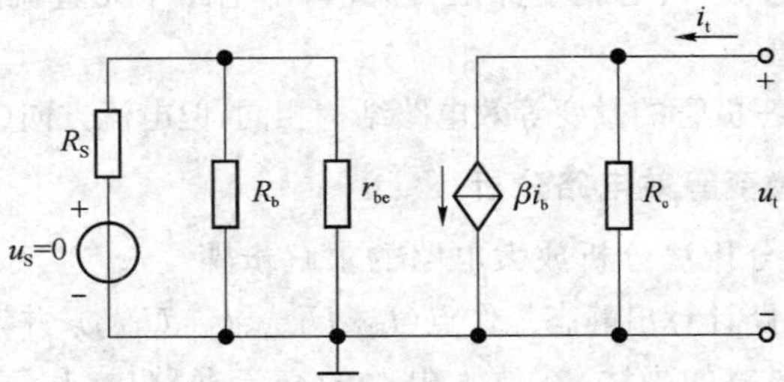

图 2.24　求解输出电阻的等效电路

输出电阻 R_o越小，放大电路的带负载能力越强。输出电阻 R_o中不应包含负载电阻 R_L。

例题 2-5　已知图 2.10 中 $\beta = 80$，$R_b = 320\ \text{k}\Omega$，$R_c = 2\ \text{k}\Omega$，$R_L = 2\ \text{k}\Omega$，$I_{CQ} = 2.5\ \text{mA}$，试计算放大电路的电压放大倍数 A_u、输入电阻 R_i、输出电阻 R_o。

解　题目中已知静态工作电流 I_{CQ}，可直接求解三极管的输入电阻 r_{be}：

$$r_{be}=200\ \Omega+(1+\beta)\frac{26\ \text{mV}}{I_{CQ}}=200\ \Omega+80\times\frac{26\ \text{mV}}{2.5\ \text{mA}}\approx 1\ \text{k}\Omega$$

根据放大电路的微变等效电路(图 2.23)，可求出 A_u、R_i、R_o：

$$u_i=i_b r_{be},\quad u_o=-\beta i_b R_c /\!/ R_L$$

$$A_u=\frac{u_o}{u_i}=-\frac{\beta R_c /\!/ R_L}{r_{be}}=-\frac{80\times 2/\!/2}{1}=-80$$

$$R_i=R_b /\!/ r_{be}\approx r_{be}=1\ \text{k}\Omega$$

$$R_o\approx R_c=2\ \text{k}\Omega$$

例题 2-6　如图 2.25 所示，已知 $\beta=50$，三极管为锗管，试计算电路的静态工作点 Q，并求解 A_u、R_i、R_o。

解　计算静态工作点 Q：由图 2.26 所示直流通路可得

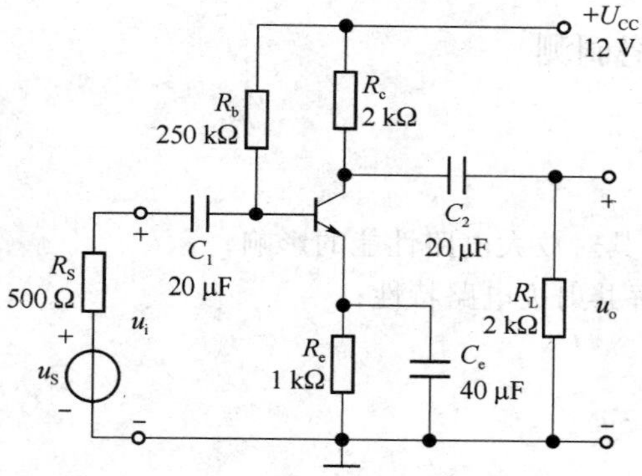

图 2.25　例题 2-6 图

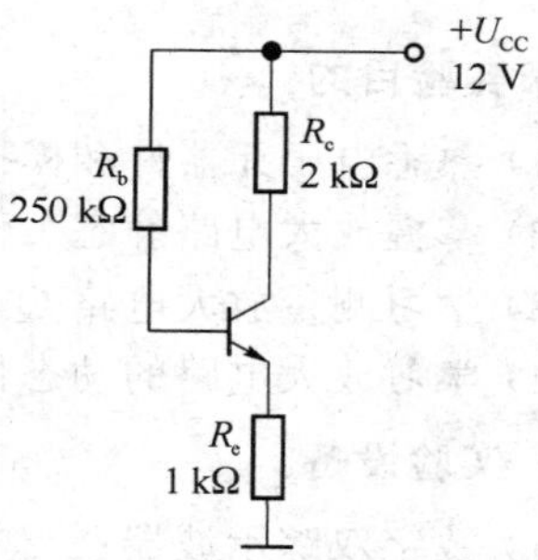

图 2.26　例题 2-6 直流通路

输入回路方程：

$$U_{CC}=I_{BQ}R_b+U_{BEQ}+I_{EQ}R_e$$

输出回路方程：

$$U_{CC}=I_{CQ}R_c+U_{CEQ}+I_{EQ}R_e$$

三极管的电流分配关系：

$$I_{CQ}=\beta I_{BQ}$$

$$I_{EQ}=I_{BQ}+I_{CQ}$$

解方程得静态工作点 Q：

$$I_{BQ}\approx\frac{U_{CC}}{R_b+(1+\beta)R_e}\approx 40\ \mu\text{A}$$

$$I_{CQ}=\beta I_{BQ}=2\ \text{mA}$$

$$U_{CEQ}=U_{CC}-I_{CQ}R_c-I_{EQ}R_e\approx 6\ \text{V}$$

在上述计算中，由于 U_{CC} 较大，可忽略 U_{BEQ}；另外三极管的静态电流 I_{CQ} 和 I_{EQ} 可近似相等。根据静态工作点可继续求出 r_{be}：

$$r_{be}=200\ \Omega+\beta\frac{26\ \text{mV}}{I_{CQ}}=0.85\ \text{k}\Omega$$

图 2.25 的微变等效电路同图 2.23 一样，因此动态参数 A_u、R_i、R_o 分别如下：

$$u_i = i_b r_{be}, \quad u_o = -\beta i_b R_c /\!/ R_L$$

$$A_u = \frac{u_o}{u_i} = -\frac{\beta R_c /\!/ R_L}{r_{be}} = -\frac{50\times 2 /\!/ 2}{0.85} = -59$$

$$R_i = R_b /\!/ r_{be} \approx r_{be} = 0.85\ \text{k}\Omega$$

$$R_o \approx R_c = 2\ \text{k}\Omega$$

3. 图解分析法与微变等效电路分析法特点的比较

放大电路的图解分析法形象直观,适用于Q点分析、非线性失真分析、最大不失真输出幅度的分析,能够用于大、小信号,但作图误差大,只能分析简单电路,不易求解输入电阻、输出电阻等动态参数。

微变等效电路分析法适用于任何复杂的电路,可方便求解动态参数,如放大倍数、输入电阻、输出电阻等,但只能用于分析小信号,不能用来求解静态工作点Q。

实际应用中,常把两种分析方法结合起来使用。

2.2.4 实验项目三:共发射极放大电路调测

1. 实验目的

(1) 熟悉电子元器件和模拟电路实验箱;

(2) 掌握放大电路静态工作点的调试方法及其对放大电路性能的影响;

(3) 学习测量放大电路Q点、A_u的方法,了解共射极电路特性;

(4) 学习放大电路的动态性能。

2. 实验设备

(1) 数字双踪示波器;

(2) 数字万用表;

(3) 信号发生器;

(4) TPE-A5Ⅱ型模拟电路实验箱。

3. 预习要求

(1) 共发射极放大电路工作原理;

(2) 放大电路静态和动态测量方法。

4. 实验内容及步骤

(1) 装接电路与简单测量

装接电路原理图如图2.27所示。如三极管为9013,放大倍数β一般在150以上。

① 用万用表判断实验箱上三极管VT的极性和好坏,电解电容C的极性和好坏。

② 按图2.27所示,连接电路(注意:接线前先测量+12 V电源,关断电源后再连线),将R_P的阻值调到最大位置。

(2) 静态测量与调整

① 接线完毕仔细检查,确认无误后接通电源。调节电位器R_P的值,使$U_{CEQ}=U_{CC}/2$(用万用表测量)。

② 关断电源,用万用表测量出$R_{b1}+R_P$,分别计算出I_{BQ},I_{CQ}。

$$I_{BQ} = \frac{U_{CC}-U_{BEQ}}{R_b}$$

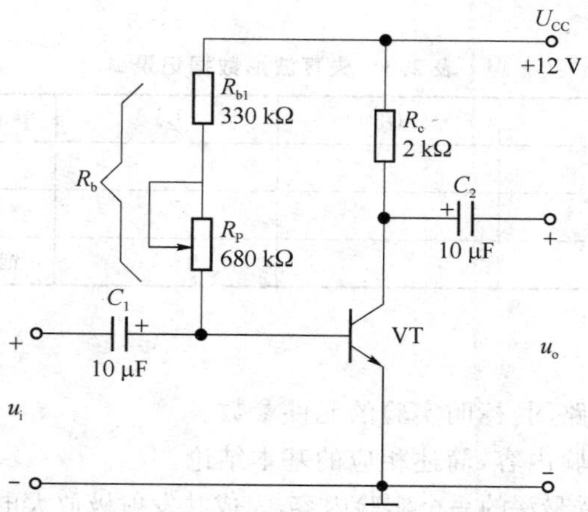

图 2.27　共发射极放大实验电路

$$I_{CQ}=\beta I_{BQ}=\frac{U_{CC}-U_{CEQ}}{R_c}=\frac{U_{CC}}{2R_c}$$

注意：I_{BQ}和I_{CQ}一般可用间接测量法计算得出，即通过用万用表测U_{CEQ}和U_{BEQ}，根据R_c和R_b的值计算出I_{BQ}和I_{CQ}。此法虽不直观，但操作较简单。

③ 计算并填表 2.1。

表 2.1　静态测量数据记录

测量值				计算结果		
U_{BEQ}/V	U_{CEQ}/V	R_b/kΩ	R_c/kΩ	I_{BQ}/μA	I_{CQ}/mA	β

(3) 动态测量与调整

① 按图 2.27 连接电路。

② 用信号发生器产生频率为 1 kHz、幅值为 10 mV 的正弦波u_i，并用示波器测量。

③ 将信号发生器产生的信号接至放大电路的输入端，用示波器观察u_i和u_o波形，并比较幅值和相位。

④ 信号源频率不变，逐渐加大u_i幅度，观察u_o不失真时的最大值并填表 2.2。

分析图 2.27 的交流等效电路模型，由下述几个公式进行计算：

$$r_{be}\approx 200+(1+\beta)\frac{26\ \text{mV}}{I_{EQ}},\quad A_u=-\beta\frac{R_L/\!/R_c}{r_{be}},\quad R_i=R_b/\!/r_{be},\quad R_o=R_c$$

表 2.2　动态测量数据记录

给定参数		实测		实测计算	估算
R_c	R_L	u_i/mV	u_o/V	A_u	A_u
2 kΩ	∞	10			
2 kΩ	2.2 kΩ	10			

⑤ u_i=10 mV，R_c=5.1 kΩ，不加R_L时，如电位器R_P调节范围不够，可改变R_{b1}，增大或减小R_P，观察u_o波形变化，若失真观察不明显可增大u_i幅值(>10 mV)，并重测，将测量结果填

入表 2.3。

表 2.3 失真波形数据记录

R_P	U_b	U_c	U_e	输出波形情况
最大				完全截止,无输出
合适				无失真波形
最小				饱和失真(波形下半周切割失真)

5. 实验报告要求

(1) 绘出实验原理电路图,标明实验的元件参数。

(2) 注明所完成的实验内容,简述相应的基本结论。

(3) 选择在实验中感受最深的一个实验内容,完成共发射极放大电路调测实验报告(表 2.4),并从实验中得出基本结论。

表 2.4 模拟电子技术实验报告三:共发射极放大电路调测

<table>
<tr><td colspan="2">实验地点</td><td colspan="2"></td><td>时间</td><td></td><td>实验成绩</td><td></td></tr>
<tr><td>班级</td><td></td><td>姓名</td><td></td><td>学号</td><td></td><td>同组姓名</td><td></td></tr>
<tr><td colspan="2">实验目的</td><td colspan="6"></td></tr>
<tr><td colspan="2">实验设备</td><td colspan="6"></td></tr>
<tr><td colspan="2">实验内容</td><td colspan="6">1. 画出实验电路原理图</td></tr>
</table>

续表

实验内容

2. 静态测量与调整

$U_{CEQ}=U_{CC}/2$ 时，分别计算出 I_{BQ}，I_{CQ}。

测量值				计算结果		
U_{BEQ}/V	U_{CEQ}/V	U_{BEQ}/V	U_{CEQ}/V	U_{BEQ}/V	U_{CEQ}/V	U_{BEQ}/V

3. 动态测量与调整

给定参数		实测		实测计算	估算
R_c	R_L	u_i/mV	u_o/V	A_u	A_u
2 kΩ	∞	10			
2 kΩ	2.2 kΩ	10			

4. 失真波形测量

R_P	U_b	U_c	U_e	输出波形情况
最大				完全截止，无输出
合适				无失真波形
最小				饱和失真（波形下半周切割失真）

5. 画出截止失真和饱和失真波形

实验过程中遇到的问题及解决方法

实验体会与总结

指导教师评语

2.3 静态工作点稳定电路

前面的分析表明Q点的选取非常重要，它直接影响放大电路的工作性能。若Q点选取不合理，会造成非线性失真、减小动态输出幅度U_{om}等情况。选取合适的Q点并保持其稳定是放大电路正常工作的前提。

2.3.1 温度变化对静态工作点的影响

影响静态工作点Q的因素有很多，如电源波动、偏置电阻的变化、管子的更换、元件的老化等，不过最主要的影响则是环境温度的变化。三极管是一个对温度非常敏感的器件，随温度的变化，三极管参数会受到影响，具体表现在以下几个方面。

1. 温度升高，三极管的电流放大系数增大

实验表明，随温度升高，β上升。温度每升高10℃，β约增大0.5%～1%。

2. 温度升高，相同基极电流I_B下，U_{BE}减小

三极管的输入端具有负的温度特性。温度每升高1℃，U_{BE}大约减小2.2 mV。

3. 温度升高，三极管的反向电流增大

温度升高时，反向电流I_{CBO}、I_{CEO}增大。温度每升高10℃，I_{CBO}和I_{CEO}就增大约1倍。

当环境温度变化时，以上各参量都会随着变化，导致电路的Q点不稳定。在前面介绍的固定偏置电路中，电路结构简单，但是Q点受温度的影响比较大，稳定性较差，因此实际应用中较少使用，通常选用的是静态工作点稳定电路。

2.3.2 静态工作点稳定电路的组成及工作过程

1. 静态工作点稳定电路的组成

图2.28所示为工作点稳定电路。电路中R_{b1}、R_{b2}分别为上、下偏置电阻，取代固定偏置电路中的R_b；R_e为发射极电阻；C_e是射极旁路电容，通交流，隔直流。其余元件和固定偏置电路一样。

三极管的基极偏置电压U_B由R_{b1}、R_{b2}分压提供，此电路又叫分压偏置式静态工作点稳定电路。

2. 静态工作点稳定电路的工作过程

(1) 基极偏置电压U_B的稳定。在图2.28电路中，一般有$I_1 \gg I_{BQ}$，R_{b1}和R_{b2}可近似看成是串联，在静态时：

$$U_B \approx \frac{R_{b2}}{R_{b1}+R_{b2}} U_{CC}$$

由此可见，当U_{CC}、R_{b1}、R_{b2}确定后，U_B也就基本确定，不受温度影响。

(2) 若温度上升，使三极管的集电极电流I_C增大，则发射极电流I_E也增大，I_E在发射极电阻R_e上产生的压降$U_E=I_ER_e$增大。

(3) 由于U_B基本不变，U_E增大，三极管发射结电压$U_{BE}=U_B-U_E$减小，从而使基极电流I_B减小，又导致I_C减小。最终使I_C基本稳定，达到稳定Q点的目的。其工作过程可描述为

$$温度\ T\uparrow \to I_C\uparrow \to I_E\uparrow \to U_E\uparrow \to U_{BE}\downarrow \to I_B\downarrow \to I_C\downarrow$$

这里利用输出电流 I_C 的变化，通过电阻 R_e 上的压降 U_E 送回到三极管的基极和发射极回路来控制电压 U_{BE}，从而又来牵制输出电流 I_C 的措施称为反馈。这种反馈使输出信号 I_C 减弱，因此又叫负反馈。(有关反馈的概念详见本书第 3 章)

分压偏置式放大电路具有稳定 Q 点的作用，在实际电路中应用广泛。通常为保证 Q 点的稳定，要求电路的 $I_1 \gg I_{BQ}$。一般对于硅材料的三极管，$I_1=(5\sim10)I_{BQ}$。

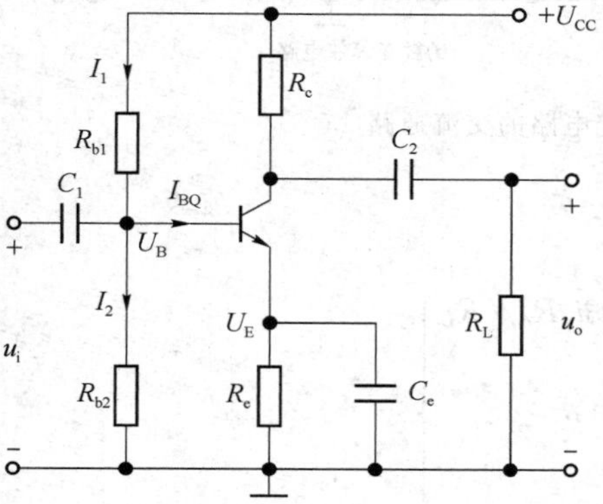

图 2.28　分压偏置式静态工作点稳定电路

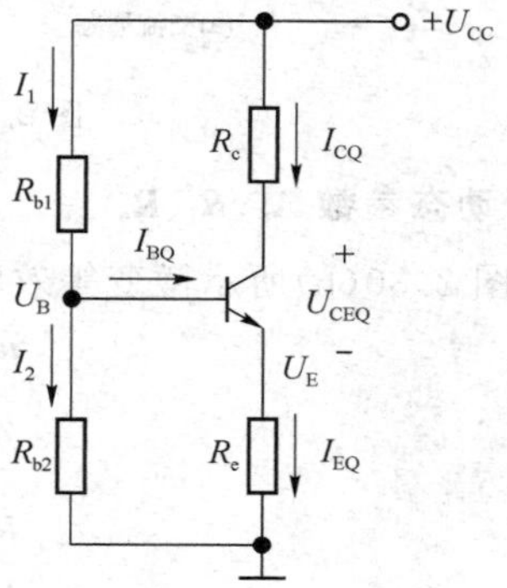

图 2.29　稳定电路的直流通路

2.3.3　静态工作点稳定电路的分析

1. 静态工作点 Q 的计算

图 2.29 所示为分压偏置式静态工作点稳定电路的直流通路，由此直流通路可计算其静态工作点 Q 的值。

输入回路方程：

$$U_B=U_{BEQ}+I_{EQ}R_e$$

输出回路方程：

$$U_{CC}=I_{CQ}R_c+U_{CEQ}+I_{EQ}R_e$$

三极管的电流分配关系：

$$I_{CQ}=\beta I_{BQ}$$
$$I_{EQ}=I_{BQ}+I_{CQ}$$

综上可得

$$\left.\begin{aligned}
&U_B\approx\frac{R_{b2}}{R_{b1}+R_{b2}}U_{CC}\\
&I_{CQ}\approx I_{EQ}=\frac{U_B-U_{BEQ}}{R_e}\\
&I_{BQ}=\frac{I_{CQ}}{\beta}\\
&U_{CEQ}\approx U_{CC}-I_{CQ}(R_c+R_e)
\end{aligned}\right\}\tag{2-5}$$

2. 动态参数的分析

图 2.30(a)所示为工作点稳定电路的交流通路，图 2.30(b)所示为其微变等效电路。因为

旁路电容 C_e 的交流短路作用，电阻 R_e 被短路掉。根据电路的 Q 点，可求出交流电阻 r_{be}。

$$r_{be}=200\ \Omega+(1+\beta)\frac{26\ \text{mV}}{I_{EQ}}$$

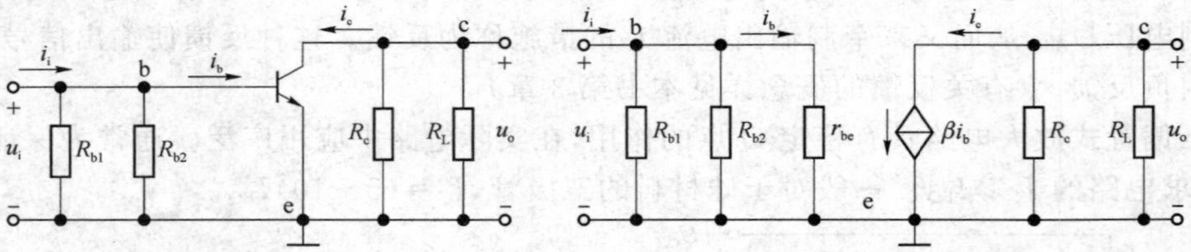

图 2.30　静态工作点稳定电路的交流通路

3. 动态参数 A_u、R_i、R_o

由图 2.30(b)所示微变等效电路可求得

$$\left.\begin{aligned} &u_i=i_b r_{be},\quad u_o=-\beta i_b R_c /\!/ R_L \\ &A_u=-\frac{\beta R_c /\!/ R_L}{r_{be}} \\ &R_i=R_{b1} /\!/ R_{b2} /\!/ r_{be} \\ &R_o\approx R_c \end{aligned}\right\} \tag{2-6}$$

例题 2-7　在图 2.28 中，已知 $U_{CC}=12$ V，$R_{b1}=20$ kΩ，$R_{b2}=10$ kΩ，$R_e=1.5$ kΩ，$R_c=2$ kΩ，$R_L=2$ kΩ，$\beta=50$，三极管为硅管。试计算放大电路的 Q 点和电路的 A_u、R_i、R_o。

解　Q 点的计算：根据图 2.28 直流通路，由式(2-5)可得

$$U_B\approx\frac{R_{b2}}{R_{b1}+R_{b2}}U_{CC}=4\ \text{V}$$

$$I_{CQ}\approx I_{EQ}=\frac{U_B-U_{BEQ}}{R_e}=2.2\ \text{mA}$$

$$I_{BQ}=\frac{I_{CQ}}{\beta}=44\ \mu\text{A}$$

$$U_{CEQ}\approx U_{CC}-I_{CQ}(R_c+R_e)=4.3\ \text{V}$$

根据 Q 点计算交流等效电阻 r_{be}：

$$r_{be}=200\ \Omega+(1+\beta)\frac{26\ \text{mV}}{I_{EQ}}\approx 0.8\ \text{k}\Omega$$

动态参数的计算：根据图 2.30(b)，可得

$$u_i=i_b r_{be},\quad u_o=-\beta i_b R_c /\!/ R_L$$

$$A_u=-\frac{\beta R_c /\!/ R_L}{r_{be}}=-62.5$$

$$R_i=R_{b1} /\!/ R_{b2} /\!/ r_{be}\approx 0.8\ \text{k}\Omega$$

$$R_o\approx R_c=2\ \text{k}\Omega$$

例题 2-8　如图 2.31 所示，已知 $\beta=60$，三极管为硅管。计算 Q 点、r_{be} 和 A_u、R_i、R_o。另外，若将 R_{b2} 逐渐增大到无穷，会出现怎样的情况？

解　本题的直流通路与图 2.28 类似，只是 R_e 换成了 R_{e1} 和 R_{e2} 的串联。Q 点的计算如下。

输入回路方程：

$$U_B=U_{BEQ}+I_{EQ}(R_{e1}+R_{e2})$$

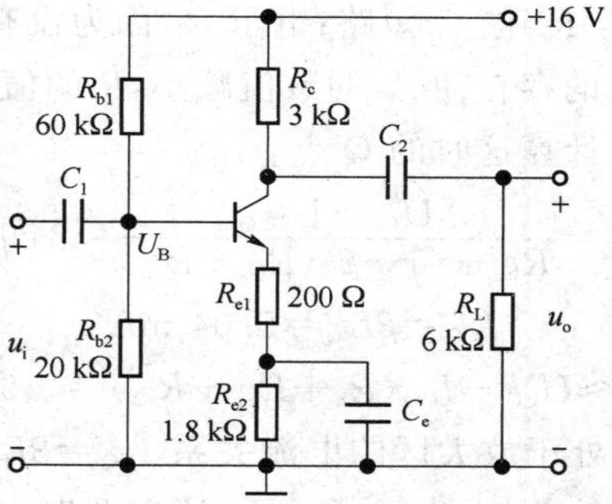

图 2.31　例题 2-8 图

输出回路方程：

$$U_{CC}=I_{CQ}R_c+U_{CEQ}+I_{EQ}(R_{e1}+R_{e2})$$

三极管的电流分配关系：

$$I_{CQ}=\beta I_{BQ}$$

$$I_{EQ}=I_{BQ}+I_{CQ}$$

解方程得

$$U_B\approx\frac{R_{b2}}{R_{b1}+R_{b2}}U_{CC}=4\ \text{V}$$

$$I_{CQ}\approx I_{EQ}=\frac{U_B-U_{BEQ}}{R_{e1}+R_{e2}}\approx 1.65\ \text{mA}$$

$$I_{BQ}=\frac{I_{CQ}}{\beta}=27.5\ \mu\text{A}$$

$$U_{CEQ}\approx U_{CC}-I_{CQ}(R_c+R_{e1}+R_{e2})=7.75\ \text{V}$$

计算交流等效电阻 r_{be}：

$$r_{be}=200\ \Omega+(1+\beta)\frac{26\ \text{mV}}{I_{EQ}}\approx 1.15\ \text{k}\Omega$$

根据图 2.32 所示微变等效电路计算 A_u、R_i、R_o：

$$u_i=i_b r_{be}+i_e R_{e1}=i_b r_{be}+(1+\beta)i_b R_{e1}$$

$$u_o=-\beta i_b R_c\parallel R_L$$

$$A_u=\frac{u_o}{u_i}=-\frac{\beta R_c\parallel R_L}{r_{be}+(1+\beta)R_{e1}}\approx -9$$

$$R_i'=\frac{u_i}{i_b}=\frac{i_b r_{be}+(1+\beta)i_b R_{e1}}{i_b}=r_{be}+(1+\beta)R_{e1}\approx 7\ \text{k}\Omega$$

$$R_i=R_{b1}/\!/R_{b2}/\!/R_i'\approx 7\ \text{k}\Omega$$

$$R_o\approx R_c=3\ \text{k}\Omega$$

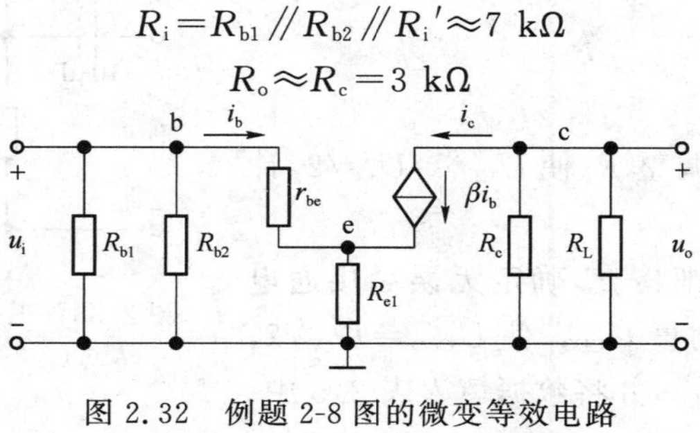

图 2.32　例题 2-8 图的微变等效电路

在交流通路中，发射极电阻 R_{e2} 被 C_e 短路；电阻 R_{e1} 因为没有旁路电容的作用，仍保留在等效电路中；与例题 2-7 相比，R_{e1} 的存在使 A_u 的数值减小，R_i 的值增大。

若 R_{b2} 逐渐增大到无穷，可计算这时的 Q 点：

$$I_{BQ}=\frac{U_{CC}-U_{BEQ}}{R_{b1}+(1+\beta)(R_{e1}+R_{e2})}\approx 84\ \mu A$$

$$I_{CQ}=\beta I_{BQ}=5.04\ mA$$

$$U_{CEQ}\approx U_{CC}-I_{CQ}(R_c+R_{e1}+R_{e2})=-9.2\ V$$

计算中我们利用了三极管处于放大区的电流关系 $I_{CQ}=\beta I_{BQ}$，但计算出的 U_{CEQ} 为负值，明显不满足三极管放大工作状态的条件，出现了矛盾，所以此时三极管并不工作在放大区，而是工作在饱和区，输出电压会出现严重的饱和失真，放大电路无法正常工作。

4. 结论：

(1)分压偏置式静态工作点稳定电路的下偏置电阻 R_{b2} 阻值越大，基极偏置电压 U_B 越大，三极管的静态电流 I_{CQ} 就越大，Q 点向饱和区靠近，放大电路容易出现饱和失真。

(2)反之，R_{b2} 的阻值越小，I_{CQ} 就越小，Q 点向截止区靠近，放大电路容易出现截止失真。

(3)上偏置电阻 R_{b1} 对放大电路产生的影响与 R_{b2} 刚好相反。

2.3.4 实验项目四：静态工作点稳定电路调测

1. 实验目的

(1) 熟悉电子元器件和模拟电路实验箱；

(2) 掌握放大电路静态工作点的调试方法及其对放大电路性能的影响；

(3) 学习测量放大电路 Q 点、A_u 的方法，了解工作点稳定电路特性；

(4) 学习静态工作点稳定电路的动态性能。

2. 实验设备

(1) 数字双踪示波器；

(2) 数字万用表；

(3) 信号发生器；

(4) TPE-A5Ⅱ型模拟电路实验箱。

3. 预习要求

(1) 工作点稳定电路工作原理；

(2) 工作点稳定电路静态和动态测量方法。

4. 实验内容及步骤

(1) 静态测量与调整

① 按图 2.33 接线，调整 R_P 使 $U_{CEQ}=U_{CC}/2$，计算并填表 2.5。

② 接线完毕后应仔细检查，确定无误后接通电源。改变 R_P，用万用表测量 U_{CEQ}，使 $U_{CEQ}=U_{CC}/2$，再用万用表测量 U_{BQ} 和 U_{EQ}，并将数据填入表 2.5 中。

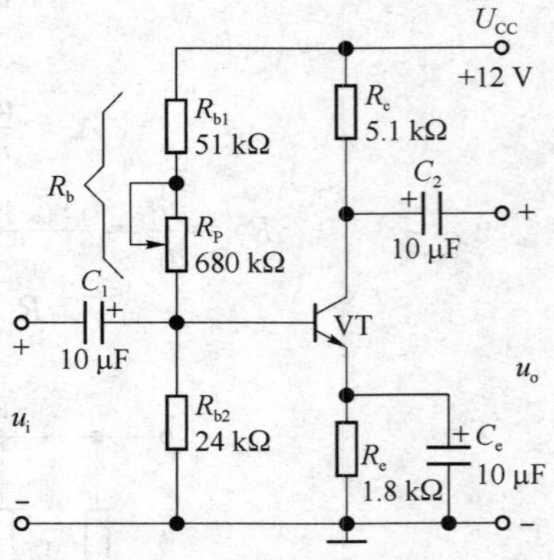

图 2.33 工作点稳定的实验放大电路

③ 计算 R_p, I_{EQ}, I_{CQ}。

$$\because U_{BQ}=\frac{R_{b2}}{R_{b2}+(R_{b1}+R_p)}U_{CC}$$

$$\therefore R_p+R_{b1}=\frac{U_{CC}-U_{BQ}}{U_{BQ}}R_{b2}$$

$$\because U_{EQ}=I_{EQ}R_e$$

$$\therefore I_{EQ}=\frac{U_{EQ}}{R_e}$$

$$\because U_{CC}=I_{CQ}R_c+U_{CEQ}+U_{EQ}$$

$$\therefore I_{CQ}=\frac{U_{CC}-U_{CEQ}-U_{EQ}}{R_c}=\frac{\frac{1}{2}U_{CC}-U_{EQ}}{R_c}$$

表 2.5 静态测量数据记录

实测							实测计算			
U_{CEQ}/V	U_{BQ}/V	U_{EQ}/V	R_c	R_{b1}	R_{b2}	R_e	I_{EQ}/mA	I_{CQ}/mA	R_p/kΩ	β

(2) 动态测量与调整

① 按图 2.33 所示电路连接。

② 用信号发生器产生频率为 1 kHz、幅值为 10 mV 的正弦波 u_i,并用示波器测量。

③ 将信号发生器产生的信号接至放大电路的输入端,用示波器观察 u_i 和 u_o 波形,并比较幅值和相位。

④ 信号源频率不变,逐渐加大 u_i 幅度,观察 u_o 不失真时的最大值并填表 2.6。

分析图 2.33 的交流等效电路模型,由下述几个公式进行计算:

$$r_{be}\approx 200+(1+\beta)\frac{26(\text{mV})}{I_{EQ}},\quad A_u=-\beta\frac{R_L/\!/R_c}{r_{be}},\quad R_i=(R_{b1}+R_P)/\!/R_{b2}/\!/r_{be},\quad R_o=R_c$$

表 2.6 动态测量数据记录

给定参数		实测		实测计算	估算
R_c	R_L	u_i/mV	u_o/V	A_u	A_u
5.1 kΩ	∞	10			
5.1 kΩ	2.2 kΩ	10			

⑤ u_i=10 mV,R_c=5.1 kΩ,不加 R_L 时,如电位器 R_P 调节范围不够,可改变 R_{b1}。增大和减小 R_P,观察 u_o 波形变化,若失真观察不明显可增大 u_i 幅值(>10 mV),并重测,将测量结果填入表 2.7。

加 u_i=10 mV 以上,调整 R_P 到适合位置,可观察到截止失真(波形上半周平顶失真)。

表 2.7 失真波形数据记录

R_P	U_B	U_C	U_E	输出波形情况
最大				完全截止,无输出
合适				无失真波形
最小				饱和失真(波形下半周切割失真)

5. 实验报告要求

(1) 绘出实验原理电路图,标明实验的元件参数。

(2) 注明所完成的实验内容,简述相应的基本结论。

(3) 选择在实验中感受最深的一个实验内容,完成工作点稳定电路调测实验报告(表 2.8),并从实验中得出基本结论。

表 2.8 模拟电子技术实验报告四:工作点稳定电路调测

实验地点				时间		实验成绩	
班级		姓名		学号		同组姓名	
实验目的							
实验设备							
实验内容	1. 画出实验电路原理图						
	2. 静态测量与调整						

2. 静态测量与调整

$U_{CEQ}=U_{CC}/2$ 时,分别计算出 I_{BQ},I_{CQ}。

实测							实测计算			
U_{CEQ}/V	U_{BQ}/V	U_{EQ}/V	R_c	R_{b1}	R_{b2}	R_e	I_{EQ}/mA	I_{CQ}/mA	R_p	β

续表

<table>
<tr><td rowspan="2">实验内容</td><td>
3. 动态测量与调整
<table>
<tr><td colspan="2">给定参数</td><td colspan="2">实测</td><td>实测计算</td><td>估算</td></tr>
<tr><td>R_C</td><td>R_L</td><td>u_i/mV</td><td>u_O/V</td><td>A_u</td><td>A_u</td></tr>
<tr><td>5K1</td><td>∞</td><td>10</td><td></td><td></td><td></td></tr>
<tr><td>5K1</td><td>5K1</td><td>10</td><td></td><td></td><td></td></tr>
</table>
4. 失真波形测量
<table>
<tr><td>R_P</td><td>U_B</td><td>U_C</td><td>U_E</td><td>输出波形情况</td></tr>
<tr><td>最大</td><td></td><td></td><td></td><td>完全截止，无输出</td></tr>
<tr><td>合适</td><td></td><td></td><td></td><td>无失真波形</td></tr>
<tr><td>最小</td><td></td><td></td><td></td><td>饱和失真(波形下半周切割失真)</td></tr>
</table>
</td></tr>
<tr><td>5. 画出截止失真和饱和失真波形</td></tr>
<tr><td>实验过程中遇到的问题及解决方法</td><td></td></tr>
<tr><td>实验体会与总结</td><td></td></tr>
<tr><td>指导教师评语</td><td></td></tr>
</table>

2.4 差动放大电路

2.4.1 零点漂移的概念

所谓零点漂移，是指放大电路在没有输入信号时，由于温度变化、电源电压波动、元器件老化等原因，使放大电路的工作点发生变化，这个变化量会被直接耦合放大电路逐级加以放大并传送到输出端，使输出电压偏离原来的起始点而上下波动。由于零点漂移的产生，主要是因晶体三极管的参数受温度的影响，因此零点漂移也称为温度漂移，简称零漂或温漂。

在阻容耦合多级放大电路中，这种缓慢变化的漂移电压都降落在耦合电容之上，而不会传递到下一级电路。但在直接耦合放大电路中，由于前后级直接相连，前一级的漂移电压会和有用信号一起被送到下一级，而且逐级放大。级数越多，放大倍数越大，零点漂移现象就越严重。(耦合与多级放大电路的内容详见本书 2.8 节：多级放大电路)

因此，应当设法消除或抑制零点漂移现象。抑制零点漂移可以采用多种措施，其中最有效的措施是采用差动放大电路，简称“差放”。

2.4.2 差动放大电路的基本组成

差动放大电路是一种具有两个输入端且电路结构对称的放大电路，其基本特点是输出信号与两个输入端输入信号之差成比例，即差动放大电路放大的是两个输入信号的差值信号，故称其为差动放大电路。

1. 电路构成与特点

图 2.34 是差动放大电路的基本形式，从电路结构上来看，具有以下特点。

(1) 由两个完全对称的共射电路组合而成，即 VT_1、VT_2 参数相同，对称位置上的电阻元件值也相同，例如，两集电极电阻 $R_{c1}=R_{c2}=R_c$。

(2) 电路采用正负双电源供电。VT_1 和 VT_2 的发射极都经同一电阻 R_e 接至负电源 $-U_{EE}$，该负电源能使两管基极在接地(即 $u_{i1}=u_{i2}=0$)的情况下，为 VT_1、VT_2 提供偏置电流 I_{B1}、I_{B2}，保证两管发射结正偏。另外，由于电路对称，从而实现零输入，零输出。

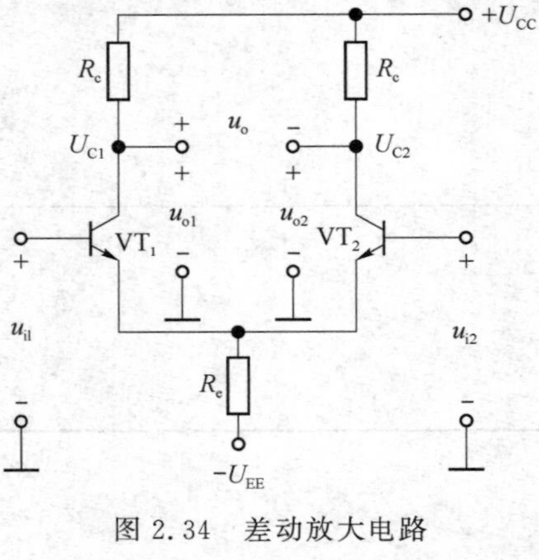

图 2.34 差动放大电路

2. 差动放大电路抑制零漂的原理

由于电路的对称性，温度的变化对 VT_1、VT_2 两管组成的左右两个放大电路的影响是一致的，相当于给两个放大电路同时加入了大小和极性完全相同的输入信号，因此，在电路完全对称的情况下，两管的集电极电位始终相同，差动放大电路的输出为零，不会出现普通直接耦合放大电路中的漂移电压。可见，利用电路对称性可以抑制零点漂移现象。

3. 静态分析

当 $u_{i1}=u_{i2}=0$ 时，由于电路完全对称，VT_1、VT_2 的静态参数也完全相同。以 VT_1 为例，其静态基极回路由 $-U_{EE}$、U_{BE} 和 R_e 构成，但要注意，流过 R_e 的电流是 VT_1、VT_2 两管射极电流之和，如图 2.35 所示。

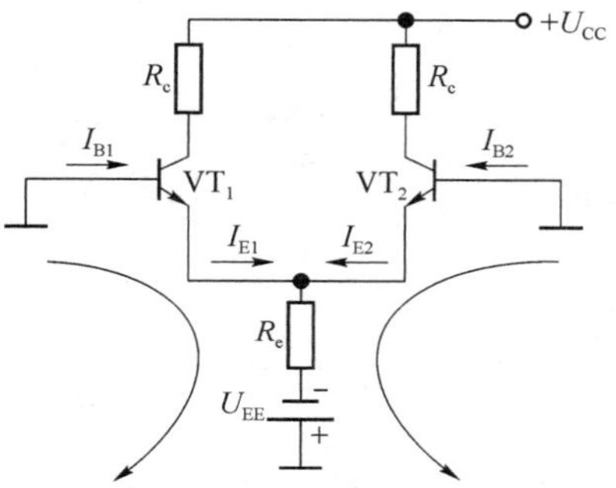

图 2.35　差动放大电路的直流通路

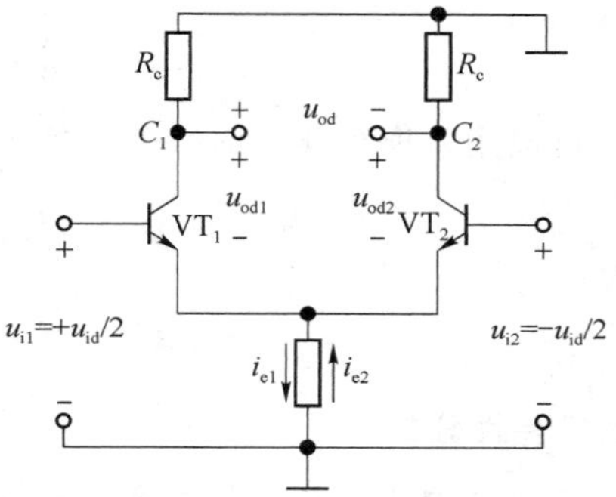

图 2.36　差动放大电路的交流通路

则 VT_1 管的输入回路方程为

$$U_{EE}=U_{BE}+2I_{E1}R_e$$

VT_1 管的输出回路方程为

$$U_{CC}=I_{C1}R_c+U_{CE1}+2I_{E1}R_e-U_{EE}$$

所以，静态射极电流为

$$I_{E1}=\frac{U_{EE}-U_{BE}}{2R_e}\approx I_{C1}$$

静态基极电流为

$$I_{B1}=\frac{I_{C1}}{\beta}$$

静态时 VT_1 管压降为

$$U_{CE1}=U_{CC}+U_{EE}-I_{C1}R_C-2I_{E1}R_e$$

因电路参数对称，VT_2 管的静态参数与 VT_1 管相同，故静态时，两管集电极对地电位相等，即 $U_{C1}=U_{C2}$。故两管集电极之间电位差为零，即输出电压 $U_o=U_{C1}-U_{C2}=0$。

4. 差模信号与共模信号

在实际使用时，加在差动放大电路两个输入端的输入信号 u_{i1} 和 u_{i2} 是任意的，要想分析有输入信号时差动放大电路的工作情况，必须了解差模信号和共模信号的概念。

如图 2.34 所示，当两个输入信号 u_{i1}、u_{i2} 大小和极性都相同时，称为共模信号，记为 u_{ic}：

$$u_{ic}=u_{i1}=u_{i2}$$

当 u_{i1} 与 u_{i2} 大小相同但极性相反时，即 $u_{i1}=-u_{i2}$ 时，称为差模信号，记为 u_{id}：

$$u_{id}=u_{i1}-u_{i2}=2u_{i1}=-2u_{i2}$$

对于完全对称的差动放大电路来说，共模输入时两管的集电极电位必然相同，因此双端输出时 $u_o=0$。所以理想情况下，差动放大电路对共模信号没有放大能力，而对共模信号的抑制作用，实际上就是对零点漂移的抑制作用。因为引起零点漂移的温度等因素的变化对差放来说等效于输入了一对共模信号。

在实际应用中，输入信号 u_{i1} 和 u_{i2} 是任意的，既不是一对差模信号，也不是一对共模信号。为了分析和处理方便，通常将一对任意输入信号分解为差模信号 u_{id} 和共模信号 u_{ic} 两部分。定义差模信号为两个输入信号之差，共模信号为两个输入信号的算术平均值，即

$$\begin{cases} u_{id}=u_{i1}-u_{i2} \\ u_{ic}=\dfrac{u_{i1}+u_{i2}}{2} \end{cases}$$

这样，可以用差模和共模信号表示两个输入信号：

$$\begin{cases} u_{i1}=u_{ic}+\dfrac{u_{id}}{2} \\ u_{i2}=u_{ic}-\dfrac{u_{id}}{2} \end{cases}$$

5. 差模特性分析

图 2.34 所示为典型基本差动放大电路，在输入差模信号时，双端输出时的交流通路如图 2.35 所示。由于此时 $u_{i1}=-u_{i2}=\dfrac{u_{id}}{2}$，则 VT_1 和 VT_2 两管的电流和电压变化量总是大小相等、方向相反。

流过射极电阻 R_e 的交流电流由两个大小相等、方向相反的交流电流叠加而成。在电路完全对称的情况下，R_e 两端产生的交流压降为零，因此，图 2.36 所示的差模输入交流通路中，射极电阻 R_e 被短路。

(1) 差模电压放大倍数 A_{ud}

由图 2.58 所示的差模输入等效电路及差模电压放大倍数的定义可以得出：

$$A_{ud}=\frac{u_{od}}{u_{id}}=\frac{u_{od1}-u_{od2}}{u_{i1}-u_{i2}}=\frac{2u_{od1}}{2u_{i1}}=\frac{u_{od1}}{u_{i1}}=-\beta\frac{R_c}{r_{be}}$$

可见，差动放大电路双端输出时的差模电压放大倍数和单边电路的电压放大倍数相等。

若在 VT_1、VT_2 集电极之间接负载 R_L，如图 2.37 所示。由于电路的对称性，R_L 的中点始终为零电位，等效于接地。此时，单边电路的负载为 R_L 的一半，故电路的差模电压放大倍数为

$$A_{ud}=-\beta\frac{R_c /\!/ \dfrac{R_L}{2}}{r_{be}}$$

(2) 差模输入电阻 r_{id}

差模输入电阻 r_{id} 定义为差模输入时从差动放大电路的两个输入端看进去的等效电阻：

$$r_{id}=2r_{be}$$

(3) 差模输出电阻 r_{od}

差模输出电阻 r_{od} 定义为差模输入时从差动放大电路的两个输出端看进去的等效电阻：

$$r_{od}=2R_c$$

6. 共模特性分析

输入共模信号时的交流通路如图 2.38 所示。

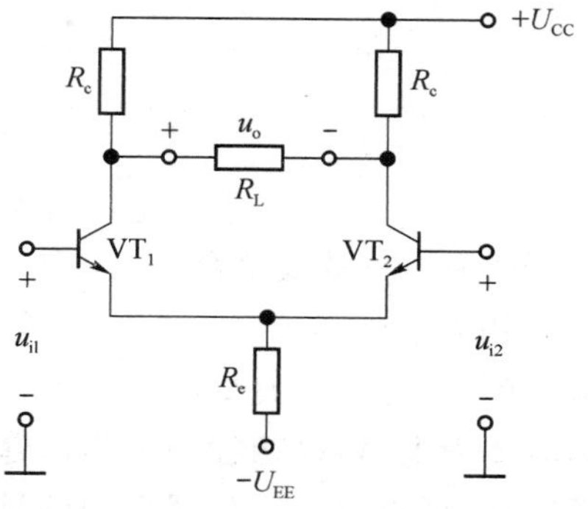

图 2.37　带负载的差动放大电路

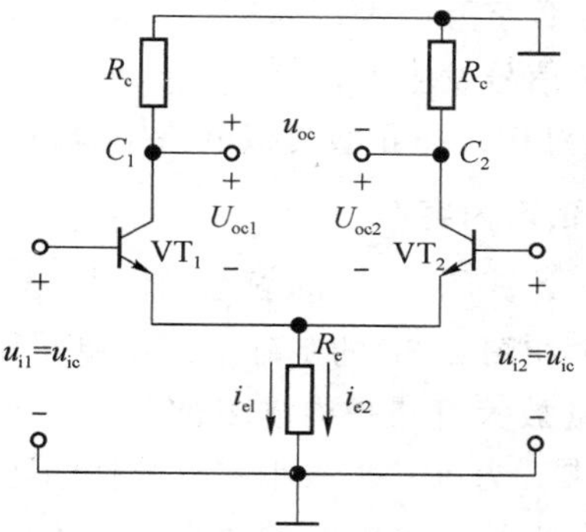

图 2.38　共模信号时的交流通路

当在差动放大电路的两个输入端接入一对共模信号时，图 2.38 中 VT_1 和 VT_2 的电流和电压变化量总是大小相等、方向相同，故流过射极电阻 R_e 的两个交流电流大小相等、方向相同，流过 R_e 的交流电流为单管射极电流的两倍，所以共模输入时的交流通路中，射极电阻上有交流压降，能被短路。

(1) 共模电压放大倍数 A_{uc}。

由于电路对称，输入也相同，图 2.38 中两管的集电极电位始终相同，有 $u_{oc1}=u_{oc2}$，因此双端输出时 $u_o=u_{oc1}-u_{oc2}=0$，故理想情况下双端输出时的共模电压放大倍数为 0。

(2) 共模抑制比 K_{CMR}

为了更好地描述差动放大电路放大差模、抑制共模的特性，定义差模电压放大倍数与共模电压放大倍数之比为共模抑制比，即

$$K_{CMR}=\left|\frac{A_{ud}}{A_{uc}}\right|$$

差模电压放大倍数越大，共模电压放大倍数越小，差动放大电路的性能越好。也可用分贝(dB)的形式表示共模抑制比：

$$K_{CMR}(\text{dB})=20\lg\left|\frac{A_{ud}}{A_{uc}}\right|$$

7. 差动放大电路的输入、输出形式

差动放大电路有两个对地的输入端和两个对地的输出端。当信号从一个输入端输入时称为单端输入，从两个输入端之间浮地输入时称为双端输入；当信号从一个输出端输出时称为单端输出，从两个输出端之间浮地输出时称为双端输出。因此，差动放大电路具有 4 种不同的工作状态：双端输入，双端输出；单端输入，双端输出；双端输入，单端输出；单端输入，单端输出。

2.4.3　实验项目五：恒流源式差动放大电路调测

1. 实验目的

(1) 熟悉差动放大电路工作原理；

(2) 掌握差动放大电路的基本测试方法。

2. 实验设备

(1) 数字双踪示波器;

(2) 数字万用表;

(3) 信号发生器;

(4) TPE-A5Ⅱ型模拟电路实验箱。

3. 预习内容

(1) 计算图 2.38 的静态工作点(设 $r_{be}=3\ \text{k}\Omega,\beta=100$)及电压放大倍数。

(2) 在图 2.38 的基础上画出单端输入和共模输入的电路。

差动放大电路是构成多级直接耦合放大电路的基本单元电路,由典型的工作点稳定电路演变而来。为进一步减小零点漂移问题而使用了对称晶体管电路,以牺牲一个晶体管放大倍数为代价获取了低温漂的效果。它还具有良好的低频特性,可以放大变化缓慢的信号。由于不存在电容,可以不失真地放大各类非正弦信号如方波、三角波等。

由于差分电路分析一般基于理想化(不考虑元件参数不对称),因而很难做出完全分析。为进一步抑制温漂,提高共模抑制比,实验所用电路使用 VT_3 组成的恒流源电路来代替一般电路中的 R_e。它的等效电阻极大,从而在低电压下实现了很高的温漂抑制和共模抑制比。为达到参数对称,因而提供了 R_{P1} 来进行调节,称之为调零电位器。实际分析时,如认为恒流源内阻无穷大,那么共模电压放大倍数 $A_{uc}=0$。分析其双端输入双端输出差模交流等效电路,分析时认为参数完全对称。

① 静态分析

如图 2.39 所示,则 VT_3 管的输入回路方程为

$$U_Z=U_{BEQ3}+I_{EQ3}R_e$$

$$U_Z=\frac{R_2}{R_1+R_2}(U_{CC}+U_{EE})$$

$$I_{EQ3}\approx I_{CQ3}=I_{EQ1}+I_{EQ2}\approx 2I_{CQ1}=2I_{CQ2}$$

VT_1 管的输出回路方程为

$$U_{CC}=I_{CQ1}R_c+U_{CQ1}$$

② 动态分析

设

$$\beta_1=\beta_1=\beta,\quad r_{be1}=r_{be2}=r_{be},\quad R'=R''=\frac{R_{P1}}{2}$$

则有

$$A_{ud}=-\frac{\beta R_c /\!/ \frac{R_L}{2}}{r_{be}+(1+\beta)\frac{R_{P1}}{2}}$$

$$R_{id}=2\left[r_{be}+(1+\beta)\frac{R_{P1}}{2}\right]$$

$$R_{od}=2R_c$$

4. 实验内容及步骤

实验电路如图 2.39 所示。

(1) 测量静态工作点

① 调零

将输入端短路并接地，接通直流电源，调节电位器 R_{p1} 使双端输出电压 $U_o=0$。

② 测量静态工作点

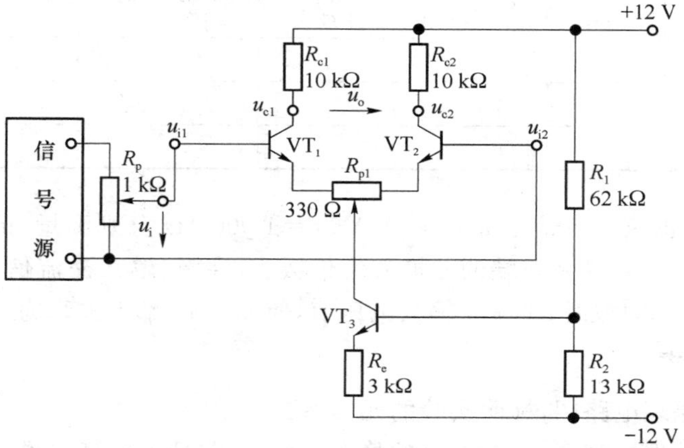

图 2.39　恒流源式差动放大原理图

测量 U_1、U_2、U_3 各极对地电压填入表 2.9 中。

表 2.9　静态测量数据记录

对地电压	U_{C1}	U_{C2}	U_{C3}	U_{B1}	U_{B2}	U_{B3}	U_{E1}	U_{E2}	U_{E3}
测量值/V									

(2) 测量差模电压放大倍数。

在输入端加入直流电压信号 $u_{id}=\pm 0.1$ V 按表 2.10 要求测量并记录，由测量数据算出单端和双端输出的电压放大倍数。注意：先将 DC 信号源 OUT1 和 OUT2 分别接入 u_{i1}，和 u_{i2} 端，然后调节 DC 信号源，使其输出为 +0.1 V 和 −0.1 V。

(3) 测量共模电压放大倍数。

将输入端 b_1、b_2 短接，接到信号源的输入端，信号源另一端接地。DC 信号分先后接 OUT1 和 OUT2，分别测量并填入表 2.10。由测量数据算出单端和双端输出的电压放大倍数。进一步算出共模抑制比 $K_{CMR}=\left|\frac{A_{ud}}{A_{uc}}\right|$。

表 2.10　差模电压放大倍数记录

测量及计算值 / 输入信号 u_i	差模输入						共模输入						共模抑制比
	测量值/V			计算值			测量值/V			计算值			计算值
	u_{c1}	u_{c2}	$u_{0双}$	A_{ud1}	A_{ud2}	$A_{ud双}$	u_{c1}	u_{c2}	$u_{0双}$	A_{uc1}	A_{uc2}	$A_{uc双}$	K_{CMR}
+0.1 V													
−0.1 V													

(4) 在实验板上组成单端输入的差放电路进行下列实验。

① 在图 2.39 中将 b_2 接地，组成单端输入差动放大器，从 b_1 端输入直流信号 $u=\pm0.1$ V，测量单端及双端输出，填表 2.11 记录电压值。计算单端输入时的单端及双端输出的电压放大倍数。并与双端输入时的单端及双端差模电压放大倍数进行比较。

表 2.11 单端输入差放电路数据记录

测量仪计算值 \ 输入信号	电压值			双端放大倍数 A_u	单端放大倍数	
	u_{c1}	u_{c2}	u_o		A_{u1}	A_{u2}
直流+0.1 V						
直流−0.1 V						
正弦信号(50 mV、1 kHz)						

② 从 b_1 端加入正弦交流信号 $u_i=0.05$ V，$f=1\,000$ Hz 分别测量、记录单端及双端输出电压，填入表 2.11 计算单端及双端的差模放大倍数。(注意：输入交流信号时，用示波器监视 u_{C1}、u_{C2} 波形，若有失真现象时，可减小输入电压值，使 u_{C1}、u_{C2} 都不失真为止)

5. 实验报告要求

(1) 绘出实验原理电路图，标明实验的元件参数。

(2) 根据实测数据计算图 2.39 电路的静态工作点，与预习计算结果相比较。

(3) 整理实验数据，计算各种接法的 A_{ud}，并与理论计算值相比较。

(4) 计算实验步骤 3 中 A_{uc} 和 K_{CMR} 值。

(5) 完成恒流源式差动放大电路调测实验报告(表 2.12)，并从实验中得出基本结论。

表 2.12 模拟电子技术实验报告五：恒流源式差动放大电路调测

实验地点				时间		实验成绩	
班级		姓名		学号		同组姓名	
实验目的							
实验设备							

续 表

实验内容

1. 画出实验电路原理图

2. 测量静态工作点

对地电压	U_{C1}	U_{C2}	U_{C3}	U_{B1}	U_{B2}	U_{B3}	U_{E1}	U_{E2}	U_{E3}
测量值/V									

3. 动态测量与调整

测量及计算值 输入信号 u_i	差模输入						共模输入						共模抑制比
	测量值/V			计算值			测量值/V			计算值			计算值
	u_{c1}	u_{c2}	$u_{0双}$	A_{ud1}	A_{ud2}	$A_{ud双}$	u_{c1}	u_{c2}	$u_{0双}$	A_{uc1}	A_{uc2}	$A_{uc双}$	K_{CMR}
+0.1 V													
−0.1 V													

4. 计算单端输入时的单端及双端输出的电压放大倍数

测量仪计算值 输入信号	电压值			双端放大倍数 A_u	单端放大倍数	
	u_{c1}	u_{c2}	u_o		A_{u1}	A_{u2}
直流+0.1 V						
直流−0.1 V						
正弦信号(50 mV、1 kHz)						

续表

实验过程中遇到的问题及解决方法	
实验体会与总结	
指导教师评语	

2.5 共集电极放大电路

三极管放大电路有共发射极、共集电极、共基极三种组态，前面讨论的几种放大电路均是共发射极组态的放大电路。在 2.5 节和 2.6 节，我们将分别介绍放大电路的另外两种组态——共集电极和共基极组态。

2.5.1 电路组成

共集电极放大电路应用非常广泛，其电路构成如图 2.40 所示。从交流通路中可以看出，交流信号 u_i从基极 b 输入，u_o从发射极 e 输出，集电极 c 作为输入、输出的公共端，故称为共集电极组态。因为是从发射极输出信号，此电路也叫射极输出器。

由于三极管需要工作在放大区，因此直流电源 U_{CC}要保证三极管的发射结正偏，集电结反偏，同时使三极管有一个合适的 Q 点，这与其他组态的放大电路是一样的。

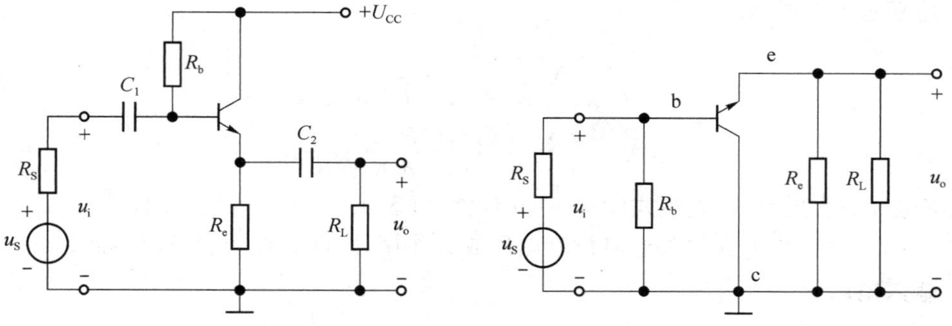

(a)共集电极电路　(b)共集电极电路的交流通路

图 2.40　共集电极放大电路

2.5.2　Q 点的计算

由图 2.41(a)所示直流通路可得

输入回路方程：

$$U_{CC}=I_{BQ}R_b+U_{BEQ}+I_{EQ}R_e$$

输出回路方程：

$$U_{CC}=U_{CEQ}+I_{EQ}R_e$$

三极管的电流分配关系：

$$I_{CQ}=\beta I_{BQ}$$

$$I_{EQ}=I_{BQ}+I_{CQ}$$

解方程得

$$\left.\begin{aligned} I_{BQ}&=\frac{U_{CC}-U_{BEQ}}{R_b+(1+\beta)R_e}\\ I_{CQ}&=\beta I_{BQ}\\ U_{CEQ}&=U_{CC}-I_{EQ}R_e\approx U_{CC}-I_{CQ}R_e \end{aligned}\right\} \tag{2-7}$$

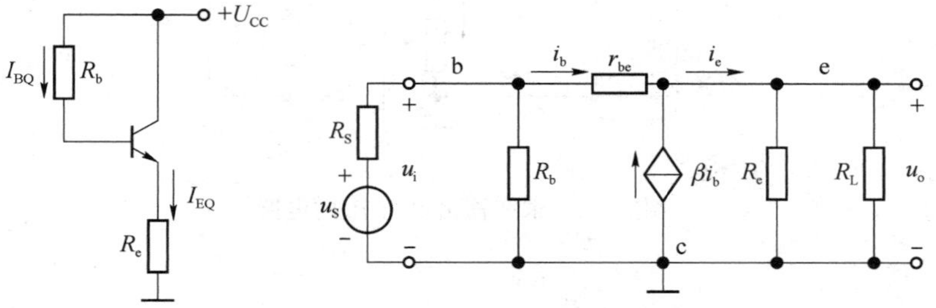

(a)直流通路　(b)微变等效电路

图 2.41　共集电极放大电路

2.5.3　动态参数的计算

由图 2.42(b)所示微变等效电路可得如下动态参数。

1. 电压放大倍数 A_u

$$u_i = i_b r_{be} + u_o$$

$$u_o = i_e R_e /\!/ R_L = (1+\beta) i_b R_e /\!/ R_L$$

$$A_u = \frac{u_o}{u_i} = \frac{(1+\beta) R_e /\!/ R_L}{r_{be} + (1+\beta) R_e /\!/ R_L} \tag{2-8}$$

共集电极放大电路 A_u 表达式(2-8)中没有负号，表示 u_o 与 u_i 相位相同，且有 $A_u<1$、$A_u\approx 1$，即 $u_o\approx u_i$，表示共集电极放大电路没有电压放大作用，因此又称为射极跟随器。

2. 输入电阻 R_i

根据定义可求得

$$R_i = \frac{u_i}{i_i} = R_b /\!/ R_i'$$

$$R_i' = \frac{u_i}{i_b} = \frac{r_{be} i_b + (1+\beta) i_b R_e /\!/ R_L}{i_b}$$

$$R_i = R_b /\!/ [r_{be} + (1+\beta) R_e /\!/ R_L] \tag{2-9}$$

由此可见，共集电极放大电路的输入电阻比共射放大电路的大很多。放大电路的输入电阻越大，电路从信号源获得的输入电压就越大，从信号源索取的电流就越小。因此，共集电极放大电路通常用在多级放大电路的输入级。

3. 输出电阻 R_o

根据定义：

$$R_o = \left.\frac{u_t}{i_t}\right|_{\substack{u_S=0\\ R_L=\infty}}$$

根据图 2.41(b)和输出电阻的定义，得到求解输出电阻 R_o 的电路，如图 2.42 所示。

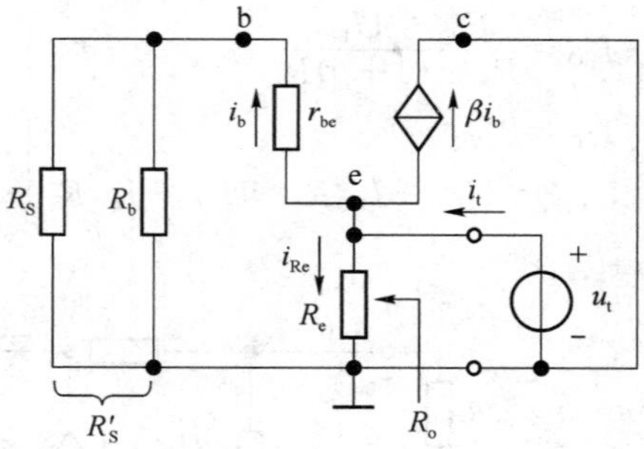

图 2.42 求解输出电阻 R_o 的电路

则有：

$$i_t = i_b + \beta i_b + i_{R_e}$$

$$u_t = i_b (r_{be} + R_s')$$

$$R_s' = R_s /\!/ R_b$$

$$u_t = i_{R_e} R_e$$

求解上述方程得输出电阻为

$$R_o = \frac{u_t}{i_t} = R_e /\!/ \frac{R_s' + r_{be}}{1+\beta} \tag{2-10}$$

可以看出，共集电极放大电路的输出电阻很小，其带负载的能力比较强。实际应用中，共集电极放大电路常常用在多级放大电路的输出级，以提高整个电路的带负载能力。

4. 结论

(1) 共集电极放大电路的输入电阻大，从信号源获得输入电压的能力强，适合用在多级放大电路的输入级。

(2) 共集电极放大电路的输出电阻小，带负载能力强，常用在多级放大电路的输出级。

(3) 因为共集电极放大电路的输入输出特性都比较好，因此常常在放大电路中用作缓冲级，以减小放大电路前后级之间的相互影响。

(4) 共集电极放大电路的 $A_u \approx 1$，且 u_o 与 u_i 相位相同，因此也叫射极输出器或射极跟随器。

2.5.4　实验项目六：共集电极放大电路调测

1. 实验目的

(1) 掌握射极跟随电路的特性及测量方法。

(2) 进一步学习放大电路各项参数测量方法。

2. 实验设备

(1) 数字双踪示波器；

(2) 数字万用表；

(3) 信号发生器；

(4) TPE-A5 Ⅱ 型模拟电路实验箱。

3. 预习要求

(1) 参照教材有关章节内容，熟悉射极跟随电路原理及特点；

(2) 根据图 2.43 元器件参数，估算静态工作点。

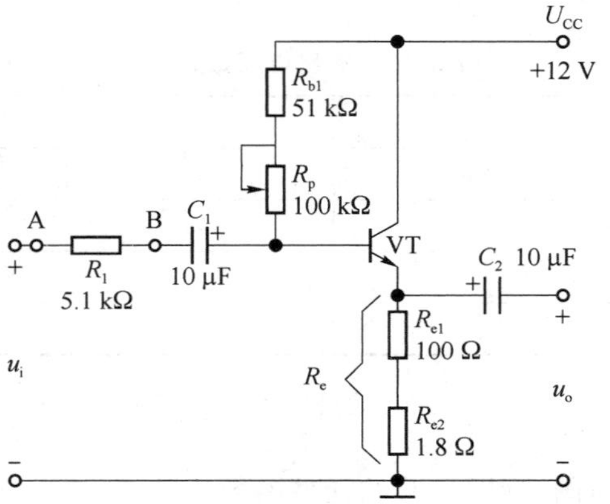

图 2.43　共集电极实验放大电路

4. 实验内容与步骤

(1) 按图 2.43 连接电路。

(2) 直流工作点的调整。接上 +12 V 直流电源，调节电位器 R_P 的值，使 $U_{CEQ}=U_{CC}/2$(用万用表测量)。注意测静态工作点时应断开输入信号。用万用表测量晶体管的 U_{BEQ},U_{EQ},将所测数据填入表 2.13。

$$\because U_{CC}=(R_b+R_p)I_{BQ}+U_{BEQ}+U_{EQ}$$

$$\therefore I_{BQ}=\frac{U_{CC}-U_{BEQ}-U_{EQ}}{(R_b+R_p)}$$

$$\because U_{EQ}=I_{EQ}R_e$$

$$\therefore I_{EQ}=\frac{U_{EQ}}{R_e}$$

表 2.13 直流工作点数据记录

实测						实测计算			
U_{CEQ}/V	U_{BEQ}/V	U_{EQ}/V	R_e	R_b	R_p	I_{EQ}/mA	I_{CQ}/mA	β	r_{be}

(3) 测量电压放大倍数 A_u。接入负载 $R_L=1\ \text{k}\Omega$。在输入端加入 $f=1$ kHz 正弦波信号,调输入信号幅度(此时偏置电位器 R_P 不能再旋动),用示波器观察,在输出最大不失真情况下测 u_i 和 u_o 值,将所测数据填入表 2.14 中。

表 2.14 电压放大倍数记录

u_i/V 峰值	u_o/V 峰值	$A_u=\frac{u_o}{u_i}$	A_u 估算($R_L=1\ \text{k}\Omega$)
1			

(4) 测射极跟随电路的跟随特性并测量输出电压峰峰值 $u_{oP\text{-}P}$。接入负载 $R_L=2.2\ \text{k}\Omega$,在输入端加入 $f=1$ kHz 的正弦波信号,逐点增大输入信号幅度 u_i,用示波器监视输出端,在波形不失真时,测对应的 u_o 值,计算出 A_u,并用示波器测量输出电压的峰峰值 $u_{oP\text{-}P}$。将所测数据填入表 2.15。

表 2.15 输出电压数据记录

序号	1	2	3	4
u_i/V 峰值	0.5	1	2	3
u_o 峰值				
$u_{oP\text{-}P}$				
A_u				

5. 实验报告要求

(1) 绘出实验原理电路图,标明实验的元件参数。

(2) 整理实验数据及说明实验中出现的各种现象,得出有关的结论;画出必要的波形及曲线。

(3) 将实验结果与理论计算比较,分析产生误差的原因。

(4) 选择在实验中感受最深的一个实验内容,完成共集电极放大电路调测实验报告(表 2.16),并从实验中得出基本结论。

表 2.16 模拟电子技术实验报告六:共集电极放大电路调测

实验地点				时间		实验成绩	
班级		姓名		学号		同组姓名	
实验目的							
实验设备							

实验内容

1. 画出实验电路原理图

2. 静态测量与调整

$U_{CEQ}=U_{CC}/2$ 时,分别计算出 I_{BQ},I_{CQ}。

实测						实测计算			
U_{CEQ}/V	U_{BEQ}/V	U_{EQ}/V	R_e	R_b	R_p	I_{EQ}/mA	I_{CQ}/mA	β	r_{be}

3. 测量电压放大倍数 A_u

u_i峰值/V	u_o峰值/V	$A_u=\frac{u_o}{u_i}$	A_u估算($R_L=1\ k\Omega$)

4. 测射极跟随电路的跟随特性并测量输出电压峰峰值 $u_{oP\text{-}P}$

序号	1	2	3	4
u_i 峰值/V	0.5	1	2	3
u_o 峰值/V				
u_{oP-P}				
A_u				

续 表

实验过程中遇到的问题及解决方法	
实验体会与总结	
指导教师评语	

*2.6 共基极放大电路

2.6.1 电路组成

图 2.44 所示为共基极放大电路，C_b为基极旁路电容。由交流通路可以看出，交流信号u_i从发射极 e 输入，u_o从集电极 c 输出，基极 b 作为输入、输出的公共端，因此称为共基极组态。

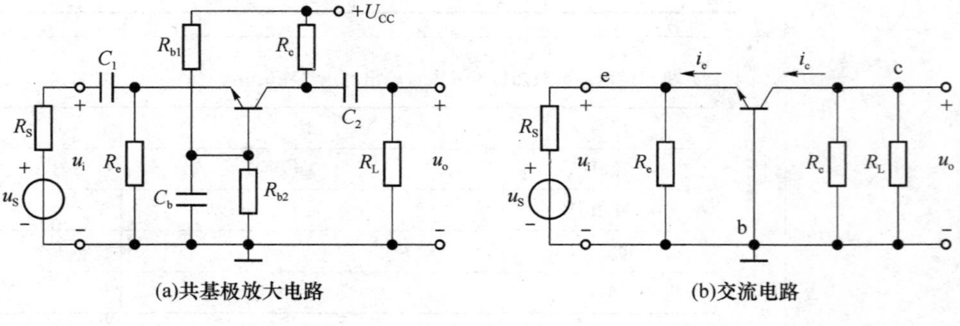

图 2.44 共基极放大电路

2.6.2　Q 点的计算

图 2.44(a)所示电路的直流通路和 2.3 节中的分压式工作点稳定电路的一样，如图 2.29 所示，因此 Q 点的计算公式同式(2-5)：

$$U_B \approx \frac{R_{b2}}{R_{b1}+R_{b2}} U_{CC}$$

$$I_{CQ} \approx I_{EQ} = \frac{U_B - U_{BEQ}}{R_e}$$

$$I_{BQ} = \frac{I_{CQ}}{\beta}$$

$$U_{CEQ} \approx U_{CC} - I_{CQ}(R_c + R_e)$$

2.6.3　动态参数的计算

由图 2.45 所示微变等效电路可计算动态参数。

1. 电压放大倍数 A_u

$$u_i = -i_b r_{be}$$

$$u_o = -\beta i_b R_c /\!/ R_L$$

$$A_u = \frac{u_o}{u_i} = \frac{\beta R_c /\!/ R_L}{r_{be}} \tag{2-11}$$

共基极放大电路的 u_o 与 u_i 同相位，电压放大倍数与共射放大电路的相同。

2. 输入电阻 R_i

根据定义可求得(过程略)：

$$R_i = R_e /\!/ \frac{r_{be}}{1+\beta} \tag{2-12}$$

由上式可知，共基极放大电路的输入电阻很小。

3. 输出电阻 R_o

共基极放大电路的输出电阻为

$$R_o \approx R_c \tag{2-13}$$

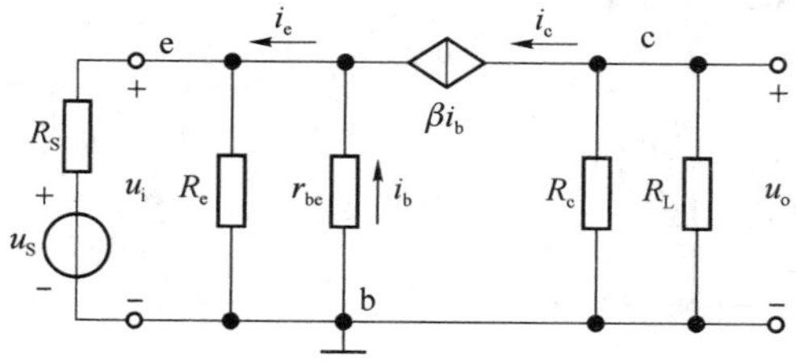

图 2.45　共基极放大电路的微变等效电路

4. 结论

(1) 共基极放大电路具有电压放大作用，u_o 与 u_i 同相位。

(2) 三极管的输入电流为 i_e，输出电流为 i_c，$i_c \approx i_e$，没有电流放大作用，因此共基极放大电路又称为电流跟随器。

(3) 共基极放大电路的输入电阻很小,输出电阻很大。但它的频率特性比较好,一般多用于高频放大电路。

*2.7 场效应管放大电路

场效应管同三极管一样,都具有放大作用。因此它也可以构成各种组态的放大电路,如共源极、共漏极、共栅极放大电路。场效应管由于具有输入阻抗高、温度稳定性能好、低噪声、低功耗等特点,其构成的放大电路有着优越的特性,应用越来越广泛。

2.7.1 电路组成

为了实现信号不失真地放大,场效应管放大电路与三极管放大电路一样,也要有一个合适的静态工作点 Q。由于场效应管是电压控制器件,因此在构成放大电路时,不需要提供偏置电流,而是需要一个合适的栅-源极偏置电压 U_{GS}。场效应管放大电路常用的偏置电路主要有两种:自偏压电路和分压式自偏压电路。

1. 自偏压电路

图 2.46 所示为 N 沟道结型场效应管自偏压电路。电路中的 R_s 为源极电阻,C_s 为源极旁路电容,R_g 为栅极电阻,R_d 为漏极电阻。交流信号从栅极输入,从漏极输出,电路为共源极电路。交流输入信号 $u_i=0$ 时(静态),栅极电阻 R_g 上无直流电流,栅极电压 $U_G=0$,有漏极电流 I_D 等于源极电流 $I_S(I_D=I_S)$。这时栅源偏置电压 $U_{GS}=U_G-U_S=-I_DR_s$。电路依靠漏极电流 I_D 在源极电阻 R_s 上的压降来获得负的偏压 U_{GS},因此称此电路为自偏压电路。合理的选取 R_s 即可得到合适的偏压 U_{GS}。

自偏压电路只适用于耗尽型场效应管所构成的放大电路,对增强型的管子不适用。

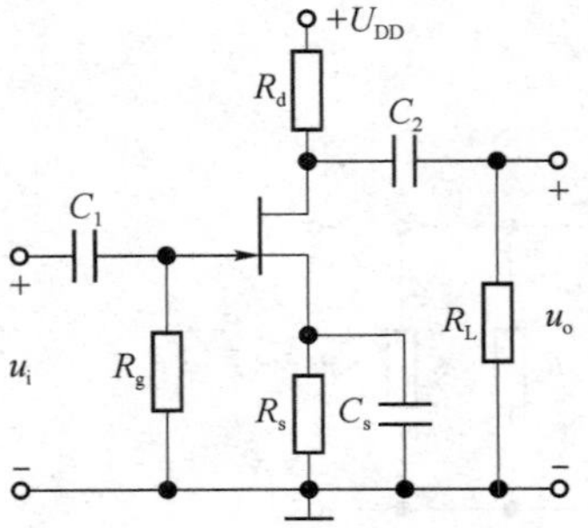

图 2.46 自偏压电路

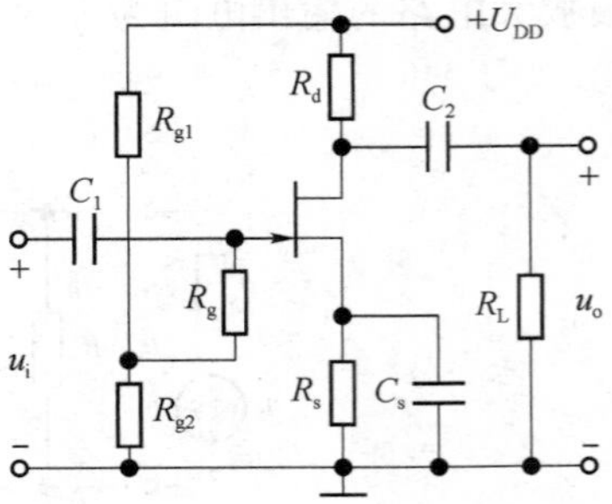

图 2.47 分压式自偏压电路

2. 分压式自偏压电路

图 2.41 所示为 N 沟道结型场效应管分压式自偏压电路。同自偏压电路相比,电路中接入了两个分压电阻 R_{g1} 和 R_{g2}。静态时,R_g 上无直流电流,栅极电压 U_G 由电阻 R_{g1}、R_{g2} 分压获

得。栅源偏压 $U_{GS}=U_G-U_S=\frac{R_{g2}}{R_{g1}+R_{g2}}U_{DD}-I_DR_s$。合理地选取电路参数，可得到正或负的栅源偏压。分压式自偏压电路适用于耗尽型和增强型场效应管放大电路。

2.7.2 电路分析

场效应管放大电路同三极管放大电路的分析方法类似。

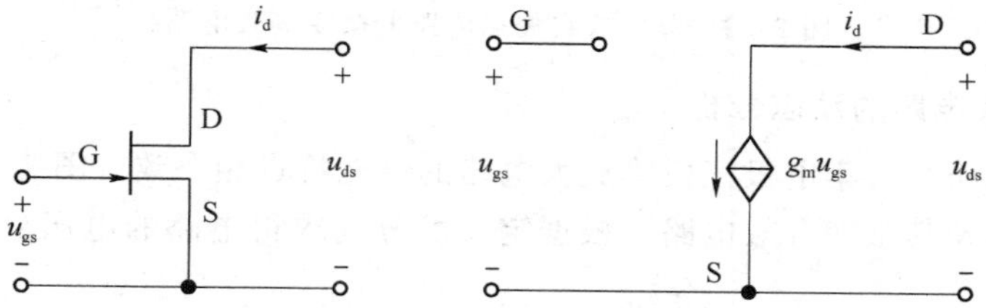

图 2.48 场效应管及其微变等效电路

1. 场效应管的微变等效电路

场效应管的栅极和源极之间电阻很大，电压为 u_{gs}，电流近似为 0，可视为开路。漏极和源极之间等效为一个受电压 u_{gs} 控制的电流源。图 2.48 所示为场效应管及其微变等效电路。

2. 自偏压电路的动态分析

图 2.49 所示为图 2.46 自偏压电路的微变等效电路，由此可求得电路的电压放大倍数、输入电阻和输出电阻。

$$\left.\begin{aligned}A_u&=-g_mR_d/\!/R_L\\R_i&=R_g\\R_o&=R_d\end{aligned}\right\}\tag{2-14}$$

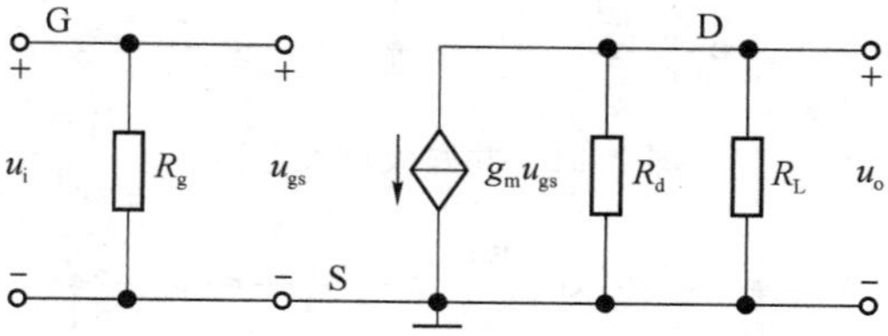

图 2.49 自偏压电路的微变等效电路

图 2.46 所示为共源极电路，其性能特点与共射放大电路类似，具有电压放大作用，且 u_o 与 u_i 反相位。

3. 分压式自偏压电路的动态分析

图 2.50 所示为图 2.47 分压式自偏压电路的微变等效电路，图 2.47 也是共源极放大电路，它的电压放大倍数、输入电阻和输出电阻分别为

$$\left.\begin{aligned}A_u&=-g_mR_d/\!/R_L\\R_i&=R_g+R_{g1}/\!/R_{g2}\\R_o&=R_d\end{aligned}\right\}\tag{2-15}$$

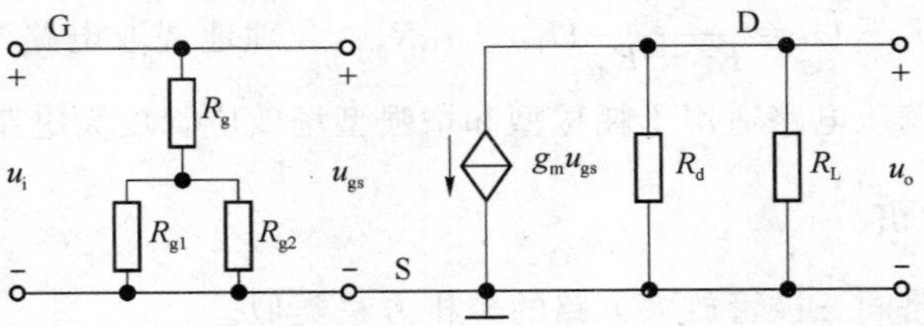

图 2.50 分压式自偏压电路的微变等效电路

4. 共漏极放大电路的动态分析

共漏极放大电路与共集电极三极管放大电路的性能特点相一致。图 2.51 和图 2.52 所示分别为共漏极电路及其微变等效电路。根据定义可分别求得电路的电压放大倍数、输入电阻及输出电阻：

$$\left.\begin{aligned} A_u &= \frac{g_m R_s /\!/ R_L}{1+g_m R_s /\!/ R_L} \\ R_i &= R_g + R_{g1} /\!/ R_{g2} \\ R_o &= R_s /\!/ \frac{1}{g_m} \end{aligned}\right\} \quad (2\text{-}16)$$

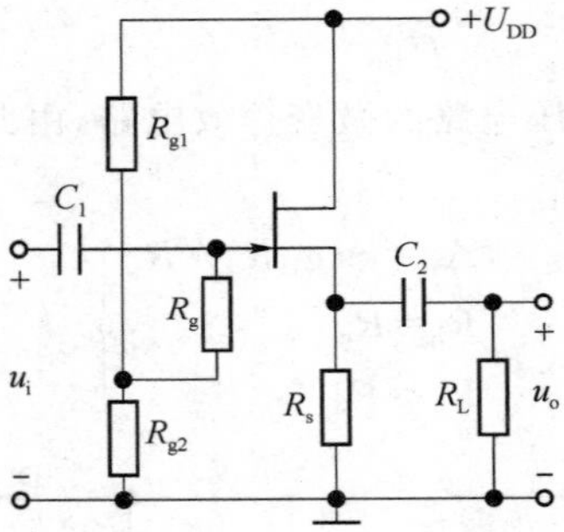

图 2.51 共漏极放大电路

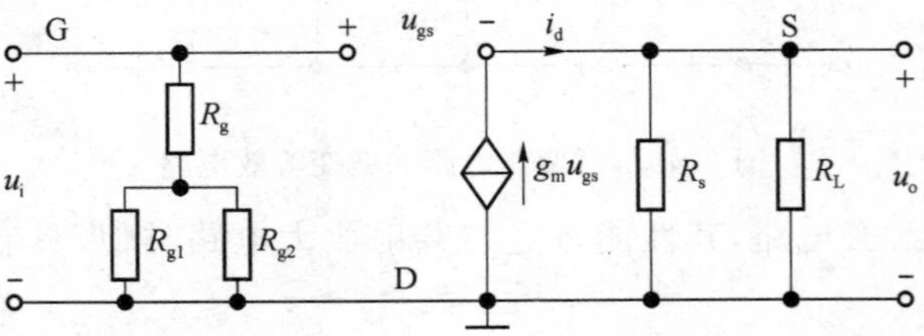

图 2.52 共漏极放大电路的微变等效电路

可见，同共集电极三极管放大电路一样，共漏极电路没有电压放大作用，$A_u \approx 1$，u_o与 u_i 相位相同；电路的输入电阻比较大，输出电阻比较小。

另外，场效应管放大电路还有共栅极电路，其性能特点同共基极放大电路相一致，具有电流放大作用，u_o与 u_i 相位相同；并且电路的输入电阻小，输出电阻较大。有关共栅极放大电路及其分析，请参考相关书籍。

有关场效应管放大电路的静态工作点 Q 的确定，请参阅相关书籍。

场效应管放大电路一般用在多级放大电路的输入级，以提高整个电路的输入电阻。由于场效应管电路制作工艺简单，便于集成，因此它更多地用在集成电路中。

2.8　多级放大电路

实际应用中，放大电路的输入信号通常很微弱（mV 或μV 数量级），如果仅仅通过单级放大电路进行放大，放大后的信号仍然偏小，难以驱动负载。为提高放大电路的放大倍数，可以采用多级放大电路。多级放大电路可有效地提高放大电路的各种性能，如电压增益、电流增益、输入电阻、带负载能力等。

多级放大电路是指两个或两个以上的单级放大电路所组成的电路。图 2.53 所示为多级放大电路的组成框图。通常称多级放大电路的第一级为输入级。对于输入级，一般采用输入阻抗较高的放大电路，以便提高从信号源获得的电压。中间级主要实现电压信号的放大，一般需要经过几级放大电路才能达到足够的放大倍数。多级放大电路的最后一级称为输出级，主要用于功率放大，以驱动负载工作。

多级放大电路连接的原则是把前级的输出信号尽可能多地传给后级，同时保证各级放大管均处于放大状态，能够实现不失真的放大。

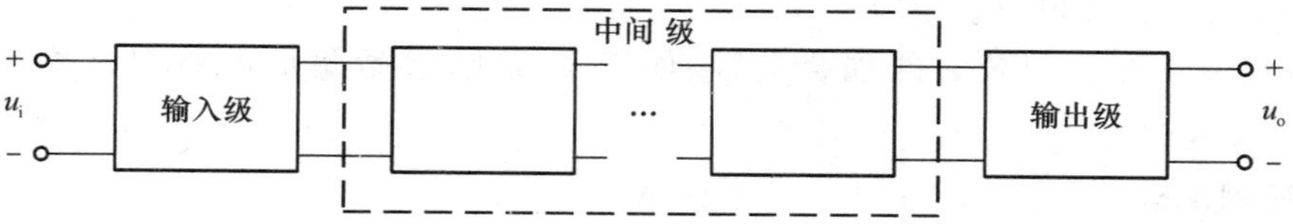

图 2.53　多级放大电路的组成框图

2.8.1　多级放大电路的耦合方式

在多级放大电路中，各级之间的连接称为耦合。常见的耦合方式有 3 种：阻容耦合、直接耦合和变压器耦合。

1. 阻容耦合

阻容耦合就是各级放大电路之间通过隔直耦合电容连接。图 2.54 所示为阻容耦合两级放大电路，该电路通过耦合电容 C_2 把前级的输出 u_{o1} 传送给后一级，作为后级的输入 u_{i2}。

阻容耦合多级放大电路具有以下特点：

(1) 各级放大电路的静态工作点相互独立，互不影响，利于放大器的设计、调试和维修。

(2) 低频特性差，不适合放大直流及缓慢变化的信号，只能传递具有一定频率的交流信号。

(3) 输出温度漂移比较小。

(4) 相对变压器耦合，阻容耦合电路具有体积小、重量轻的优点，在分立元件电路中应用较多。但在集成电路中，不易制作大容量的电容，因此阻容耦合放大电路不便于制成集成电路。

2. 直接耦合

各级放大电路之间直接通过导线连接的方式称为直接耦合。图 2.55 所示为直接耦合两级放大电路。前级的输出信号 u_{o1} 直接作为后一级的输入信号 u_{i2}。

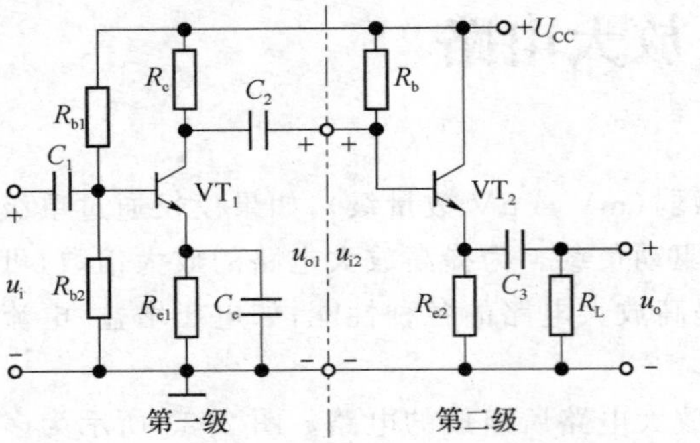

图 2.54　阻容耦合两级放大电路

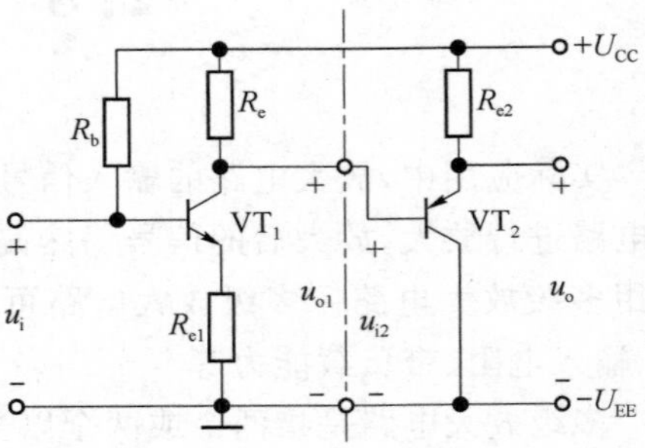

图 2.55　直接耦合两级放大电路

直接耦合电路的特点如下：

(1) 由于没有隔直耦合电容，各级放大电路的静态工作点相互影响，不利于电路的设计、调试和维修。

(2) 频率特性好，不仅可以放大中高频信号，还可以放大直流、交流以及缓慢变化的信号。

(3) 输出存在温度漂移。

(4) 电路中没有体积较大的耦合电容，便于集成化，多数集成电路都是采用直接耦合方式。

3. 变压器耦合

各级放大电路之间通过变压器耦合传递信号。图 2.56 所示为变压器耦合放大电路。变压器 T_1 把前级的输出信号 u_{o1} 耦合传送到后级，作为后一级的输入信号 u_{i2}。变压器 T_2 将第二级的输出信号耦合传递给负载 R_L。

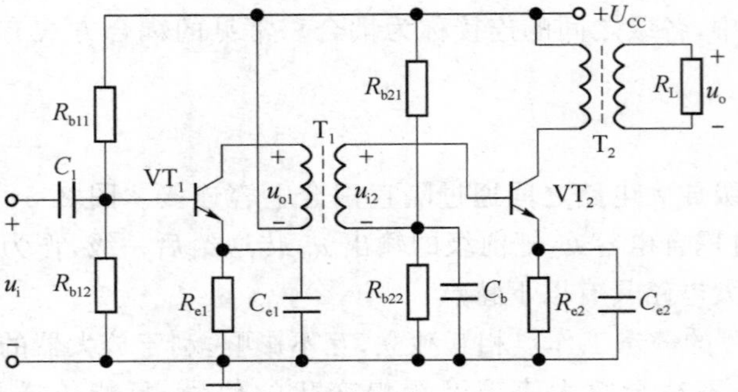

图 2.56　变压器耦合放大电路

变压器具有隔离直流、通交流的特性，因此变压器耦合与阻容耦合的特点类似。但变压器的体积和重量较大，不易实现集成。另外，通过变压器可以实现电压、电流和阻抗的变换，容易获得较大的输出功率。

2.8.2　多级放大电路的分析方法

1. 多级放大电路的电压放大倍数 A_u

图 2.57 所示为多级放大电路的示意框图，根据 A_u 的定义可以得出如下关系：

$$A_u = \frac{u_o}{u_i} = \frac{u_{o1}}{u_{i1}} \cdot \frac{u_{o2}}{u_{i2}} \cdot \frac{u_{o3}}{u_{i3}} \cdots = A_{u1} \cdot A_{u2} \cdot A_{u3} \cdots \tag{2-17}$$

即多级放大电路的电压放大倍数 A_u 为各级电压放大倍数的乘积。

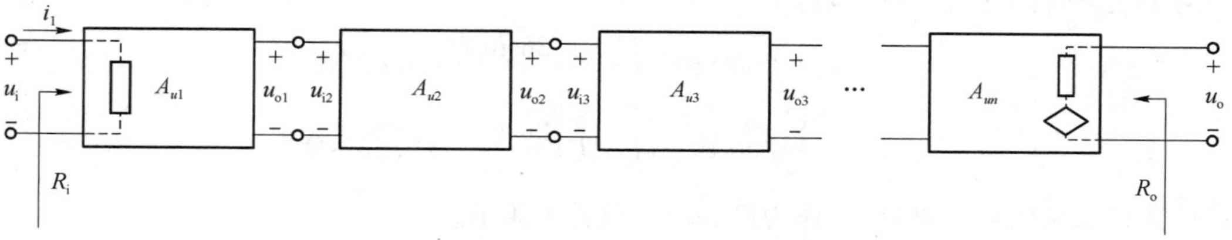

图 2.57　多级放大电路动态参数框图

若以分贝为单位来表示电压放大倍数，则有

$$20\lg A_u(\text{dB}) = 20\lg A_{u1} + 20\lg A_{u2} + 20\lg A_{u3} + \cdots \tag{2-18}$$

电压放大倍数相乘的关系转为相加，总的电压增益为各级电压增益之和。

2. 多级放大电路的输入电阻 R_i

多级放大电路的输入电阻 R_i 等于从第一级放大电路的输入端所看进去的等效输入电阻

$$R_i = R_{i1} \tag{2-19}$$

3. 多级放大电路的输出电阻 R_o

多级放大电路的输出电阻 R_o 等于从最后一级放大电路的输出端所看到的等效输出电阻。

$$R_o = R_{o末} \tag{2-20}$$

另外，在分析放大电路的级间关系时，要把后级的输入电阻作为前级的负载电阻；前级的开路电压作为后级的信号源电压，前级的输出电阻作为后级的信号源内阻。

例题 2-9　图 2.54 所示为两级阻容耦合放大电路。若 $R_{b1}=20\ \text{k}\Omega$，$R_{b2}=10\ \text{k}\Omega$，$R_c=2\ \text{k}\Omega$，$R_{e1}=2\ \text{k}\Omega$，$R_b=200\ \text{k}\Omega$，$R_L=2\ \text{k}\Omega$，$\beta_1=50$，$\beta_2=100$，$U_{CC}=12\ \text{V}$。

① 判定 VT_1、VT_2 各构成什么组态电路？

② 分别估算各级的静态工作点。

③ 计算放大电路的电压放大倍数 A_u、输入电阻 R_i、输出电阻 R_o。

解　① VT_1 构成第一级放大电路，为共发射极放大电路；

VT_2 构成第二级放大电路，为共集电极放大电路。

② 计算第一级放大电路的静态工作点：

$$U_{B1} \approx \frac{R_{b2}}{R_{b1}+R_{b2}} U_{CC} = 4\ \text{V}$$

$$I_{CQ1} \approx \frac{U_{B1}}{R_{e1}} \approx 2\ \text{mA}$$

$$I_{BQ1} = \frac{I_{CQ1}}{\beta_1} = 40\ \mu\text{A}$$

$$U_{CEQ1} \approx U_{CC} - I_{CQ1}(R_c + R_{e1}) = 4\ V$$

计算第二级放大电路的静态工作点：

$$I_{BQ2} \approx \frac{U_{CC}}{R_b + (1+\beta_2)R_{e2}} \approx 40\ \mu A$$

$$I_{CQ2} = \beta_2 I_{BQ2} = 4\ mA$$

$$U_{CEQ2} \approx U_{CC} - I_{CQ2}R_{e2} = 8\ V$$

③ 计算 A_u、R_i、R_o：

两个三极管的交流等效电阻：

$$r_{be1} = 200\ \Omega + (1+\beta_1)\frac{26\ mV}{I_{EQ1}} \approx 0.85\ k\Omega$$

$$r_{be2} = 200\ \Omega + (1+\beta_2)\frac{26\ mV}{I_{EQ2}} \approx 0.85\ k\Omega$$

计算第二级的输入电阻 R_{i2} 作为第一级的负载电阻 R_{L1}：

$$R_{L1} = R_{i2} = R_b /\!/ [r_{be2} + (1+\beta_2)R_{e2} /\!/ R_L] \approx 51\ k\Omega$$

由此可得

$$A_{u1} = -\frac{\beta_1 R_c /\!/ R_{L1}}{r_{be1}} \approx -118$$

$$A_{u2} = \frac{(1+\beta_2)R_{e2} /\!/ R_L}{r_{be_2} + (1+\beta_2)R_{e2} /\!/ R_L} \approx 1$$

$$A_u = A_{u1}A_{u2} = -118$$

计算第一级的输出电阻 R_{o1} 作为后一级的信号源内阻 R_{s2}：

$$R_{s2} = R_{o1} \approx R_c = 2\ k\Omega$$

由此可计算出 R_i、R_o：

$$R_i = R_{i1} = R_{b1} /\!/ R_{b2} /\!/ r_{be1} \approx 0.85\ k\Omega$$

$$R_o = R_{o2} = R_{e2} /\!/ \frac{r_{be2} + R_{s2} /\!/ R_b}{1+\beta_2} \approx 28\ \Omega$$

2.8.3 实验项目七：两级阻容耦合放大电路调测

两级阻容耦合共射极放大电路，用大电容作极间耦合。优点在于静态工作点互不影响，便于设计、分析、调试。但低频特性差，且大电容不利于集成化，因而多用于分立电路。

1. 实验目的

(1) 掌握如何合理设置静态工作点；

(2) 掌握多级放大电路放大倍数测试方法；

(3) 了解多级放大电路的失真及消除方法。

2. 实验设备

(1) 数字双踪示波器；

(2) 数字万用表；

(3) 信号发生器；

(4) TPE-A5Ⅱ型模拟电路实验箱。

3. 预习要求

(1) 复习教材多级放大电路内容及测量方法。

(2) 分析图 2.58 两级阻容耦合放大电路。初步估计测试内容的变化范围。

4. 实验内容

实验电路如图 2.58 所示。

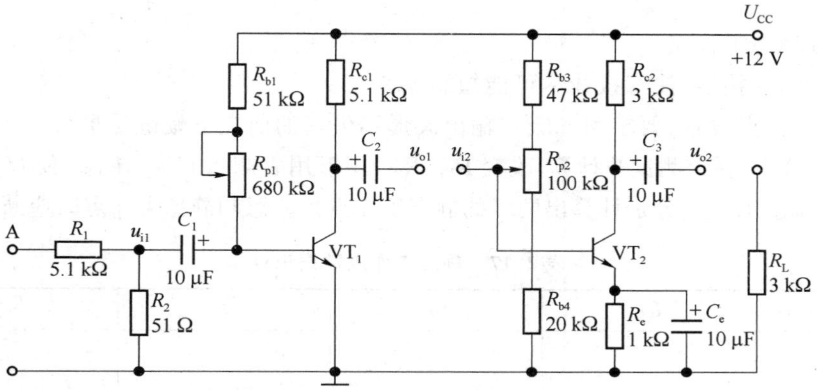

图 2.58　两级阻容耦合实验放大电路

第一级静态工作点求解公式如下：

$$\because U_{CC}=I_{BQ1}(R_{b1}+R_{p1})+U_{BEQ1}$$

$$\therefore I_{BQ1}=\frac{U_{CC}-U_{BEQ1}}{(R_{b1}+R_{p1})}$$

$$\because U_{CC}=U_{CEQ1}+I_{CQ1}R_{c1}$$

$$\therefore I_{CQ1}=\frac{U_{CC}-U_{CEQ1}}{R_{c1}}$$

第二级静态工作点求解公式如下：

$$\because U_{BQ2}=\frac{R_{b4}}{R_{b4}+(R_{b3}+R_{p2})}U_{CC}$$

$$\therefore R_{b3}+R_{p2}=\frac{U_{CC}-U_{BQ2}}{U_{BQ2}}R_{b4}$$

$$\because U_{EQ2}=I_{EQ2}R_{e}$$

$$\therefore I_{EQ2}=\frac{U_{EQ2}}{R_{e}}$$

$$\because U_{CC}=I_{CQ2}R_{c2}+U_{CEQ2}+U_{EQ2}$$

$$\therefore I_{CQ}=\frac{U_{CC}-U_{CEQ2}-U_{EQ2}}{R_{c2}}$$

第一级电压放大倍数和输入电阻求解公式如下：

$$A_{u1}=-\frac{\beta_1 R_{c1}/\!/R'_{i2}}{r_{be1}}$$

$$R'_{i2}=r_{be2}/\!/(R_{b3}+R_{p2})/\!/R_{b4}$$

$$R_{i}=r_{be1}/\!/(R_{b1}+R_{p1})$$

第二级电压放大倍数和输出电阻求解公式如下：

$$A_{u2}=-\frac{\beta_2 R_{c2} /\!/ R_L}{r_{be2}}$$

$$R_o=R_{c2}$$

总的电压放大倍数：

$$A_u=A_{u1}A_{u2}=\frac{\beta_1 R_{c1} /\!/ r_{be2} /\!/ (R_{b3}+R_{p2}) /\!/ R_{b4}}{r_{be1}} \cdot \frac{\beta_2 R_{c2} /\!/ R_L}{r_{be2}}$$

(1) 设置静态工作点

① 按图 2.58 接线，注意接线尽可能短。

② 静态工作点设置：要求第二级在输出波形不失真的前提下幅值尽量大。

(2) 按表 2.17 要求测量并计算，改变 R_{P1}、R_{P2}，用万用表测量 U_{CEQ1}、U_{CEQ2} 使 $U_{CEQ1}=U_{CEQ2}=U_{CC}/2$，测量 U_{BEQ1}、U_{BEQ2}，分别计算出两级的静态工作点。注意测静态工作点时应断开输入信号。

表 2.17 静态工作点数据记录

	I_{CQ}	I_{BQ}	β	r_{be}
VT_1				
VT_2				

(3) 动态参数测试

① 在输入端接入频率为 1 kHz 幅度为 100 mV 的交流信号(采用实验箱上加衰减的办法，即信号源用一个较大的信号。例如 100 mV，在实验板上经 100 : 1 衰减电阻衰减，降为 1 mV)，使 u_{i1} 为 1 mV，调整工作点使输出信号不失真。

注意：如发现有寄生振荡，可采用以下措施消除。

- 重新布线，尽可能走短线。
- 可在三极管 b、e 两极间并联几 pF 到几百 pF 的电容。
- 信号源与放大电路用屏蔽线连接。

② 接入负载电阻 $R_L=3\ \text{k}\Omega$，按表 2.18 测量并计算。

表 2.18 动态测量数据记录

	输入或输出电压/mV			电压放大倍数(实测)			电压放大倍数(估算)		
				第 1 级	第 2 级	总体	第 1 级	第 2 级	总体
	u_i	u_{o1}	u_{o2}	A_{u1}	A_{u2}	A_u	A_{u1}	A_{u2}	A_u
空载									
$R_L=3\ \text{k}\Omega$									

③ 将放大器负载断开，将输入信号频率调到 1 kHz，幅度调到使输出幅度最大而不失真。

5. 实验报告

(1) 绘出实验原理电路图，标明实验的元件参数。

(2) 整理实验数据，分析实验结果。

(3) 如果输出端出现了失真，如何判定是哪一级的产生的？

(4) 选择在实验中感受最深的一个实验内容，完成两级阻容耦合放大电路调测实验报告(表 2.19)，并从实验中得出基本结论。

表 2.19 模拟电子技术实验报告七：两级阻容耦合放大电路调测

实验地点				时间		实验成绩	
班级		姓名		学号		同组姓名	
实验目的							
实验设备							
实验内容	1. 画出实验电路原理图						

实验内容：

2. 静态测量与调整

改变 R_{P1}、R_{P2} 用万用表测量 U_{CEQ1}、U_{CEQ2} 使 $U_{CEQ1}=U_{CEQ2}=U_{CC}/2$，测量 U_{BEQ1}、U_{BEQ2}，分别计算出两级的静态工作点。

	I_{CQ}	I_{BQ}	β	r_{be}
VT_1				
VT_2				

3. 动态测量与调整

	输入或输出电压/mV			电压放大倍数(实测)			电压放大倍数(估算)		
				第 1 级	第 2 级	总体	第 1 级	第 2 级	总体
	u_i	u_{o1}	u_{o2}	A_{u1}	A_{u2}	A_u	A_{u1}	A_{u2}	A_u
空载									
$R_L=3\ k\Omega$									

续表

实验内容	4.画出截止失真和饱和失真波形
实验过程中遇到的问题及解决方法	
实验体会与总结	
指导教师评语	

2.9 放大电路的频率响应

2.9.1 单级放大电路的频率响应

1. 频率响应的基本概念

前面分析放大电路时,忽略了电路中电抗性器件电容的影响,而且在分析电路时,只考虑到单一频率的正弦输入信号。实际上,放大电路中存在电抗性器件电容,如外接的隔直耦合电容、三极管的极间电容、线间的杂散电容等。这些电容对不同频率的信号会产生不同的影响,呈现的阻抗有大有小。另外,实际放大电路的输入信号非常复杂,不仅仅是单一频率的正弦信号,而是一段频率范围(频段)。因此在考虑到这些因素后,放大电路的放大倍数对于不同频率的信号会有所变化。这种放大倍数随信号频率变化的关系称为放大电路的频率特性,也叫频率响应。频率响应包含幅频响应和相频响应两部分。

因为讨论涉及相位,这里用复数表示信号。

用关系式 $\dot{A}_u = A_u(f)\angle\varphi(f)$ 来描述放大电路的电压放大倍数与信号频率的关系。其中 $A_u(f)$ 表示电压放大倍数的模与信号频率的关系,叫幅频响应;$\varphi(f)$ 表示放大电路的输出电压 $\dot{u}_o$ 与输入电压 $\dot{u}_i$ 的相位差与信号频率的关系,叫相频响应。

2. 上、下限频率和通频带

图 2.53 所示为阻容耦合放大电路的幅频响应。从图中可以看出,在某一段频率范围内,放大电路的电压增益 $|\dot{A}_u|$ 与频率 f 无关,是一个常数,这时对应的增益称为中频增益 A_{um};但随着信号频率的减小或增加,电压放大倍数 $|\dot{A}_u|$ 明显减小。

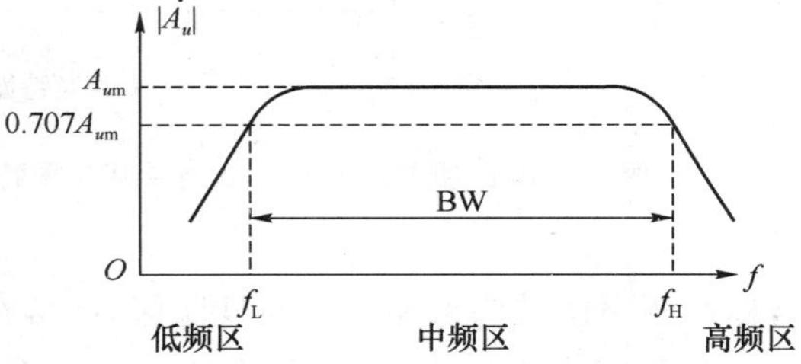

图 2.59　阻容耦合放大电路的幅频响应

(1) 下限频率 f_L 和上限频率 f_H

定义:当放大电路的放大倍数 $|\dot{A}_u|$ 下降到 $0.707A_{um}$ 时,所对应的两个频率分别称为放大电路的下限频率 f_L 和上限频率 f_H。

(2) 通频带 BW

f_L 和 f_H 之间的频率范围称为放大电路的通频带,用 BW 表示,即

$$\mathrm{BW} = f_H - f_L \tag{2-21}$$

一个放大器的通频带越宽,表示其工作的频率范围越宽,频率响应越好。

3. 单级共射放大电路的频率响应

根据放大电路的上、下限频率及通频带,在分析放大电路的频率特性时,常把频率范围划分为 3 个频区:低频区、中频区和高频区。下面就结合图 2.60 所示的单级阻容耦合基本共射放大电路来分析单级放大电路的频率响应。

(1) 中频区

若信号的频率在下限频率 f_L 和上限频率 f_H 之间,称此频率区域为中频区。在中频区,忽略所有电容的影响,视隔直耦合电容和旁路电容为交流短路,视极间电容和杂散电容为交流开

路。这种情况与我们之前的分析一致,因此有

$$A_{um}=-\frac{\beta R_c /\!/ R_L}{r_{be}} \tag{2-22}$$

从式(2-22)中可见,A_{um}不受信号频率的影响,对特定电路来说是一个常数。输出电压u_o和输入电压u_i反相位,相位差为$-180°$。从图2.60中也可看出,电路中频区的频率特性是比较平坦的曲线。

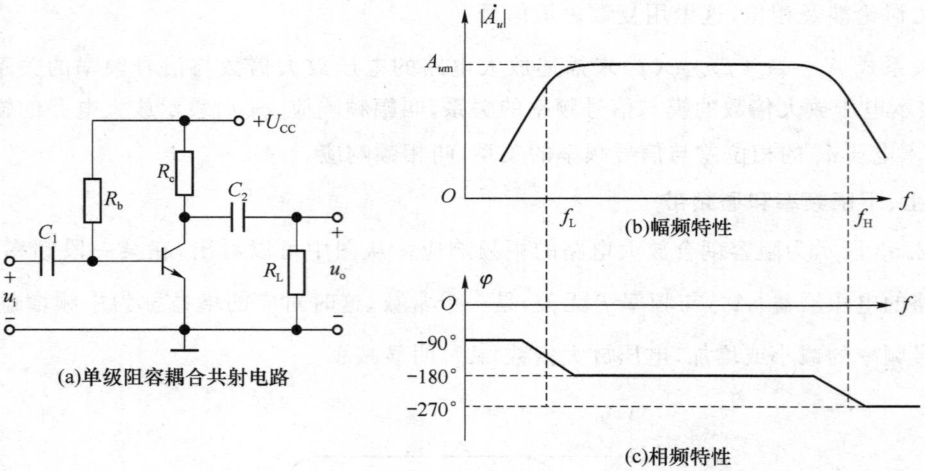

图2.60 单级阻容耦合基本共射放大电路及其频率特性

(2) 低频区

若信号的频率$f<f_L$,称此频率区域为低频区。在低频区,串接在支路中的隔直耦合电容以及旁路电容,如C_1、C_b、C_e等,呈现的阻抗增大,信号在这些电容上的压降增大,信号通过时会被明显衰减,增益下降。因此在低频区,不能再视隔直耦合电容以及旁路电容为交流短路。而并接的极间电容和杂散电容,容抗很大,可视为开路。

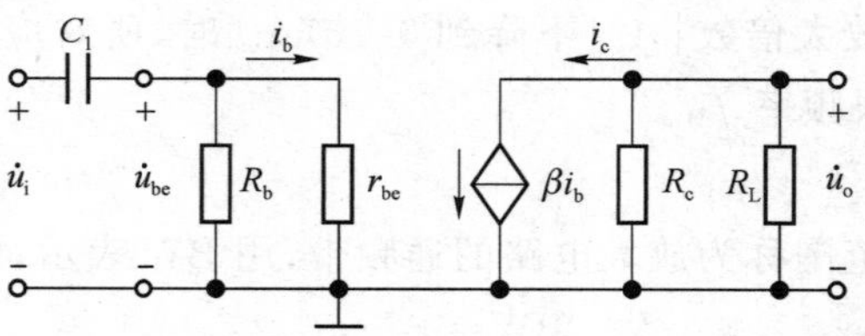

图2.61 单级共射放大电路的低频微变等效电路

在低频区,要考虑隔直耦合电容和旁路电容的影响。为使分析简化,这里只考虑耦合电容C_1的作用,把耦合电容C_2归入后级电路。图2.61所示为单级共射放大电路在低频区的微变等效电路。根据电容C_1的阻抗$\frac{1}{j\omega C_1}$,可计算出在低频区放大电路电压放大倍数的表达式。

$$\frac{\dot{U}_o}{\dot{U}_{be}}=-\frac{\beta R_c /\!/ R_L}{r_{be}}=A_{um}$$

$$\frac{\dot{U}_{be}}{\dot{U}_i}=\frac{R_b // r_{be}}{R_b // r_{be}+\frac{1}{j\omega C_1}}=\frac{R_i}{R_i+\frac{1}{j\omega C_1}}$$

定义：

$$f_L=\frac{1}{2\pi R_i C_1}\text{，即}\frac{1}{R_i C_1}=2\pi f_L$$

则有：

$$\dot{A}_u=\frac{\dot{U}_o}{\dot{U}_i}=\frac{\dot{U}_o}{\dot{U}_{be}}\frac{\dot{U}_{be}}{\dot{U}_i}=\frac{A_{um}}{1+\frac{1}{j\omega R_i C_1}}=\frac{A_{um}}{1-j\frac{2\pi f_L}{\omega}}$$

由 $\omega=2\pi f$，代入并整理得

$$\dot{A}_u=\frac{A_{um}}{1-j\frac{f_L}{f}} \tag{2-23}$$

由式(2-23)，可得电路在低频区的幅频特性和相频特性：

- 当 $f\gg f_L$ 时，$|\dot{A}_u|\approx A_{um}$，$\varphi=-180°$。
- 当 $f=f_L$ 时，$|\dot{A}_u|\approx\frac{1}{\sqrt{2}}A_{um}$，$\varphi=-135°$。
- 当 $f\ll f_L$ 时，$|\dot{A}_u|\approx 0$，$\varphi=-90°$。

结合图 2.60 可以看出：在低频区，增益随频率的减小而减小；相对于中频区产生超前的附加相位移，相位差 φ 随着频率改变。

(3) 高频区

若信号的频率 $f>f_H$，称此频率区域为高频区。在高频区，并接的极间电容和杂散电容容抗减小，对信号产生分流，使增益下降，不可再视为交流开路。串接在支路中的隔直耦合电容和旁路电容呈现的阻抗很小，可视为交流短路。

因此，在高频区主要考虑极间电容的影响。由于极间电容的分流作用，这时三极管的电流放大系数 β 不再是一个常数，而是信号频率的函数，因此三极管的中频微变等效电路模型在这里不再适用，分析时要用三极管的高频微变模型。有关高频微变模型的内容请参考相关的书籍。

从图 2.60 可见，在高频区，随信号频率的升高，电压增益减小；产生滞后的附加相位移，相位差 φ 值也随着频率改变。

2.9.2 多级放大电路的频率响应

多级放大电路的频率响应可由单级电路的频率响应叠加得到，包括幅频响应和相频响应两部分。

1. 多级放大电路的幅频响应

多级放大电路的幅频响应为各单级幅频响应的叠加。在多级放大电路中，有电压放大倍数：

$$A_u=A_{u1}A_{u2}A_{u3}\cdots$$

若采用分贝为单位，则有

$$20\lg A_u(\mathrm{dB})=20\lg A_{u1}+20\lg A_{u2}+20\lg A_{u3}+\cdots$$

2. 多级放大电路的相频响应

多级放大电路的相频响应为各单级相频响应的叠加：

$$\varphi=\varphi_1+\varphi_2+\varphi_3+\cdots$$

3. 多级放大电路的通频带

图 2.62 所示为两级阻容耦合放大电路的幅频响应。设两个单级放大电路的下限频率 f_L 和上限频率 f_H 均相等，则在 f_L 和 f_H 处有：

$$|\dot{A}_u|=|\dot{A}_{u1}||\dot{A}_{u2}|=\frac{1}{\sqrt{2}}A_{um1}\times\frac{1}{\sqrt{2}}A_{um2}=\frac{1}{2}A_{um}$$

从图 2.62 可看出，多级放大电路的下限频率高于组成它的任一单级放大电路的下限频率；而上限频率则低于组成它的任一单级放大电路的上限频率；通频带窄于组成它的任一单级放大电路的通频带。

通频带是放大电路的一项非常重要的技术指标。在多级放大电路中，随着放大电路级数的增加，其电压增益增大，但其通频带变窄。放大倍数与通频带是一对矛盾，因此多级放大电路的级数并不是越多越好。实际应用中，不仅要考虑电压增益，还要兼顾电路的通频带宽，当放大电路的通频带不能满足要求时，只放大部分信号的幅度是没有意义的。

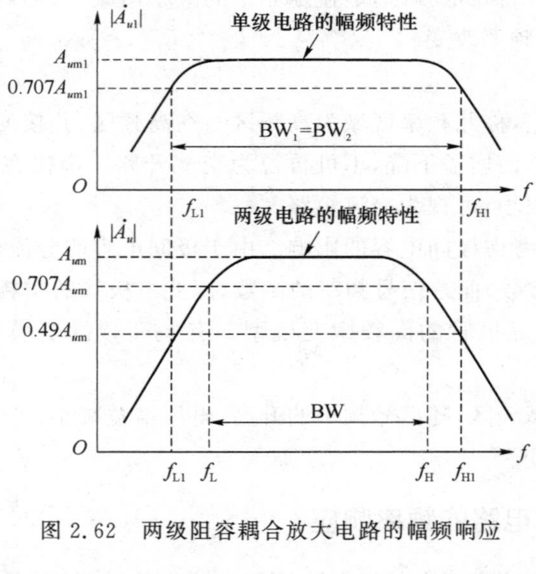

图 2.62 两级阻容耦合放大电路的幅频响应

2.9.3 实验项目八：两级阻容耦合放大电路频率响应调测

1. 实验目的

(1) 理解如何合理设置静态工作点；

(2) 掌握放大电路频率响应的测试方法；

(3) 了解放大电路的频率失真及消除方法。

2. 实验设备

(1) 数字双踪示波器;

(2) 数字万用表;

(3) 信号发生器;

(4) TPE-A5Ⅱ型模拟电路实验箱。

3. 预习要求

复习多级放大电路频率响应内容。

4. 实验内容

实验电路如图 2.58 所示。

(1) 按图 2.58 接线,注意接线尽可能短。

(2) 静态工作点设置:要求第二级在输出波形不失真的前提下幅值尽量大。调测方法与实验项目七相同,不再重述。

(3) 在输入端接入频率为 1 kHz、幅度为 100 mV 的交流信号(采用实验箱上加衰减的办法,即信号源用一个较大的信号。例如 100 mV,在实验板上经 100 : 1 衰减电阻衰减,降为 1 mV),使 u_{i1} 为 1 mV,调整工作点使输出信号不失真。

注意:如发现有寄生振荡,可采用以下措施消除。

① 重新布线,尽可能走短线。

② 可在三极管 b、e 两极间加几 pF 到几百 pF 的电容。

③ 信号源与放大电路用屏蔽线连接。

(4) 信号发生器的幅度保持 100 mV 不变,改变信号发生器的输出频率,从 1 Hz 开始,测量并记录出端 u_{o2} 的数值,每上升 50 Hz 测量一次,按表 2.20 要求记录。

表 2.20　不同频率的输出端电压数据记录

f/Hz	1	50	100	150	…	20 050	20 100	20 150
u_{o2}(C=10 μF)					…			
u_{o2}(C=100 μF)					…			

(5) 将电路中的 10 μF 耦合电容全部换为 100 μF,信号发生器的幅度保持 100 mV 不变,改变信号发生器的输出频率,从 1 Hz 开始,测量并记录出端 u_{o2} 的数值,每上升 50 Hz 测量一次,按表 2.20 要求记录。

(6) 根据表 2.20,分别画出 C=10 μF 和 C=100 μF 时两级阻容耦合放大电路频率响应曲线,并给出两级阻容耦合放大电路的下限频率 f_L,f_H 和 BW。

5. 实验报告

(1) 绘出实验原理电路图,标明实验的元件参数。

(2) 整理实验数据,分析实验结果。

(3) 完成两级阻容耦合放大电路频率响应测试实验报告(表 2.21),并从实验中得出基本结论。

表 2.21　模拟电子技术实验报告八:两级阻容耦合放大电路频率响应测试

<table>
<tr><td colspan="2">实验地点</td><td colspan="2"></td><td>时间</td><td></td><td>实验成绩</td><td></td></tr>
<tr><td>班级</td><td></td><td>姓名</td><td></td><td>学号</td><td></td><td>同组姓名</td><td></td></tr>
<tr><td colspan="2">实验目的</td><td colspan="6"></td></tr>
<tr><td colspan="2">实验设备</td><td colspan="6"></td></tr>
<tr><td colspan="2" rowspan="4">实验内容</td><td colspan="6">1. 静态工作点设置
要求第二级在输出波形不失真的前提下幅值尽量大。调测方法与实验项目六相同。</td></tr>
<tr><td colspan="6">2. 动态测量与调整
信号发生器的幅度保持 100 mV 不变,改变信号发生器的输出频率,从 1 Hz 开始,测量并记录出端 u_{o2}的数值,每上升 50 Hz 测量一次。记录到下表中。
<table>
<tr><td>f/Hz</td><td>1</td><td>50</td><td>100</td><td>150</td><td>…</td><td>20 050</td><td>20 100</td><td>20 150</td></tr>
<tr><td>$u_{o2}/C=10\ \mu F$</td><td></td><td></td><td></td><td></td><td></td><td></td><td></td><td></td></tr>
<tr><td>$u_{o2}/C=100\ \mu F$</td><td></td><td></td><td></td><td></td><td></td><td></td><td></td><td></td></tr>
</table></td></tr>
<tr><td colspan="6">3. 画出 $C=10\ \mu F$ 时两级阻容耦合放大电路频率响应曲线,并给出两级阻容耦合放大电路的下、上限频率 f_L, f_H 和 BW。</td></tr>
<tr><td colspan="6">4. 画出 $C=100\ \mu F$ 时两级阻容耦合放大电路频率响应曲线,并给出两级阻容耦合放大电路的下、上限频率 f_L, f_H 和 BW。</td></tr>
</table>

续表

实验过程中遇到的问题及解决方法	
实验体会与总结	
指导教师评语	

本章小结

(1) 基本放大电路有 3 种组态：共射极、共集电极和共基极组态。放大电路正常放大的前提条件是：外加电源电压的极性要保证三极管的发射极正偏，集电结反偏；有一个合适的静态工作点 Q。

(2) 正常工作时，放大电路处于交直流共存的状态。三极管各电极的电压和电流瞬时值是在静态值的基础上叠加交流分量，但瞬时值的极性和方向始终固定不变。为了分析方便，常将交流和直流分开讨论。

(3) 放大电路放大的实质是实现小能量对大能量的控制和转换作用。但放大仅仅针对交流分量而言。

(4) 基本放大电路的分析方法有两种。一是图解分析法，这种方法直观方便，主要用来分析 Q 点的位置是否合适、非线性失真(截止或饱和失真)、最大不失真输出电压等。二是微变等效电路分析法，可分析求解动态参数电压放大倍数、输入电阻、输出电阻等。

(5) 固定偏置电路中 Q 点受温度影响大。采用分压偏置式静态工作点稳定电路可以减小温度的影响，稳定 Q 点。

(6) 三种组态放大电路各自的特点如下。

① 共射放大电路：A_u 较大，R_i、R_o 适中，常用作电压放大，具有电压反相作用。

② 共集放大电路：$A_u \approx 1$，R_i 大、R_o 小，从信号源获取电压能力强，带负载能力强，常用作输入级、缓冲级、输出级等，也称为射极输出器或射极跟随器。

③ 共基放大电路：A_i较大，R_i小、R_o大，频带宽，适用于放大高频信号。

(7) 场效应管放大电路的偏置电路与三极管放大电路不同，主要有自偏压式和分压式两种。其放大电路也有3种组态：共源、共漏和共栅极电路。电路的动态参数分析类同于三极管电路。

(8) 多级放大电路主要有3种耦合方式：阻容耦合、直接耦合和变压器耦合。多级放大电路的电压放大倍数为各级电压放大倍数的乘积：$A_u = A_{u1} A_{u2} A_{u3} \cdots$；输入电阻为第一级的输入电阻；输出电阻为最后一级的输出电阻。求解多级放大电路的动态参数时，需要把后一级的输入电阻当作前一级的负载电阻。

(9) 频率响应描述的是放大电路的放大倍数随频率变化的关系。下限频率主要由电路中的耦合电容和旁路电容决定。上限频率主要由电路中三极管的极间电容决定。因为电路中耦合电容、旁路电容和极间电容等的存在，放大电路的放大倍数在低频区随频率的减小而下降；在高频区随频率的增高而减小。对于多级放大电路，级数越多，其增益越大，频带越窄。

(10) 差动放大电路是一种具有两个输入端且电路结构对称的放大电路，具有放大差模信号、抑制共模信号的特点。差动放大电路作为集成运放的输入级可以有效地抑制电路中的零点漂移。为描述差动放大电路放大差模、抑制共模的能力，定义了共模抑制比 K_{CMR}，它是差模电压放大倍数与共模电压放大倍数的比值，K_{CMR}越大，差动放大电路的性能越好。

习 题 2

2-1 填空题。

(1) 基本放大电路有3种组态，分别是________、________和________组态。

(2) 工作在放大电路中的三极管，其外加电压的极性一定要保证其发射结________偏置，集电结________偏置。

(3) 放大电路放大的实质是实现________对________的控制和转换作用。

(4) 放大电路的________负载线是动态工作点移动的轨迹。

(5) 非线性失真包含________和________两种。

(6) 三极管共射极接法下的输入电阻 $r_{be}=$________。

(7) 3种组态放大电路中，________组态电路具有电压反相作用；________组态电路输入阻抗比较高；________组态电路的输出阻抗比较小；________组态电路常用于高频放大。

(8) 场效应管放大电路和三极管放大电路相比，具有输入阻抗________、温度稳定性能________、噪声________、功耗________等特点。

(9) 多级放大电路中常见的耦合方式有3种：________耦合、________耦合和________耦合。

(10) ________耦合放大电路既可以放大交流信号，也可以放大直流信号。

(11) 放大电路的静态工作点通常是指________、________和________。

(12) 用来衡量放大器性能的主要指标有________、________、________。

(13) 直流通路而言,放大器中的电容可视为________,电感可视为________;对于交流通路而言,电容器可视为________。

(14) 射极输出器的特点是:电压放大倍数________,无________放大能力,有________放大能力;输出电压与输入电压的相位________。

(15) 影响放大电路低频响应的主要因素为________________;影响放大电路高频响应的主要因素为________________。

(16) 多级放大电路的级数越多,其增益越________,频带越________。

(17) 差模放大电路能有效地克服温漂,这主要是通过________________。

(18) 差模电压放大倍数 A_{ud} 是________________之比;共模电压放大倍数 A_{uc} 是________________之比。

(19) 共模抑制比 K_{CMR} 是________________之比,K_{CMR} 越大表明电路________。

(20) 放大倍数下降到中频的 $\sqrt{2}/2$ 倍所对应的大于或小于中频的频率分别称________频率和________频率。

2-2　选择题。

(1) 放大电路在未输入交流信号时,电路所处工作状态是________。

A. 静态　　B. 动态　　C. 放大状态　　D. 截止状态

(2) 放大电路设置偏置电路的目的是________。

A. 使放大器工作在截止区,避免信号在放大过程中失真

B. 使放大器工作在饱和区,避免信号在放大过程中失真

C. 使放大器工作在线性放大区,避免放大波形失真

D. 使放大器工作在集电极最大允许电流 ICM 状态下

(3) 在放大电路中,三极管静态工作点用________表示。

A. I_b、I_c、U_{ce}　　B. I_{BQ}、I_{CQ}、U_{CEQ}　　C. i_B、i_C、u_{CE}　　D. i_b、i_c、u_{ce}

(4) 在放大电路中的交直流电压、电流用________表示。

A. I_b、I_c、U_{ce}　　B. I_B、I_C、U_{CE}　　C. i_B、i_C、u_{CE}　　D. i_b、i_c、u_{ce}

(5) 在基本放大电路中,若测得 $U_{CEQ}=U_{CC}$,则可以判断三极管处于________状态。

A. 放大　　B. 饱和　　C. 截止　　D. 短路

(6) 在共射放大电路中,输入交流信号 u_i 与输出信号 u_o 相位________。

A. 相反　　B. 相同　　C. 正半周时相同　　D. 负半周时相反

(7) 在基本放大电路中,输入耦合电容作用是________。

A. 通直流和交流　　B. 隔直流通交流　　C. 隔交流通直流　　D. 隔交流和直流

(8) 描述放大器对信号电压的放大能力,通常使用的性能指标是________。

A. 电流放大倍数　　B. 功率放大倍数　　C. 电流增益　　D. 电压放大倍数

(9) 画放大器的直流通路时应将电容器视为________。

A. 开路　　B. 短路　　C. 电池组　　D. 断路

(10) 画放大器的交流通路时应将直流电源视为________。

A. 开路　　B. 短路　　C. 电池组　　D. 断路

(11) 在共射放大电路中,偏置电阻 R_b 增大,三极管的________。

A. U_{CEQ} 减小　　B. I_{CQ} 减小　　C. I_{CQ} 增大　　D. I_{BQ} 增大

(12) 放大器外接一负载电阻 R_L 后，输出电阻 R_o 将________。

A. 增大　　B. 减小　　C. 不变　　D. 等于 RL

(13) 三极管 3 种基本组态放大电路中，既有电压放大能力又有电流放大能力的组态是__________。

A. 共射极组态　　B. 共集电极组态　　C. 共基极组态

(14) 影响放大电路的静态工作点，使工作点不稳定的原因主要是温度的变化影响了放大电路中的________。

A. 电阻　　B. 三极管　　C. 电容

(15) 阻容耦合放大电路可以放大________。

A. 直流信号　　B. 交流信号　　C. 直流和交流信号

(16) 由于三极管极间电容的影响，当输入信号的频率大于电路的上限频率时，放大电路的增益会________。

A. 增大　　B. 不变　　C. 减小

(17) 如图 2.63 所示的工作点稳定电路，电路的输出电阻为________。

A. R_c　　B. R_L　　C. $R_c // R_L$

(18) 如图 2.63 所示的电路，输入为正弦信号，调整下偏置电阻 R_{b2} 使其逐渐增大，则输出电压会出现________。

A. 截止失真　　B. 饱和失真　　C. 频率失真

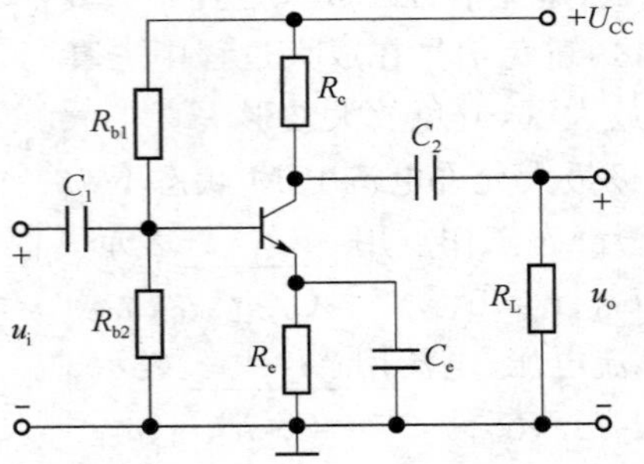

图 2.63　选择题(18)题题图

(19) 如图 2.64 所示，下限频率 f_L 处电路的电压放大倍数为________。

A. 100 倍　　B. 40 倍　　C. 70.7 倍

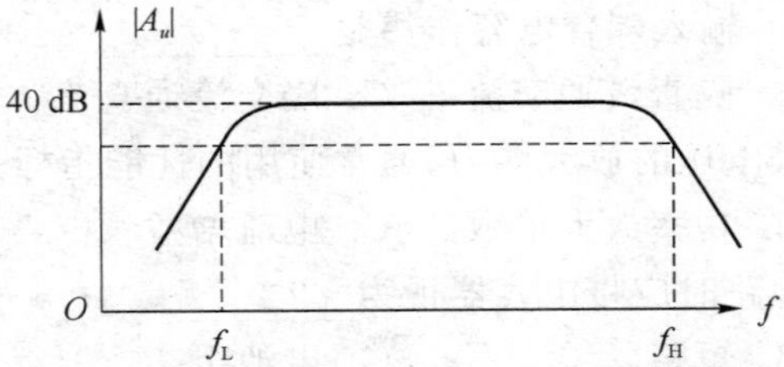

图 2.64　选择题(19)题题图

(20) 图 2.64 所示为电路的频率特性，电路的通频带为________。

A. 100 kHz　　B. 600 Hz　　C. 99.4 kHz

2-3 判断题。

(1) 放大器通常用 i_b、i_C、u_{ce} 表示静态工作点。 ( )

(2) 两级放大器比单级放大器的通频带要窄些。 ( )

(3) 在基本放大电路中，输入耦合电容 C_1 的作用是隔交通直。 ( )

(4) 画直流通路时电容器应视为开路。 ( )

(5) 放大器的输出与输入电阻都应越大越好。 ( )

(6) 两级放大器第一级电压增益为 40 dB，第二级增益为 20 dB，其总增益为 800 dB。( )

(7) 放大器 $A_u=-50$，其中负号表示波形缩小。 ( )

(8) 共射放大器的输出电压与输入电压的相位相同。 ( )

(9) 图 2.63 所示电路的输入电阻为 $R_i=R_{b1}//R_{b2}//r_{be}$。 ( )

(10) 图 2.64 是直接耦合放大电路的幅频响应。 ( )

(11) 截止失真和饱和失真统称为非线性失真。 ( )

(12) 共集电极组态放大电路具有电流放大作用，但没有电压放大能力。 ( )

(13) 场效应管放大电路的热稳定性能差。 ( )

(14) 放大电路的放大倍数在低频区随输入信号频率的减小而降低，其原因是三极管极间电容的影响。 ( )

2-4 仿照图 2.10 所示 NPN 固定偏置共射放大电路，试构成 PNP 共射放大电路。

2-5 如图 2.65 所示的各放大电路，哪些电路可以实现正常的正弦交流放大？哪些不能实现正常的正弦交流放大？简述理由。(图中各电容的容抗可以忽略)

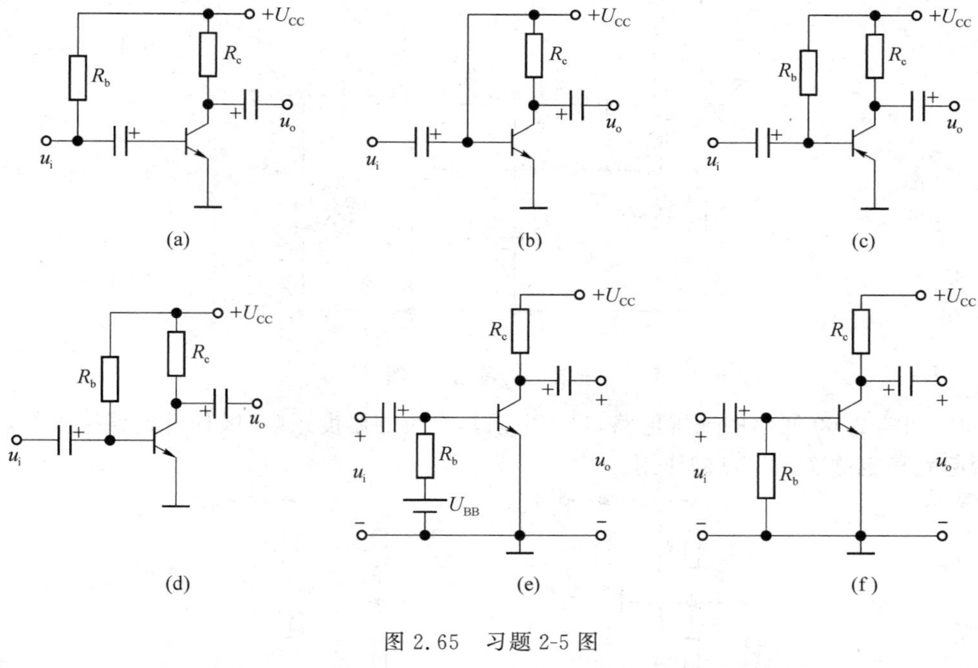

图 2.65 习题 2-5 图

2-6 图 2.66 所示为固定偏置共射放大电路。输入 u_i 为正弦交流信号，试问输出电压 u_o 出现了怎样的失真？如何调整偏置电阻 R_b 才能减小此失真？

2-7 如图 2.67 所示的放大电路，$R_b=300\ k\Omega$，$R_c=3\ k\Omega$，$R_L=3\ k\Omega$，三极管为硅管，三极

管的电流放大系数 $\beta=60$。

(1) 画出电路的直流通路、交流通路和微变等效电路。

(2) 计算电路的静态工作点 Q。

(3) 求解电路的电压放大倍数 A_u、输入电阻 R_i 和输出电阻 R_o。

(4) 若换成电流放大系数 $\beta=100$ 的三极管,电路还能否实现交流信号的正常放大?

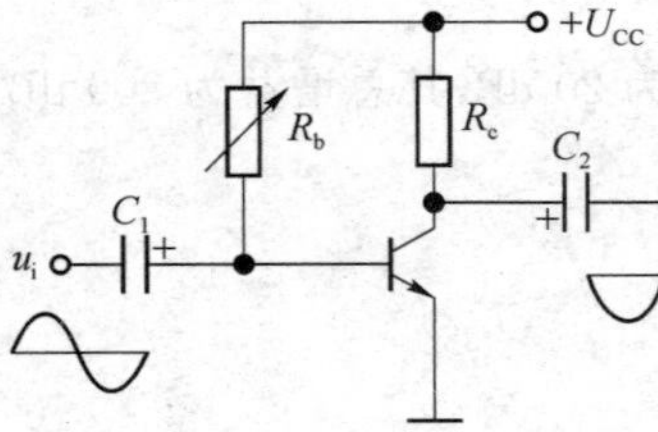

图 2.66 习题 2-6 图

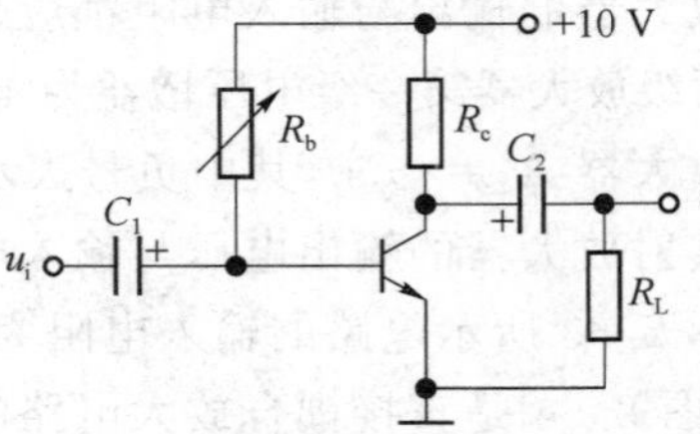

图 2.67 习题 2-7 图

2-8 如图 2.68 所示的放大电路,已知三极管为硅管,$\beta=50$。

(1) 计算电路的静态工作点 Q。

(2) 求解电路的 A_u、R_i、R_o。

(3) 若信号源正弦电压 u_S 的值逐渐增大,输出电压 u_o 首先出现怎样的失真?估算电路的最大不失真输出电压幅值。(设三极管的 $U_{CES}=0$ V)

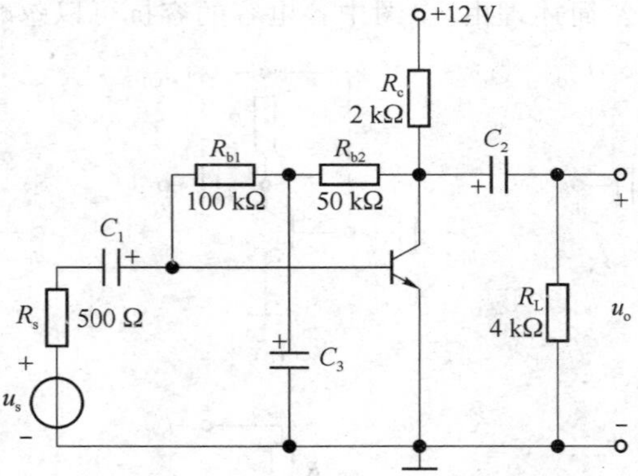

图 2.68 习题 2-8 图

2-9 如图 2.69 所示的偏置电路,热敏电阻具有负的温度系数,试分析电路接入的热敏电阻能否起到稳定静态工作点的作用。

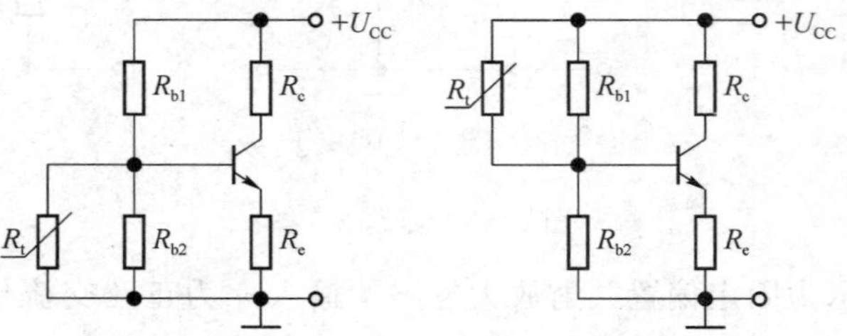

图 2.69 习题 2-9 图

2-10　图 2.70 所示为分压式工作点稳定电路，已知三极管为硅管，$\beta=60$。

(1) 计算电路的 Q 点。

(2) 求三极管的输入电阻 r_{be}。

(3) 用小信号等效电路分析法求电路的 A_u、R_i、R_o。

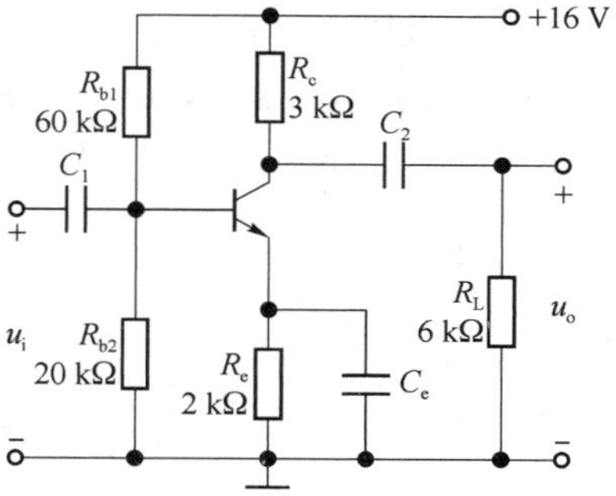

图 2.70　习题 2-10 图

2-11　根据如图 2.71 所示的放大电路作答。

(1) 画出电路的微变等效电路。

(2) 分别写出 A_{u1} 和 A_{u2} 的表达式。

(3) 分别求解输出电阻 R_{o1} 和 R_{o2}。

2-12　在如图 2.72 所示的放大电路中，已知三极管为锗管，$\beta=50$。

(1) 求电路的静态工作点 Q。

(2) 求解电路的 A_u、R_i、R_o。

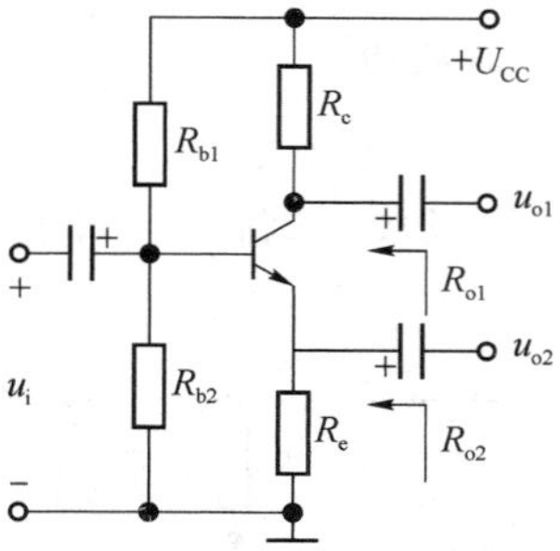

图 2.71　习题 2-11 图

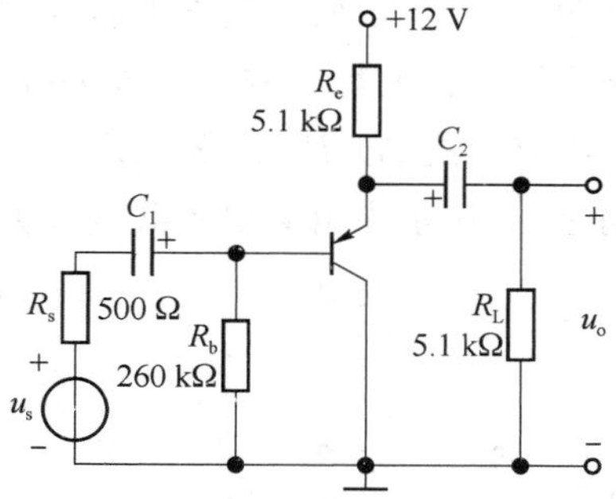

图 2.72　习题 2-12 图

2-13　参见如图 2.73 所示的各放大电路回答问题。

(1) 各电路都是什么组态的放大电路？

(2) 各电路输出电压 u_o 与输入电压 u_i 具有怎样的相位关系？

(3) 写出各电路输出电阻 R_o 的表达式。

2-14　图 2.74 所示的场效应管放大电路，已知 $g_m=1$ mS。

(1) 两电路分别是什么组态的放大电路？

(2) 分别画出两电路的微变等效电路。

(3) 求解电路的 A_u、R_i、R_o。

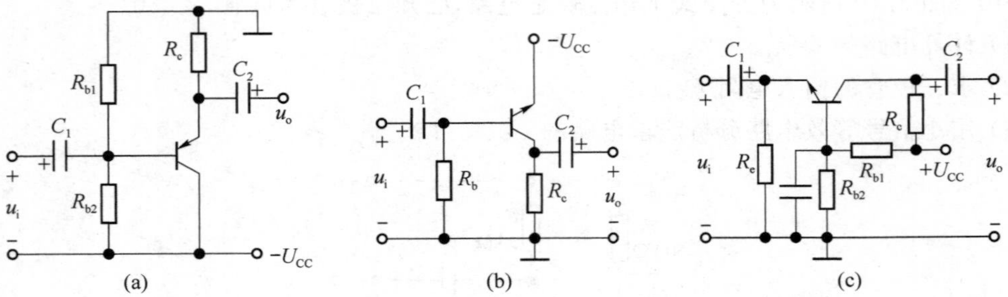

图 2.73　习题 2-13 图

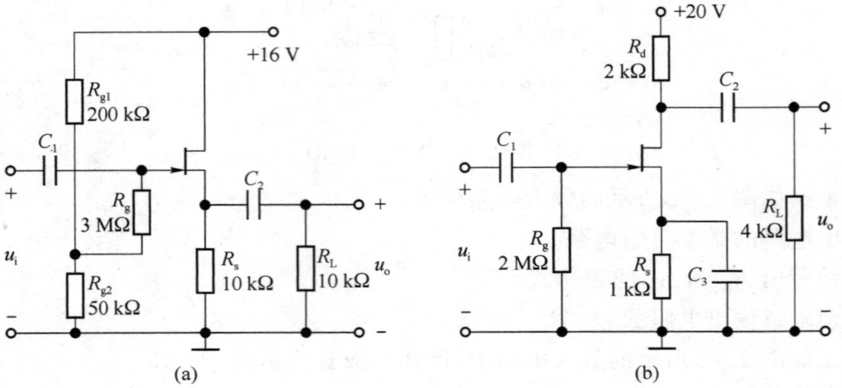

图 2.74　习题 2-14 图

2-15　如图 2.75 所示两级放大电路，已知 β_1，β_2、r_{be1}、r_{be2}。

(1) 电路采用怎样的耦合方式？各级由什么组态的电路构成？

(2) 写出电路总的 A_u、R_i、R_o表达式。

2-16　图 2.76 所示为由共射和共基放大电路构成的两级放大电路，已知 β_1，β_2、r_{be1}、r_{be2}。求电路总的 A_u、R_i、R_o表达式。

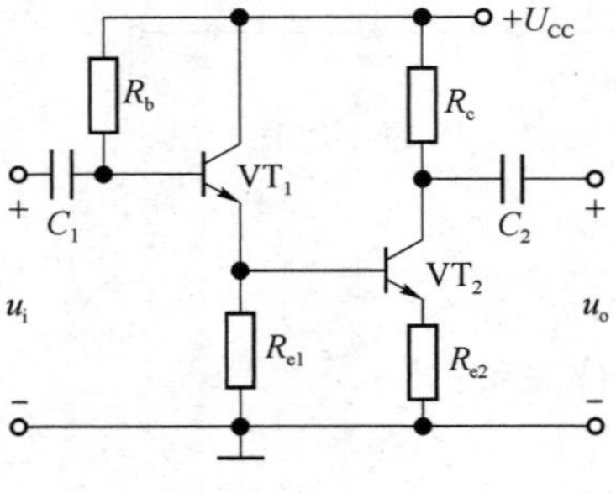

图 2.75　习题 2-15 图

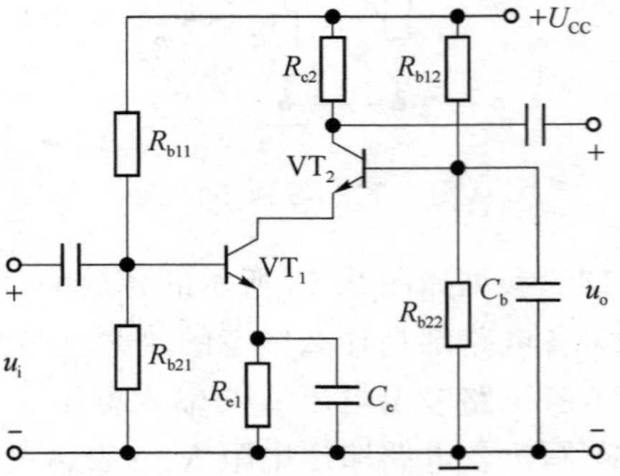

图 2.76　习题 2-16 图

2-17　一个阻容耦合的单级共射放大电路，其幅频响应曲线应该是怎样的形状？如果是直接耦合的放大电路，其幅频响应曲线有什么不同？为什么说直接耦合放大电路的低频响应比较好？

2-18　图 2.77 所示的电路参数理想对称，$\beta_1=\beta_2=\beta$，$r_{be1}=r_{be2}=r_{be}$。写出 A_{ud} 的表达式。

2-19　图 2.78 所示的电路参数理想对称，晶体三极管均为硅管，β 值均为 100。试计算 R_w 的滑动端在中点时 VT_1 管和 VT_2 管的发射极静态电流 I_{EQ} 以及动态参数 A_{ud} 和 R_{id}。

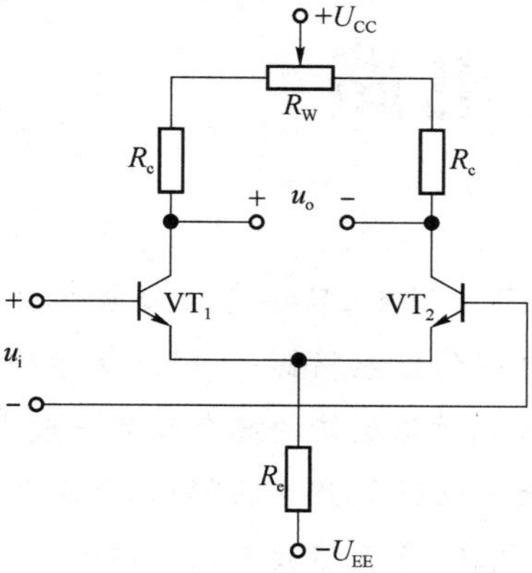

图 2.77　习题 2-18 图

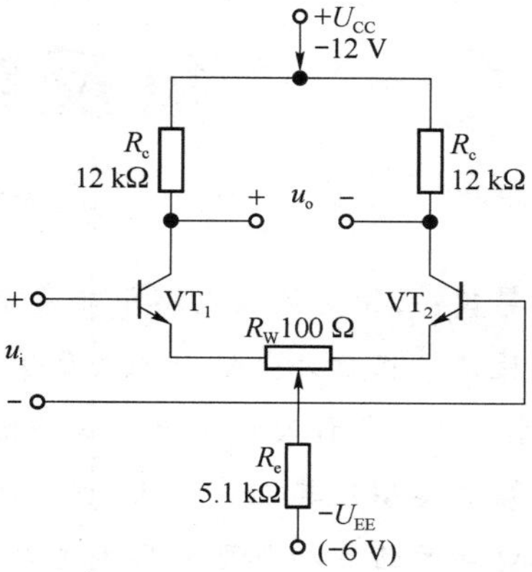

图 2.78　习题 2-19 图

2-20　电路如图 2.79 所示，晶体三极管均为硅管，其 β 值均为 50。

(1) 计算静态时 VT_1 管和 VT_2 管的集电极电流和集电极电位。

(2) 用直流表测得 $u_o=2$ V，则 $u_i=$？若 $u_i=10$ mV，则 $u_o=$？

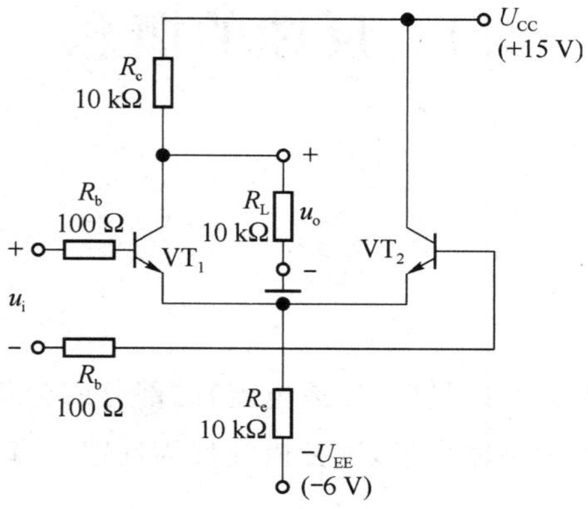

图 2.79　习题 2-20 图

第3章

负反馈放大电路

本章导读：反馈是放大电路中非常重要的概念，实际应用中，只要有放大电路出现的地方几乎都有反馈。在放大电路中采用负反馈，可以改善电路的性能指标；采用正反馈构成各种振荡电路，可以产生各种波形信号。本章借助于方框图首先讨论反馈的概念及其一般表达式，而后介绍反馈的类型及其判定方法，负反馈的引入对放大电路性能产生的影响，最后介绍深度负反馈放大电路的估算和典型应用单元电路。实训内容包括：负反馈放大电路调测。

本章基本要求：掌握反馈的概念以及反馈类型的判定方法；熟悉负反馈的引入对放大电路性能产生的影响；会根据放大电路的要求正确引入负反馈；会估算深度负反馈放大电路的电压增益；了解自激振荡产生的原因及消除的方法。掌握负反馈放大电路的调测方法。

3.1 反馈的概念

3.1.1 反馈

1. 反馈的定义

在电子系统中，把放大电路输出量（电压或电流）的部分或全部，经过一定的电路或元件送回到放大电路的输入端，从而牵制输出量，这种措施称为反馈。有反馈的放大电路称为反馈放大电路。

2. 反馈电路的一般框图

任意一个反馈放大电路都可以表示为一个基本放大电路和反馈网络组成的闭环系统，其构成如图3.1所示。

图3.1中 X_i、X_{id} 分别表示放大电路的输入信号、净输入信号，X_f、X_o 分别表示反馈信号和输出信号，它们可以是电压量，也可以是电流量。

没有引入反馈时的基本放大电路称为开环电路，其中的 A 表示基本放大电路的放大倍数，也称为开环放大倍数。引入反馈后的放大电路称为闭环电路。图3.1中的 F 表示反馈网络的反馈系数，反馈网络可以由某些元件或电路构成。反馈网络与基本放大电路在输出回路的交点称为采样点。图 3.1 中的"⊗"表示信号的比较环节，反馈信号 X_f 和输入信号 X_i 在输入回路相比较得到净输入信号 X_{id}。图 3.1 中箭头的方向表示信号传输的方向，为了分析的方便，假定信号单方向传输，即在基本放大电路中，信号正向传输；在反馈网络中信号反向传输。

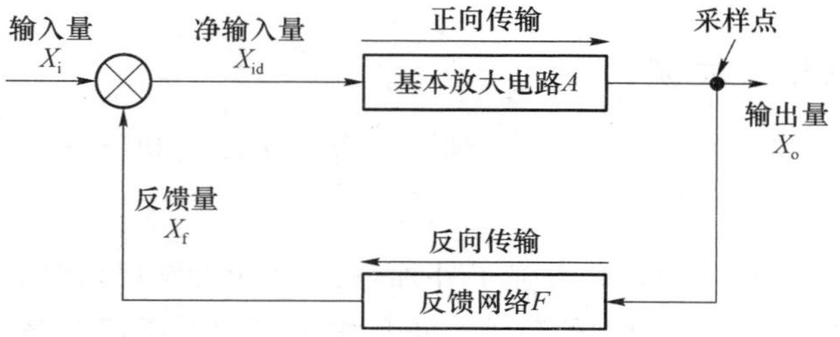

图 3.1　反馈电路的一般框图

3. 反馈元件

在反馈电路中既与基本放大电路输入回路相连又与输出回路相连的元件，以及与反馈支路相连且对反馈信号的大小产生影响的元件，均称为反馈元件。

3.1.2　反馈放大电路的一般表达式

1. 闭环放大倍数 A_f

根据图 3.1 所示反馈放大电路的一般方框图可得：

- 基本放大电路的放大倍数

$$A=\frac{X_o}{X_{id}}$$

- 反馈网络的反馈系数

$$F=\frac{X_f}{X_o}$$

- 反馈放大电路的放大倍数

$$A_f=\frac{X_o}{X_i}$$

- 可求解电路闭环增益的一般表达式

$$A_f=\frac{A}{1+AF}$$

2. 反馈深度(1+AF)

(1) 定义：(1+AF)为闭环放大电路的反馈深度。它是衡量放大电路反馈强弱程度的一个重要指标。闭环放大倍数 A_f 的变化均与反馈深度有关。乘积 AF 称为电路的环路增益。

(2) 若 $(1+AF)>1$，则有 $A_f<A$，这时称放大电路引入的反馈为负反馈。

(3) 若 $(1+AF)<1$，则有 $A_f>A$，这时称放大电路引入的反馈为正反馈。

(4) 若 $(1+AF)=0$，则有 $A_f=\infty$，这时称反馈放大电路出现自激振荡。

3.2 反馈的类型及判断方法

3.2.1 正反馈和负反馈

按照反馈信号极性的不同进行分类，反馈可以分为正反馈和负反馈。

1. 定义

(1) 正反馈：引入的反馈信号 X_f 增强了外加输入信号的作用，使放大电路的净输入信号增加，导致放大电路的放大倍数增大的反馈。正反馈主要用在振荡电路、信号产生电路。其他电路中则很少引入正反馈。

(2) 负反馈：引入的反馈信号 X_f 削弱了外加输入信号的作用，使放大电路的净输入信号减小，导致放大电路的放大倍数减小的反馈。一般放大电路中经常引入负反馈，以改善放大电路的性能指标。

2. 正、负反馈的判定方法

常用电压瞬时极性法，判定电路中引入反馈的极性，具体方法如下。

(1) 先假定放大电路的输入信号电压处于某一瞬时极性。如用"＋"号表示该点电压的变化是增大；用"－"号表示电压的变化是减小。

(2) 按照信号单向传输的方向(见图 3.1)，同时根据各级放大电路输出电压与输入电压的相位关系，确定电路中相关各点电压的瞬时极性。

(3) 根据反送到输入端的反馈电压信号的瞬时极性，确定是增强还是削弱了原来输入信号的作用。如果是增强，则引入的为正反馈；反之，则为负反馈。

判定反馈的极性时，一般有这样的结论：在放大电路的输入回路，输入信号电压 u_i 和反馈信号电压 u_f 相比较。当输入信号 u_i 和反馈信号 u_f 在相同端点时，如果引入的反馈信号 u_f 和输入信号 u_i 同极性，则为正反馈；若二者的极性相反，则为负反馈。当输入信号 u_i 和反馈信号 u_f 不在相同端点时，若引入的反馈信号 u_f 和输入信号 u_i 同极性，则为负反馈；若二者的极性相反，则为正反馈。图 3.2 所示为反馈极性的判定方法。

如果反馈放大电路是由单级运算放大器构成，则有反馈信号送回到反相输入端时，为负反馈；反馈信号送回到同相输入端时，为正反馈。

例题 3-1 判断图 3.3 中各电路反馈的极性。

解 在图 3.3(a)所示电路中，输入信号 u_i 从运放的同相端输入，假设 u_i 极性为正，则输出信号 u_o 为正，经反馈电阻 R_f 反馈回的反馈信号 u_f 也为正(信号经过电阻、电容时不改变极性)，u_f 和 u_i 相比较，净输入信号 $u_{id}=u_i-u_f$ 减小，反馈信号削弱了输入信号的作用，因此引入的为负反馈。从电路中可见，输入信号 u_i 和反馈信号 u_f 在不同端点，u_f 和 u_i 同极性，为负反馈。R_f 和 R 为反馈元件。

对于图 3.3(b)所示电路，u_i 从 VT_1 的基极输入，假定 u_i 为正，则有 VT_1 集电极输出电压为负，从第二级 VT_2 发射极采样，极性为负，经 R_f 反馈回的电压极性为负，反馈信号 u_f 明显削弱了输入信号 u_i 的作用，使净输入信号减小，因此为负反馈。从电路中可见，输入信号和反馈信

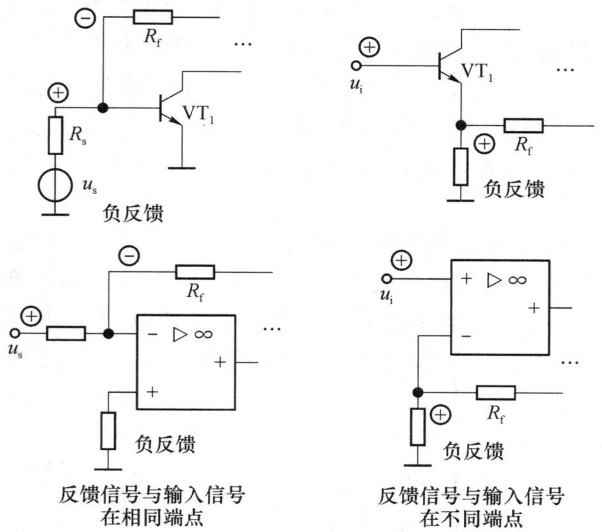

图 3.2　反馈极性的判定

号在相同端点，u_f和 u_i极性不同，因此引入的为负反馈。反馈元件为 R_f和 R_e。

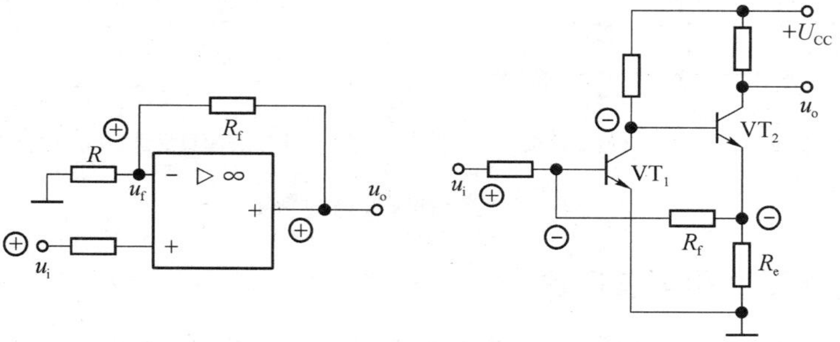

(a)负反馈　　(b)负反馈

图 3.3　反馈极性判断

3.2.2　交流反馈和直流反馈

根据反馈信号的性质进行分类，反馈可以分为交流反馈和直流反馈。

1. 定义

(1) 直流反馈：反馈信号中只包含直流成分。直流负反馈的作用可以稳定放大电路的 Q 点，对放大电路的各种动态参数无影响。

(2) 交流反馈：反馈信号中只包含交流成分。交流负反馈的作用可以改善放大电路的各种动态参数，但不影响 Q 点。

(3)如果反馈信号中既有直流量，又有交流量，则为交、直流反馈。交、直流负反馈既可以稳定放大电路的 Q 点，又可以改善电路的动态性能。

2. 判定方法

交流反馈和直流反馈的判定，可以通过画反馈放大电路的交、直流通路来完成。在直流通路中，如果反馈回路存在，即为直流反馈；在交流通路中，如果反馈回路存在，即为交流反馈；如果在直流通路、交流通路中，反馈回路都存在，即为交、直流反馈。

例题 3-2 如图 3.4 所示的反馈放大电路，判定电路中的反馈是直流反馈还是交流反馈。

解 在图 3.4(a)的直流通路中，R_{e1}和 R_{e2}都有负反馈作用，都是直流反馈；在图 3.4(a)的交流通路中，只有 R_{e1}存在，R_{e2}被电容 C_e短路掉，R_{e1}为交流负反馈。因此可判定 R_{e1}为交、直流负反馈，R_{e2}为直流负反馈。

图 3.4(b)所示的电路有两条反馈回路，R_{f1}和 R_{e1}引入的反馈回路以及 R_{f2}和 R_{e2}引入的反馈回路。在直流通路中，因为隔直耦合电容 C 的作用，R_{f1}反馈回路不存在，只存在 R_{f2}反馈回路。所以反馈元件 R_{f2}和 R_{e2}引入的为直流负反馈。在交流通路中，隔直耦合电容 C 短路，R_{f1}反馈回路存在，但因为电容 C_e的旁路作用，R_{f2}反馈回路不存在。所以反馈元件 R_{f1}和 R_{e1}引入的为交流负反馈。

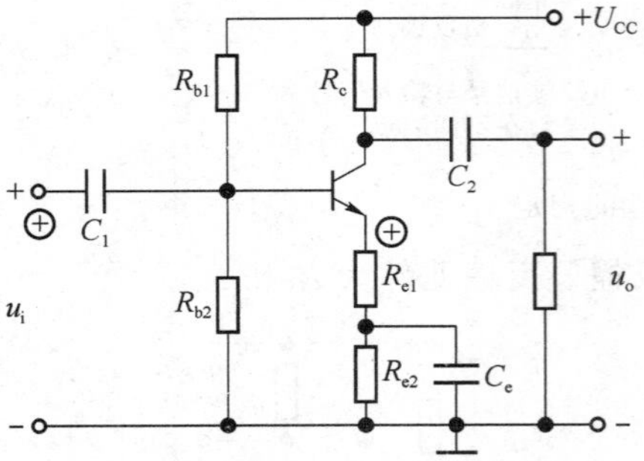

(a)R_{e2}直流负反馈，R_{e1}交、直流负反馈

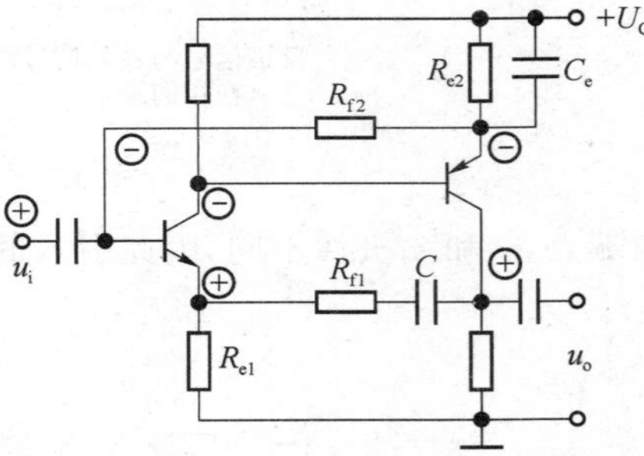

(b)R_{f1}和R_{e1}交流负反馈，R_{f2}和R_{e2}直流负反馈

图 3.4 交、直流反馈的判定

3.2.3 电压反馈和电流反馈

根据反馈信号在放大电路输出端的采样方式不同进行分类，交流反馈可以分为电压反馈和电流反馈。

1. 定义

(1) 电压反馈：反馈信号从输出电压 u_o采样。对于电压反馈，反馈信号 X_f正比于输出电压，若令 $u_o=0$，则反馈信号不再存在。

(2) 电流反馈：反馈信号从输出电流 i_o采样。对于电流反馈，反馈信号 X_f正比于输出电流，若令 $u_o=0$，则反馈信号仍然存在。

2. 判定方法

(1) 根据定义判定。方法是：令 $u_o=0$，检查反馈信号是否存在。若不存在，则为电压反馈；否则为电流反馈。

(2) 一般电压反馈的采样点与输出电压在相同端点；电流反馈的采样点与输出电压在不同端点。例如，在三极管的集电极输出电压 u_o，反馈信号的采样点也在集电极，则为电压反馈；如果从三极管的集电极输出电压 u_o，反馈信号的采样点在发射极，则为电流反馈。

3.2.4 串联反馈和并联反馈

根据反馈信号 X_f和输入信号 X_i在输入端的连接方式不同进行分类，交流反馈可以分为串联反馈和并联反馈。

1. 定义

(1) 串联反馈:反馈信号 X_f 与输入信号 X_i 在输入回路中以电压的形式相加减,即在输入回路中彼此串联。

(2) 并联反馈:反馈信号 X_f 与输入信号 X_i 在输入回路中以电流的形式相加减,即在输入回路中彼此并联。

2. 判定方法

如果输入信号 X_i 与反馈信号 X_f 在输入回路的不同端点,则为串联反馈;若输入信号 X_i 与反馈信号 X_f 在输入回路的相同端点,则为并联反馈。

例题 3-3 如图 3.5 所示的反馈放大电路,确定电路中的反馈是电压反馈还是电流反馈,是串联反馈还是并联反馈。

解 对于图 3.5(a),在输出回路,反馈的采样点与输出电压在同端点,因此为电压反馈。也可以根据定义判定,令 $u_o=0$,如果反馈信号 u_f 不再存在,则为电压反馈。在输入回路,反馈信号与输入信号以电压的形式相加减,$u_{id}=u_i-u_f$,是串联反馈。从图中可见输入信号与反馈信号在不同端点,是串联反馈。

对于图 3.5(b),在输出回路,反馈信号的采样点与输出电压在不同端点,因此为电流反馈。令 $u_o=0$,则输出电流 i_{e2} 的变化仍会通过反馈回路 R_f 送回到输入端,形成电流 i_f,即反馈信号 $i_f \neq 0$,是电流反馈。从图中可见在输入回路中,输入信号与反馈信号为同端点,是并联反馈。由定义,反馈信号 i_f 与输入信号 i_i 以电流的形式相加减,$i_b=i_i-i_f$,可知是并联反馈。

在图 3.5(b)所示电路中,R_{e1} 和 R_{e2} 分别为 VT_1 和 VT_2 的本级反馈;R_f 称为级间反馈。本级负反馈只改善本级电路的性能;级间负反馈可以改善整个放大电路的性能。当电路中既有本级反馈又有级间反馈时,一般只需分析级间反馈即可。

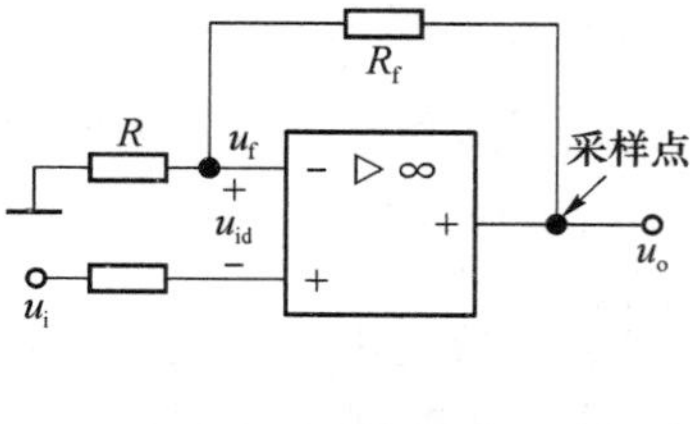

(a)电压反馈,串联反馈

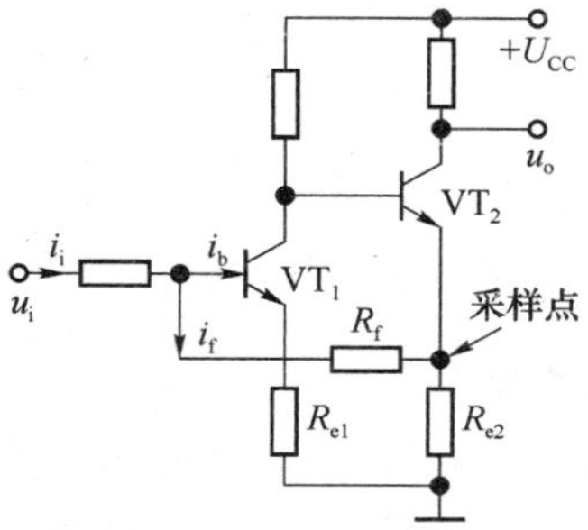

(b)电流反馈,并联反馈

图 3.5 电压、电流反馈和串联、并联反馈的判定

3.2.5 交流负反馈放大电路的 4 种组态

在输出回路,反馈信号可以从输出电压或电流采样,而在输入回路,反馈信号和输入信号的连接方式可以彼此串联或并联,就构成负反馈电路的四种组态:电压串联负反馈、电压并联负反馈、电流串联负反馈和电流并联负反馈。

1. 电压串联负反馈

如图 3.6 所示的负反馈放大电路中，先通过电压瞬时极性法判定为负反馈，由于采样点和输出电压同端点，为电压反馈；反馈信号与输入信号在不同端点，为串联反馈，因此电路引入的反馈为电压串联负反馈。

在图 3.6 电路中，R_1 和 R_2 构成反馈网络 F，反馈电压为电阻 R_1 对输出电压 u_o 的分压值，$u_f=\dfrac{R_1}{R_1+R_2}u_o$。当某种原因导致输出电压 u_o 增大时，则有 u_f 增大，运算放大器的净输入电压 u_{id} 减小，u_{id} 的减小，必定导致输出电压 u_o 减小，最终使输出电压 u_o 趋于稳定。

由此可见，放大电路引入电压串联负反馈后，通过自身闭环系统的调节，可使输出电压趋于稳定。电压串联负反馈的特点是输出电压稳定，输出电阻减小，输入电阻增大，具有很强的带负载能力。

2. 电压并联负反馈

图 3.7 所示为由运放所构成的电路。在该电路中，先通过电压瞬时极性法判定为负反馈，由于采样点和输出电压在同端点，为电压反馈；反馈信号与输入信号在同端点，为并联反馈，因此电路引入的反馈为电压并联负反馈。电路中电阻元件 R_f 构成反馈网络 F，有反馈电流 $i_f\approx-\dfrac{u_o}{R_f}$。如果某种原因使输出电压 u_o 的值增大，则 i_f 的值增大，净输入电流 $i_{id}=(i_i-i_f)$ 的值减小，从而使 u_o 的值减小，最终使输出电压 u_o 稳定。电压并联负反馈的特点为输出电压稳定，输出电阻减小，输入电阻减小。

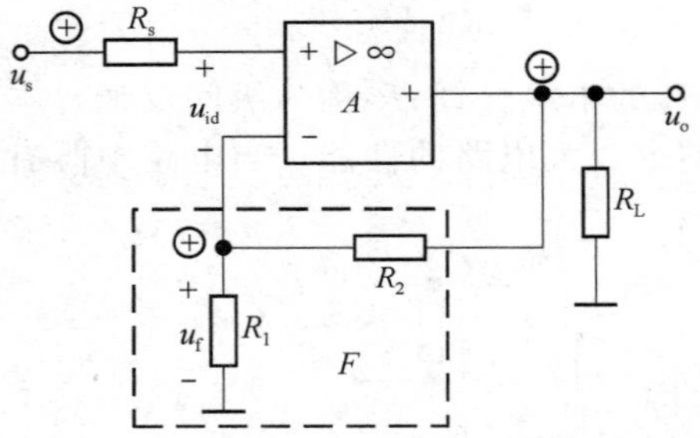

图 3.6　电压串联负反馈

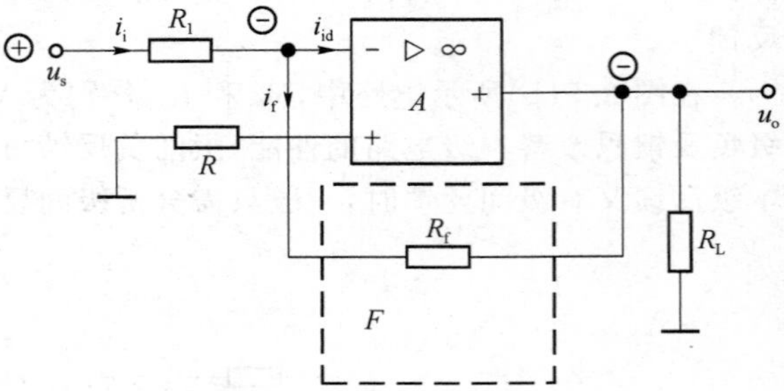

图 3.7　电压并联负反馈

3. 电流串联负反馈

在如图 3.8 所示电路中，电阻 R_1 构成反馈网络。先通过电压瞬时极性法判定为负反馈，如果令输出电压 $u_o=0$，输出电流 i_o 的变化仍可以通过反馈网络送回到输入端，反馈信号在 $u_o=0$ 时仍然存在，有 $u_f=i_oR_1$，因此电路为电流反馈；反馈信号与输入信号在不同端点，为串联反馈，因此电路引入的反馈为电流串联负反馈。

在如图 3.8 所示电路中，如果某种原因使输出电流 i_o 增大，则 u_f 增大，净输入信号 $u_{id}=(u_i-u_f)$ 减小，最终使 i_o 稳定。电流串联负反馈的特点为输出电流稳定，输出电阻增大，输入电阻增大。

4. 电流并联负反馈

如图 3.9 所示为由运放所构成的电路。在该电路中，先通过电压瞬时极性法判定为负反馈，由于反馈信号与输入信号在同端点，为并联反馈；当输出电压 $u_o=0$ 时，反馈信号仍然存在，为电流反馈，因此电路引入的反馈为电流并联负反馈。R_f 和 R 构成反馈网络 F，反馈电流

为 $i_f=-\dfrac{R}{R+R_f}i_o$。电流并联负反馈的特点为输出电流稳定，输出电阻增大，输入电阻减小。

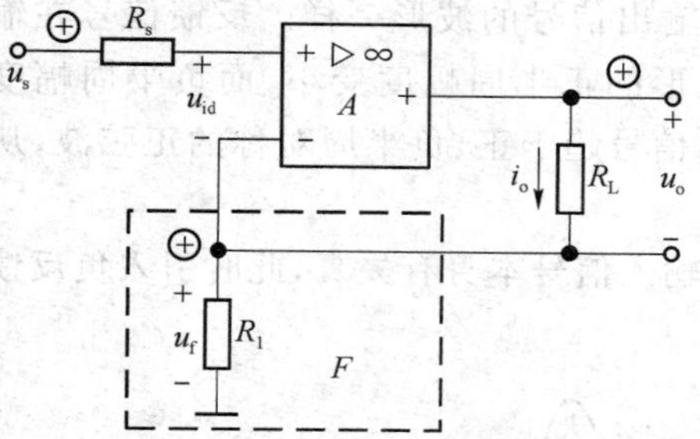

图 3.8　电流串联负反馈

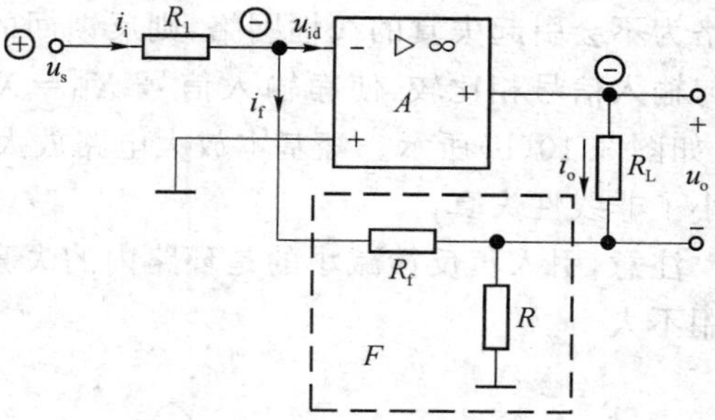

图 3.9　电流并联负反馈

3.3　负反馈对放大电路性能的影响

3.3.1　负反馈对放大电路性能的影响

从反馈放大电路的一般表达式可知，电路中引入负反馈后其增益下降，但放大电路的其他性能会得到改善，如提高放大倍数的稳定性、减小非线性失真、扩展通频带等。

1. 提高放大倍数的稳定性

对反馈放大电路的一般表达式 $A_f=\dfrac{A}{1+AF}$求微分，可得

$$dA_f=\frac{1}{(1+AF)^2}dA$$

再将上式的两边同除以一般表达式 A_f：

$$\frac{dA_f}{A_f}=\frac{1}{1+AF}\frac{dA}{A}$$

由此可见，闭环放大电路增益 A_f 的相对变化量是开环放大电路增益 A 相对变化量的 $\dfrac{1}{1+AF}$倍，即负反馈电路的反馈越深，放大电路的增益也就越稳定。

前面的分析表明，电压负反馈使输出电压稳定，电流负反馈使输出电流稳定，即在输入一定的情况下，可以维持放大器增益的稳定。

例题 3-4　已知某开环放大电路的放大倍数 $A=1\,000$，其变化率为$\dfrac{dA}{A}=10\%$。若电路引入负反馈，反馈系数 $F=0.009$，这时电路放大倍数的变化率为多少？

解　$$\frac{dA_f}{A_f}=\frac{1}{1+AF}\frac{dA}{A}=\frac{1}{1+1\,000\times 0.009}\times 10\%=1\%$$

放大倍数的变化率由原来的 10%降低到 1%。引入负反馈后，电路的稳定性明显提高。

2. 减小环路内的非线性失真

三极管是一个非线性器件，放大器在对信号进行放大时不可避免地会产生非线性失真。

假设放大器的输入信号为正弦信号，没有引入负反馈时，开环放大器产生如图 3.10(a)所示的非线性失真，即输出信号的正半周幅度变大，而负半周幅度变小。现在引入负反馈，假设反馈网络为不会引起失真的线性网络，则反馈回的信号同输出信号的波形一样。反馈信号在输入端与输入信号相比较，使净输入信号 $X_{id}=X_i-X_f$ 波形的正半周幅度变小，而负半周幅度变大，如图 3.10(b)所示。经基本放大电路放大后，输出信号趋于正、负半周对称的正弦波，从而减小了非线性失真。

注意，引入负反馈减小的是环路内的失真。如果输入信号本身有失真，此时引入负反馈的作用不大。

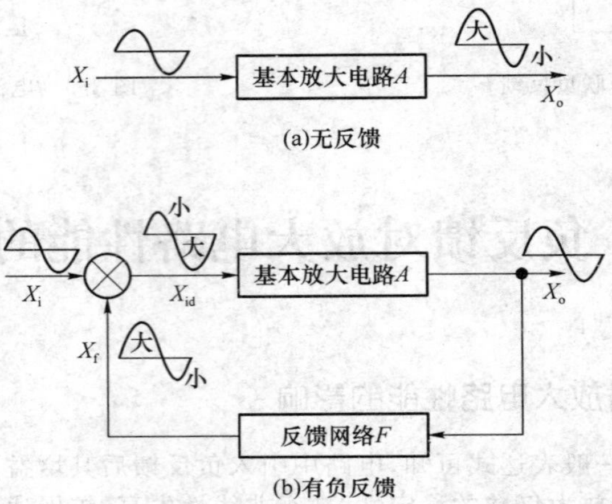

图 3.10　引入负反馈减小失真

3. 扩展频带

频率响应是放大电路的重要特性之一。在多级放大电路中，级数越多，增益越大，频带越窄。引入负反馈后，可有效地扩展放大电路的通频带。

图 3.11 所示为放大器引入负反馈后通频带的变化。根据上下限频率的定义，从图中可见放大器引入负反馈以后，其下限频率降低，上限频率升高，通频带变宽。

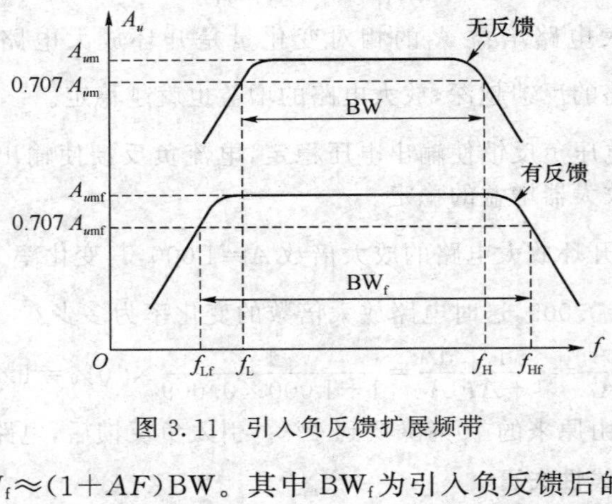

图 3.11　引入负反馈扩展频带

一般有关系式：$BW_f \approx (1+AF)BW$。其中 BW_f 为引入负反馈后的通频带宽，BW 为无负反馈时的通频带宽。

放大电路引入负反馈后，其增益下降越多，通频带展宽越多。在电路参数及放大管选定后，增益与带宽的乘积基本为一个定值。也就是说，引入负反馈扩展频带是以牺牲放大倍数作为代价换来的。实际应用中，要根据放大器的要求综合考虑这两个参数。

4. 改变输入和输出电阻

(1) 负反馈对放大电路输入电阻的影响

反馈放大电路中，输入电阻的变化与反馈信号在输出端的采样信号是电压还是电流无关，它只取决于反馈信号在输入回路与输入信号的连接方式。

对于串联负反馈，电路开环时，有 $u_{id}=u_i$，当引入串联负反馈后，有 $u_{id}=u_i-u_f$，对于相同的输入电压 u_i 来讲，电路的输入电流减小，从而引起输入电阻的增大。

对于并联负反馈，相同的 u_i 下，当引入并联负反馈后，反馈电流在放大电路的输入端并联，输入电流 $i_i=(i_{id}+i_f)$ 增大，从而引起输入电阻减小。

由此可见，串联负反馈使放大电路的输入电阻增大，而并联负反馈使输入电阻减小。

(2) 负反馈对放大电路输出电阻的影响

电路中引入负反馈后，输出电阻的变化只取决于反馈信号在输出端的采样方式是电压还是电流。

从前面的分析知道，电压负反馈使输出电压稳定，输出电压受负载的影响减小，结合电压源的特性，即放大电路的输出电阻减小。

电流负反馈使输出电流稳定，相当于电流源，结合电流源的特性，电路的输出电阻增大。

由此可见，电压负反馈使放大电路的输出电阻减小，而电流负反馈使输出电阻增大。

3.3.2　放大电路引入负反馈的一般原则

电路中引入负反馈可以使放大电路的性能多方面得到改善。实际应用中也可以根据放大电路性能参数的要求，合理地引入负反馈。

放大电路引入负反馈的一般原则如下。

(1) 要稳定放大电路的静态工作点 Q，应该引入直流负反馈。

(2) 要改善放大电路的动态性能（如增益的稳定性、稳定输出量、减小失真、扩展频带等），应该引入交流负反馈。

(3) 要稳定输出电压，减小输出电阻，提高电路的带负载能力，应该引入电压负反馈。

(4) 要稳定输出电流，增大输出电阻，应该引入电流负反馈。

(5) 要提高电路的输入电阻，减小电路向信号源索取的电流，应该引入串联负反馈。

(6) 要减小电路的输入电阻，要引入并联负反馈。

注意，在多级放大电路中，为了达到改善放大电路性能的目的，所引入的负反馈一般为级间反馈。

例题 3-5　如图 3.12 所示放大电路，试根据要求正确引入负反馈。

① 如果要稳定各级的静态工作点，如何引入反馈？

② 如果要提高电路的输入电阻，如何引入反馈？引入的反馈为何种类型？

③ 若要稳定输出电压，减小输出电阻，应该如何引入反馈？引入的反馈为何种组态？

④ 如果要稳定输出电流，如何引入反馈？

解　放大电路中引入负反馈才能改善放大电路的性能，为了保证引入的为负反馈，首先要根据电压瞬时极性法标出电路中相关各点的极性。如图 3.12 所示，假定输入电压信号为正极性，有 VT_1 集电极电压极性为负，VT_2 集电极电压极性为正，VT_3 集电极电压极性为负，VT_3 发射极电压极性为正。

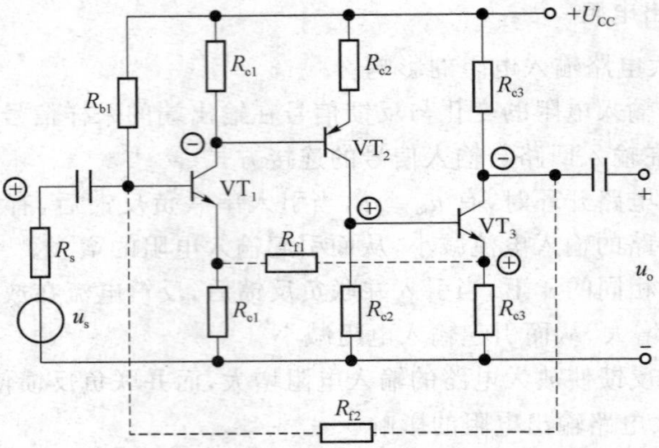

图 3.12 正确引入负反馈

① 要稳定各级静态工作点，应该引入级间直流负反馈。可以在 VT_1 的发射极和 VT_3 的发射极之间接反馈，如图 3.12 中 R_{f1} 反馈支路，引入的为交、直流反馈。

② 要提高输入电阻，应该引入串联负反馈。①中引入的反馈支路 R_{f1} 即可满足要求。引入的为电流串联负反馈。

③ 根据要求应该引入电压负反馈。在输出回路，反馈信号要从输出电压采样，为保证引入的为负反馈，反馈回路应该在 VT_1 的基极和 VT_3 的集电极之间连接，如图 3.12 中 R_{f2} 支路。引入的为电压并联负反馈。

④ 要稳定电流应该引入电流负反馈，②中引入的电流负反馈即可满足要求。

3.4 深度负反馈放大电路的估算

3.4.1 深度负反馈放大电路的特点

当反馈深度$(1+AF)\gg1$，称放大电路引入深度负反馈，这时有闭环放大倍数：

$$A_f=\frac{A}{1+AF}\approx\frac{1}{F}$$

深度负反馈放大电路具有如下特点。

(1) 闭环放大倍数 A_f 只取决于反馈系数 F，和基本放大电路的放大倍数 A 无关。

(2) 因为闭环放大倍数 $A_f=\frac{X_o}{X_i}=\frac{1}{F}$，而反馈系数 $F=\frac{X_f}{X_o}$，因此深度负反馈条件下反馈量近似等于输入量 X_i，即 $X_i\approx X_f$。对于不同组态的负反馈电路，X_i 和 X_f 可以相应地表示电压或电流。

(3) 深度负反馈条件下，反馈环路内的参数可以认为是理想。例如串联负反馈，环路内的输入电阻可以认为是无穷大；并联负反馈，环路内的输入电阻可以认为是零；电压负反馈，环路内的输出电阻可以认为是零等。

3.4.2　深度负反馈放大电路的估算

1. 估算深度负反馈放大电路电压增益的步骤

(1) 确定放大电路中反馈的组态

如果是串联负反馈，反馈信号和输入信号以电压的形式相减，X_i 和 X_f 是电压，则有反馈电压近似等于输入电压，即 $u_i \approx u_f$，串联负反馈的表现形式如图 3.13 所示。

如果是并联负反馈，反馈信号和输入信号以电流的形式相减，X_i 和 X_f 是电流，则有反馈电流近似等于输入电流，即 $i_i \approx i_f$，并联负反馈的表现形式如图 3.14 所示。

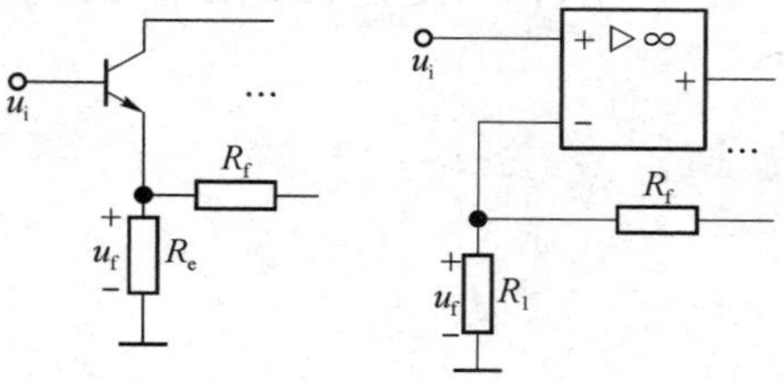

图 3.13　深度串联负反馈 $u_i \approx u_f$

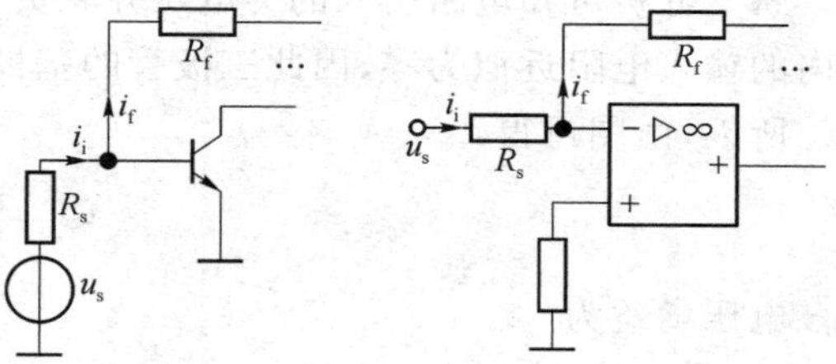

图 3.14　深度并联负反馈 $i_i \approx i_f$

(2) 求反馈系数

根据反馈放大电路，列出反馈量 X_f 与输出量 X_o 的关系。从而可以求出反馈系数 $F=\dfrac{X_f}{X_o}$，闭环放大倍数 $A_f \approx \dfrac{1}{F}$。

(3) 估算闭环电压增益

如果要估算闭环电压增益 A_{uf}，可根据电路列出输出电压 u_o 和输入电压 u_i 的表达式，从而计算电压增益。

2. 深度负反馈放大电路的估算

例题 3-6　如图 3.15 所示的反馈放大电路，估算电路的电压增益。

解　根据反馈类型的分析方法分析可知，电路引入的为电压串联负反馈。因此有 $u_i \approx u_f$。从电路中可得

$$u_f \approx \frac{R_1}{R_1+R_f}u_o$$

反馈系数

$$F=\frac{u_f}{u_o}=\frac{R_1}{R_1+R_f}$$

闭环电压增益

$$A_{uf}=\frac{1}{F}=1+\frac{R_f}{R_1}$$

可见,深度电压串联负反馈的电压增益与负载电阻无关。

例题 3-7 如图 3.16 所示的反馈放大电路,估算电路的电压增益,并定性说明此反馈的引入对电路输入电阻和输出电阻的影响。

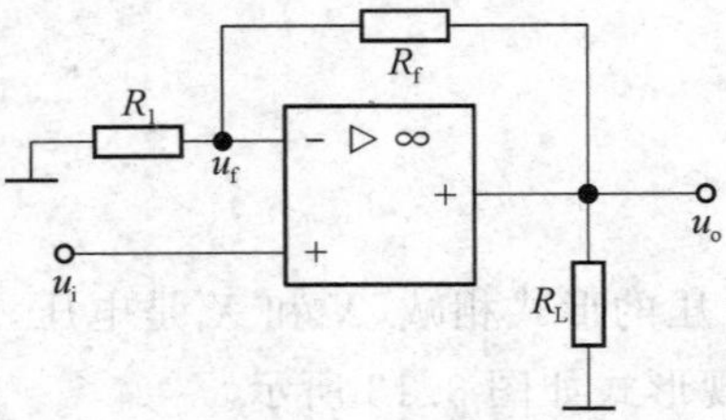

图 3.15 电压串联反馈电路的估算

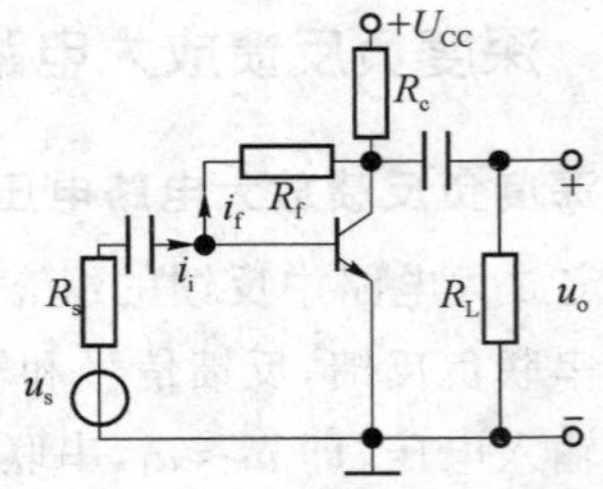

图 3.16 电压并联负反馈电路的估算

解 分析可知电路引入的为电压并联负反馈,所以有 $i_i \approx i_f$;由深度并联负反馈可知反馈环内的输入电阻近似为零,因此三极管的基极电压 $u_b \approx 0$。

所以,由图可得

$$i_f \approx -\frac{u_o}{R_f} = i_i \approx \frac{u_s}{R_s}$$

电压增益为

$$A_{uf} = \frac{u_o}{u_s} = -\frac{R_f}{R_s}$$

深度电压并联负反馈的电压增益与负载 R_L、管参数 β、r_{be} 等均无关。电压并联负反馈的引入使电路的输入电阻减小,输出电阻也减小。

3.4.3 实验项目九:负反馈放大电路调测

1. 实验目的

(1) 理解负反馈对放大电路性能的影响;

(2) 掌握负反馈放大电路性能的测试方法。

2. 实验设备

(1) 数字双踪示波器;

(2) 数字万用表;

(3) 信号发生器;

(4) TPE-A5 Ⅱ 型模拟电路实验箱。

3. 预习要求

(1) 认真阅读实验内容要求,估计待测量内容的变化趋势。

(2) 设图 3.17 电路晶体管为硅管,β 值为 40,计算该放大电路开环和闭环电压放大倍数。

此电路为电压串联负反馈,负反馈会减小放大倍数,会稳定放大倍数,会改变输入输出电阻,展宽频带,减小非线性失真。而电压串联负反馈会增大输入电阻,减小输出电阻。

分析图 3.17,与两级分压偏置电路相比,增加了 R_6,R_6 引入电压交直流负反馈,从而加大了输入电阻,减小了放大倍数。此外 R_6 与 R_F、C_F 形成了负反馈回路,从电路上分析:

$$F=\frac{u_f}{u_o}\approx\frac{R_6}{R_6+R_F}=\frac{1}{31}=0.323$$

4. 实验内容

(1) 负反馈放大电路开环和闭环放大倍数的测试

① 开环电路

- 按图 3.17 接线，R_F先不接入。

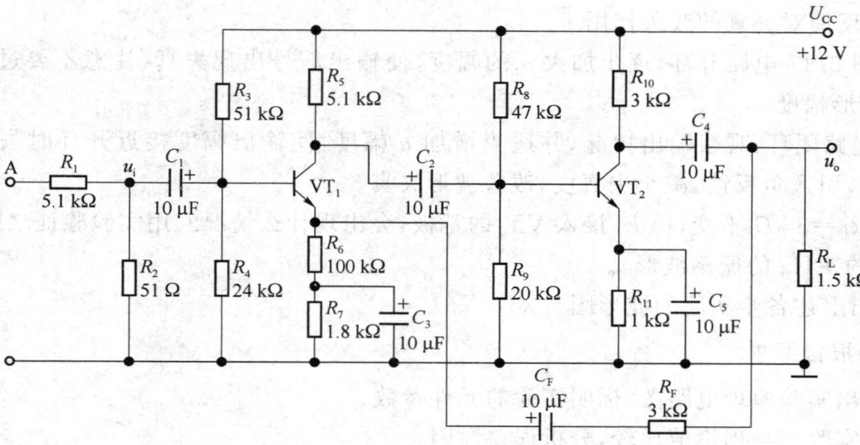

图 3.17 反馈放大实验电路

- 输入端接入 $u_i=1$ mV、$f=1$ kHz 的正弦波(注意：输入 1 mV 信号采用输入端衰减法)。调整接线和参数使输出不失真且无振荡。
- 按表 3.1 要求进行测量并填表。
- 根据实测值计算开环放大倍数。

表 3.1 测量开环电路静态参数(不接入 R_L)

	$I_{BQ}/\mu A$	I_{CQ}/mA	β	r_{be}/Ω
VT$_1$				
VT$_2$				

② 闭环电路

- 接通 R_F和 C_F。
- 按表 3.2 要求测量并填表，计算 A_{uf}。

表 3.2 测量开环闭环电路动态参数

	$R_L/k\Omega$	u_i/mV	u_o/mV	A_u/A_{uf}	u_{i2}/mV	A_{u1}	A_{u2}
开环	∞	1					
	1.5 kΩ	1					
闭环	∞	1					
	1.5 kΩ	1					

• 根据实测结果,验证 $A_{uf}\approx\frac{1}{F}$。

分析开环时的交流等效电路,有公式如下:

$$R'_{i1}=r_{be1}+(1+\beta)R_6,\quad R'_{i2}=r_{be2}+(1+\beta)R_{11}$$

$$A_{u1}=-\beta_1\frac{R_5 /\!/ R_8 /\!/ R_9 /\!/ R'_{i2}}{R'_{i1}},\quad A_{u2}=-\beta_2\frac{R_L /\!/ R_{10}}{R'_{i1}},\quad A_u=A_{u1}\cdot A_{u2}$$

$$R_i=R'_{i1} /\!/ R_3 /\!/ R_4,\quad R_o=R_{10}$$

(2) 负反馈对失真的改善作用

① 将图 3.17 电路开环,逐步加大 u_i 的幅度,使输出信号出现失真(注意不要过分失真),记录失真波形幅度。

② 将电路闭环,观察输出情况,并适当增加 u_i 幅度,使输出幅度接近开环时失真波形幅度。闭环后,引入负反馈,减小失真度,改善波形失真。

③ 若 $R_F=3\ \text{k}\Omega$ 不变,但 R_F 接入 VT_1 的基极,会出现什么情况?用实验验证之(引入正反馈,产生大约 7 Hz 的振荡波形)。

④ 画出上述各步实验的波形图。

5. 实验报告要求

(1) 绘出实验原理电路图,标明实验的元件参数。

(2) 将实验值与理论值比较,分析误差原因。

(3) 根据实验内容总结负反馈对放大电路的影响。

(4) 完成负反馈放大电路调测实验报告(表 3.3),并从实验中得出基本结论。

表 3.3 模拟电子技术实验报告九:负反馈放大电路调测

实验地点				时间		实验成绩	
班级		姓名		学号		同组姓名	
实验目的							
实验设备							
实验内容	1. 画出实验电路原理图						
	2. 测量开环电路静态参数(不接入 R_L)						

	$I_{BQ}/\mu A$	I_{CQ}/mA	β	r_{be}/Ω
VT_1				
VT_2				

续表

<table>
<tr><td rowspan="2">实验内容</td><td>3. 测量开环闭环电路动态参数
<table>
<tr><th></th><th>R_L/kΩ</th><th>u_i/mV</th><th>u_o/mV</th><th>A_u/A_{uf}</th><th>u_{i2}/mV</th><th>A_{u1}</th><th>A_{u2}</th></tr>
<tr><td rowspan="2">开环</td><td>∞</td><td>1</td><td></td><td></td><td></td><td></td><td></td></tr>
<tr><td>1.5 kΩ</td><td>1</td><td></td><td></td><td></td><td></td><td></td></tr>
<tr><td rowspan="2">闭环</td><td>∞</td><td>1</td><td></td><td></td><td></td><td></td><td></td></tr>
<tr><td>1.5 kΩ</td><td>1</td><td></td><td></td><td></td><td></td><td></td></tr>
</table></td></tr>
<tr><td>4. 画出上述各步实验的波形图</td></tr>
<tr><td>实验过程中遇到的
问题及解决方法</td><td></td></tr>
<tr><td>实验体会
与总结</td><td></td></tr>
<tr><td>指导教师评语</td><td></td></tr>
</table>

本章小结

(1) 将电子系统输出量(电压或电流)的部分或全部,通过元件或电路送回到输入回路,从而影响输出量的过程称为反馈。

(2) 负反馈电路可以用方框图表示,其闭环增益的一般表达式为 $A_f=\dfrac{A}{1+AF}$。

(3) 按照不同的分类方法,反馈有正反馈、负反馈;交流反馈、直流反馈。交流反馈中有电压反馈、电流反馈、串联反馈、并联反馈。电路中常用的交流负反馈有4种组态:电压串联负反馈、电压并联负反馈、电流串联负反馈和电流并联负反馈。不同的反馈组态,具有不同的特点。

(4) 负反馈的引入可以全面改善放大电路的性能,如直流负反馈可以稳定静态工作点,交流负反馈可以提高放大倍数的稳定性、减小非线性失真、扩展频带、改变输入和输出电阻等。利用负反馈对放大电路性能的影响,可以根据电路的要求,在电路中正确地引入负反馈。若需要稳定输出电压,则引入电压负反馈;若要稳定输出电流,则引入电流负反馈等。

(5) 深度负反馈条件下,在反馈放大电路中有反馈量 X_f 近似等于输入量 X_i,电路的闭环增益可用 $A_f\approx\dfrac{1}{F}$ 估算。如果求解电压增益,可以根据具体电路,列写输出电压和输入电压的表达式进行估算。

习 题 3

3-1 填空题。

(1) 放大电路无反馈称为________,放大电路有反馈称为________。

(2) ________称为放大电路的反馈深度,它反映了反馈对放大电路影响的程度。

(3) 所谓负反馈,是指加入反馈后,净输入信号________,输出幅度下降,而正反馈则是指加入反馈后,净输入信号________,输出幅度增加。

(4) 反馈信号的大小与输出电压成比例的反馈称为________;反馈信号的大小与输出电流成比例的反馈称为________。

(5) 交流负反馈有 4 种组态,分别为________、________、________和________。

(6) 电压串联负反馈可以稳定________,使输出电阻________,输入电阻________,电路的带负载能力________。

(7) 电流串联负反馈可以稳定________,输出电阻________。

(8) 电路中引入直流负反馈,可以________静态工作点。引入________负反馈可以改善电路的动态性能。

(9) 在电路之中引入交流负反馈可以________放大倍数的稳定性,________非线性失真,________频带。

(10) 放大电路中若要提高电路的输入电阻,应该引入________负反馈;若要减小输入电阻应该引入________负反馈;若要增大输出电阻,应该引入________负反馈。

(11) 一放大器无反馈时的放大倍数为 100,加入负反馈后,放大倍数下降为 20,它的反馈深度为________,反馈系数为________。

3-2 选择题。

(1) 引入负反馈可以使放大电路的放大倍数________。

A. 增大　　B. 减小　　C. 不变

(2) 已知 $A=100$,$F=0.2$,则 $A_f=$________。

A. 20　　B. 5　　C. 100

(3) 当负载发生变化时,欲使输出电流稳定,且提高输入电阻,应引入________。

A. 电压串联负反馈　　B. 电流串联负反馈

C. 电流并联负反馈

(4) 放大电路引入交流负反馈可以减小________。

A. 环路内的非线性失真　　B. 环路外的非线性失真

C. 输入信号的失真

(5) 深度负反馈下,闭环增益 A_f________。

A. 仅与 F 有关　　B. 仅与 A 有关　　C. 与 A、F 均无关

(6) 放大器引入反馈后使________,则说明是负反馈。

A. 净输入信号减小　　B. 净输入信号增大

C. 输出信号增大　　　　　　　　　　D. 输入电阻变大

(7) 负反馈放大器的反馈深度等于________。

A. $1+A_fF$　　　B. $1+AF$　　　C. $\frac{1}{1+AF}$　　　D. $1-AF$

(8) 电压并联负反馈放大器可以________。

A. 提高输入电阻和输出电阻　　　　B. 提高输入电阻、降低输出电阻

C. 降低输入电阻、提高输出电阻　　D. 降低输入电阻和输出电阻

(9) 电流串联负反馈稳定的输出量为________。

A. 电流　　　B. 电压　　　C. 功率　　　D. 静态电压

(10) 能使放大器输出电阻提高的负反馈是________。

A. 串联反馈　　　B. 并联反馈　　　C. 电压反馈　　　D. 电流反馈

3-3 判断题。

(1) 交流负反馈不能稳定电路的Q点；直流负反馈不能改善电路的动态性能。 (　　)

(2) 交流负反馈可以改善放大电路的动态性能，且改善的程度与反馈深度有关，所以负反馈的反馈深度越深越好。 (　　)

(3) 深度负反馈条件下，闭环增益A_f仅与反馈系数F有关，与开环放大倍数A无关，因此可以省去基本放大电路，只保留反馈网络就可获取稳定的闭环增益。 (　　)

(4) 如果输入信号本身含有一定的噪声干扰信号，可以通过在放大电路中引入负反馈来减小该噪声干扰信号。 (　　)

3-4 一个负反馈放大电路，如果反馈系数$F=0.1$，闭环增益$A_f=9$，试求开环放大倍数。

3-5 如图3.18所示，试判断各电路的反馈类型。

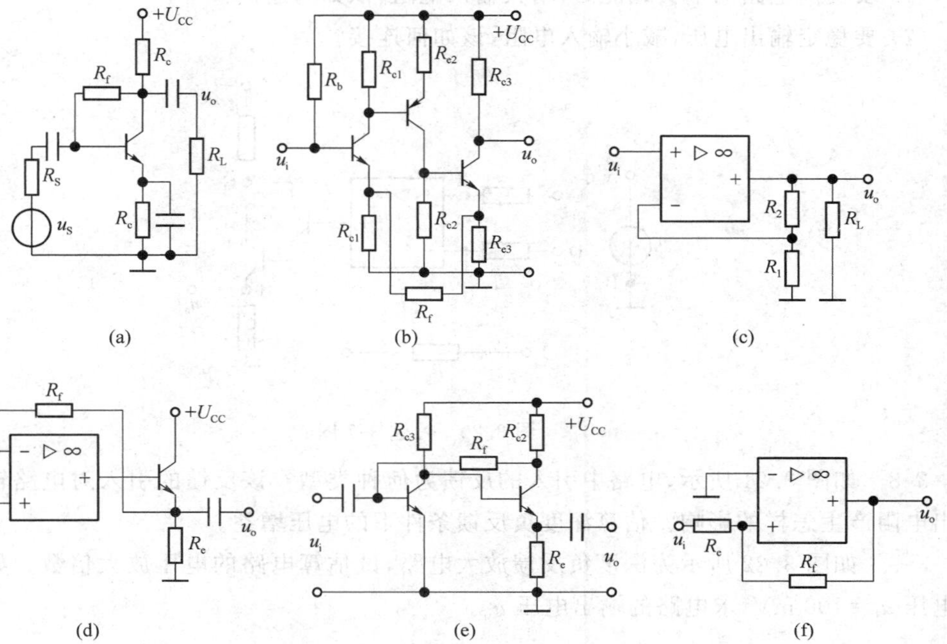

图3.18 习题3-5图

(1) 判断该电路是正反馈还是负反馈？直流反馈还是交流反馈？并指出反馈元件。

(2) 若某电路在(1)中的判断结果为交流负反馈，请继续判断该电路是电压反馈还是电流反馈？是串联反馈还是并联反馈？

3-6　如图 3.19 所示，根据电路的要求正确连接反馈电阻 R_f。

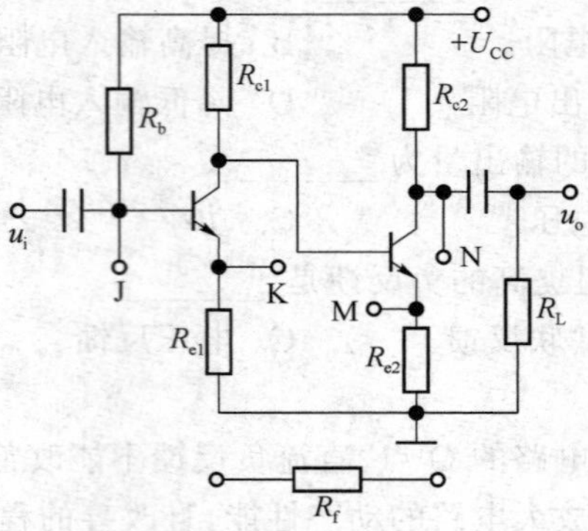

图 3.19　习题 3-6 图

(1) 希望负载发生变化时，输出电压能够稳定不变，R_f应该与点 J、K 和 M、N 如何连接才可满足要求？

(2) 希望电路向信号源索取的电流减小，R_f应该与点 J、K 和 M、N 如何连接？

(3) 希望电路的输入电阻减小，R_f应该与点 J、K 和 M、N 如何连接？

3-7　如图 3.20 所示，按要求正确连接放大电路、信号源及 R_f。

(1) 要提高电路的带负载能力，增大输入电阻，该如何连接？

(2) 要稳定输出电压，减小输入电阻，该如何连接？

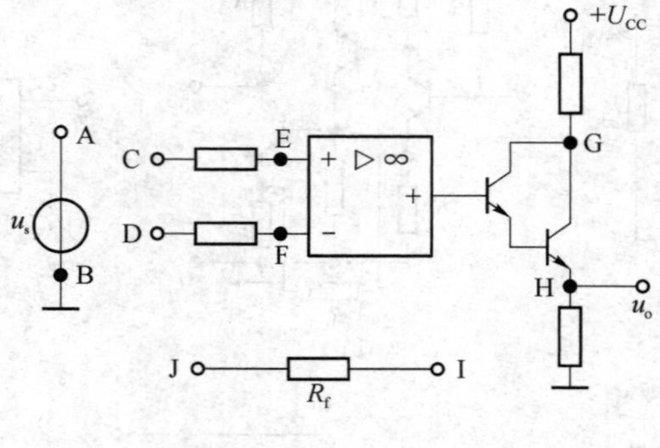

图 3.20　习题 3-7 图

3-8　如图 3.21 所示，电路中引入的反馈为何种类型？该反馈的引入对电路输入电阻和输出电阻产生怎样的影响？估算深度负反馈条件下的电压增益。

3-9　如图 3.22 所示为深度负反馈放大电路，试估算电路的电压放大倍数。如果输入信号电压 u_i＝100 mV，求电路的输出电压 u_o。

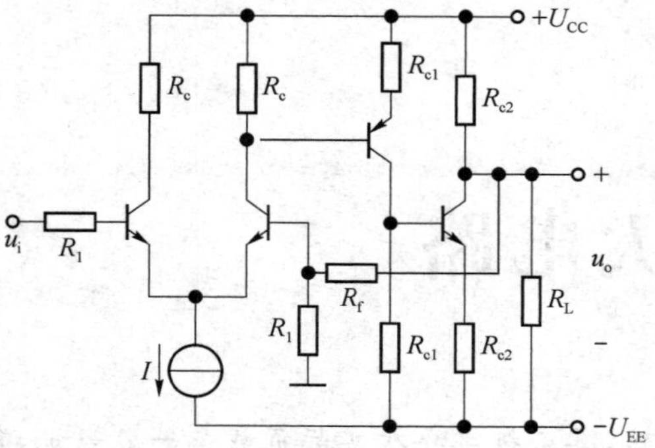

图 3.21 习题 3-8 图

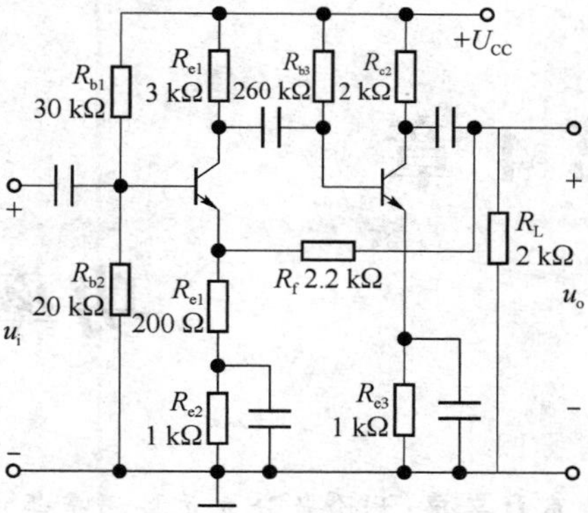

图 3.22 习题 3-9 图

3-10 一个电压串联负反馈放大电路，已知 $A=10^3$，$F=0.099$。

(1) 试计算 A_f。

(2) 如果输入信号 $u_i=0.1$ V，试计算净输入信号 u_{id}、反馈信号 u_f 和输出信号 u_o。

第 4 章

功率放大电路

本章导读:无论是分立元件还是集成放大电路,其末级都要接实际负载。一般来说,负载上的电流和电压都要求较大,即负载要求放大电路输出较大的功率,故称之为功率放大电路,简称功放。

本章首先简述功率放大电路的主要特点,然后介绍常用的 OCL 和 OTL 互补对称式功率放大电路以及集成功率放大电路,并将两个实际的功放电路作为实训内容。

本章基本要求:掌握典型功放电路的组成原则、工作原理以及其工作在甲乙类状态的特点;熟悉功放电路最大输出功率和效率的估算方法;了解功放管的选择方法;了解集成功率放大电路的工作原理。掌握功率放大电路的调测方法。

4.1 功率放大电路概述

4.1.1 功放的特点及主要技术指标

功率放大电路简称功放,它的主要任务是向负载提供较大的信号输出功率,主要技术指标为最大输出功率 P_{om} 和转换效率 η,功率放大电路有以下特点。

1. 输出功率要足够大

如输入信号为某一频率的正弦信号,则输出功率为

$$P_o = I_o U_o \tag{4-1}$$

式中,I_o、U_o 分别为负载 R_L 上的正弦信号的电流、电压的有效值。若用振幅表示,则有 $I_o = \frac{I_{om}}{\sqrt{2}}$,$U_o = \frac{U_{om}}{\sqrt{2}}$,代入式(4-1)可得

$$P_o = I_o U_o = \frac{1}{2} I_{om} U_{om} \tag{4-2}$$

最大输出功率 P_{om} 是指在正弦输入信号下,输出波形不超过规定的非线性失真指标时,放大电路最大输出电压和最大输出电流有效值的乘积。

2. 效率要高

放大电路输出给负载的功率是由直流电源提供。在输出功率比较大时，效率问题尤为突出。如果功率放大电路的效率不高，不仅造成能量的浪费，而且，消耗在电路内部的电能将转换为热量，使管子、元件等温度升高。为定量反映放大电路效率的高低，定义放大电路的效率为

$$\eta=\frac{P_o}{P_E}\times 100\% \tag{4-3}$$

式中，P_o为信号输出功率，P_E为直流电源向电路提供的功率。可见，效率 η 反映了功放把电源功率转换成输出信号功率(即有用功率)的能力，表示了对电源功率的转换率。

3. 尽量减小非线性失真

在功率放大电路中，晶体管处于大信号工作状态，因此，输出波形不可避免地产生一定的非线性失真。在实际的功率放大电路中，应根据负载的要求来规定允许的失真度范围。

4. 分析估算采用图解法

由于功放中的晶体管工作在大信号状态，因此分析电路时，不能用微变等效电路分析方法，可采用图解法对其输出功率和效率等指标作粗略估算。

5. 功放中晶体管常工作在极限状态

在功率放大电路中，为使输出功率尽可能大，晶体管往往工作在接近管子的极限参数状态，即晶体管集电极电流最大时接近 I_{CM}(管子的最大集电极电流)，管压降最大时接近 U_{CEO}(管子 c-e 间能承受的最大管压降)，耗散功率最大时接近 P_{CM}(管子的集电极最大耗散功率)。因此，在选择功放管时，要特别注意极限参数的选择，以保证管子的安全使用。当晶体管选定后，需要合理选择功放的电源电压及工作点，甚至需要对晶体管加散热措施，以保护晶体管，使其安全工作。

4.1.2 功率放大电路的分类

功率放大电路按其晶体管导通时间的不同，可分为甲类、乙类、甲乙类和丙类等。

甲类功率放大电路的特征是在输入信号的整个周期内，晶体管均导通；乙类功率放大电路的特征是在输入信号的整个周期内，晶体管仅在半个周期内导通；甲乙类功率放大电路的特征是在输入信号的整个周期内，晶体管导通时间大于半周而小于全周；丙类功率放大电路的特征是管子导通时间小于半个周期。四类功放的工作状态示意图如图 4.1 所示。

前面章节介绍的小信号放大电路(如共射放大电路)中，在输入信号的整个周期内，晶体管始终工作在线性放大区域，故属甲类工作状态。本章将要介绍的 OCL、OTL 功放则是工作在乙类或甲乙类状态。

以上是按晶体管的工作状态对功放分类。此外，功放也可以按照放大信号的频率，分为低频功放和高频功放。前者用于放大音频范围(几十赫兹到几十千赫兹)的信号，后者用于放大射频范围(几百千赫兹到几十兆赫兹)的信号。本书仅介绍低频功放。

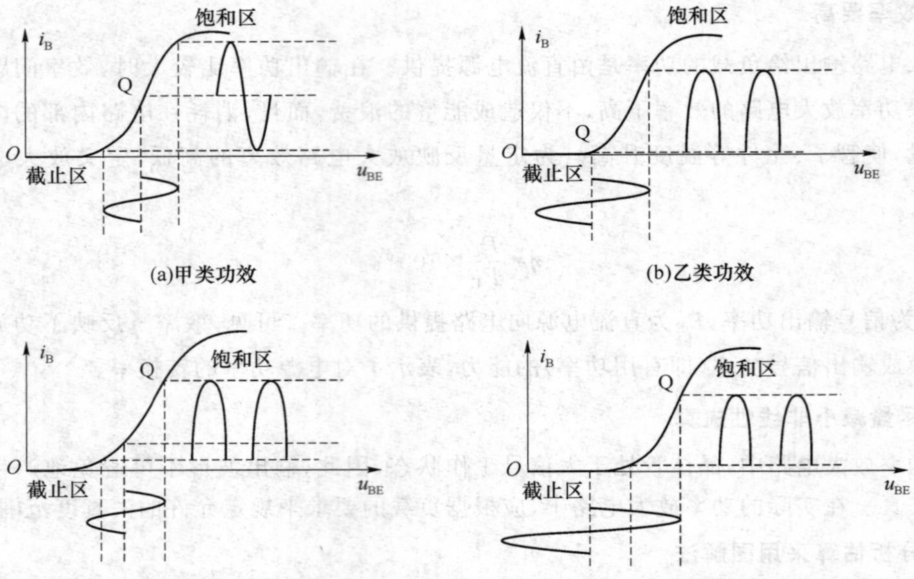

图 4.1 四类功率放大电路工作状态示意图

4.2 基本功率放大电路

4.2.1 OCL 乙类互补对称功率放大电路

1. 电路组成和工作原理

OCL(Output Capacitor Less，无输出电容电路)乙类互补对称功率放大电路如图 4.2(a)所示。图中，VT_1、VT_2分别为 NPN 型和 PNP 型晶体管，要求 VT_1和 VT_2管特性对称，并且正负电源对称。两管的基极和发射极相互连接在一起，信号从基极输入、射极输出，R_L为负载。该电路可以看成图 4.2(b)和图 4.2(c)两个射极输出电路的组合。

设两管的死区电压为零，由于电路对称，当输入信号 $u_i=0$ 时，则偏置电流 $I_{CQ}=0$，两管均处于截止状态，故输出 $u_o=0$。若输入端加一正弦信号，在正半周时，由于 $u_i>0$，因此 VT_2截止，VT_1导通承担放大任务，电流 i_{c1} 流过负载，输出电压 $u_o=i_{c1}R_L\approx u_i$；当输入信号处于负半周时，$u_i<0$，此时 VT_1截止，VT_2导通承担放大任务，电流 i_{c2}流过负载，方向与正半周相反，输出电压 $u_o=i_{c2}R_L\approx u_i$。所以，图 4.2(a)所示电路实现了在静态时管子不取电流，而在有信号时，VT_1和 VT_2轮流导电，交替工作，使流过负载 R_L的电流为一完整的正弦信号。波形如图 4.3 所示。由于两个不同极性的管子互补对方的不足，工作性能对称，所以这种电路通常称为互补对称式功率放大电路。

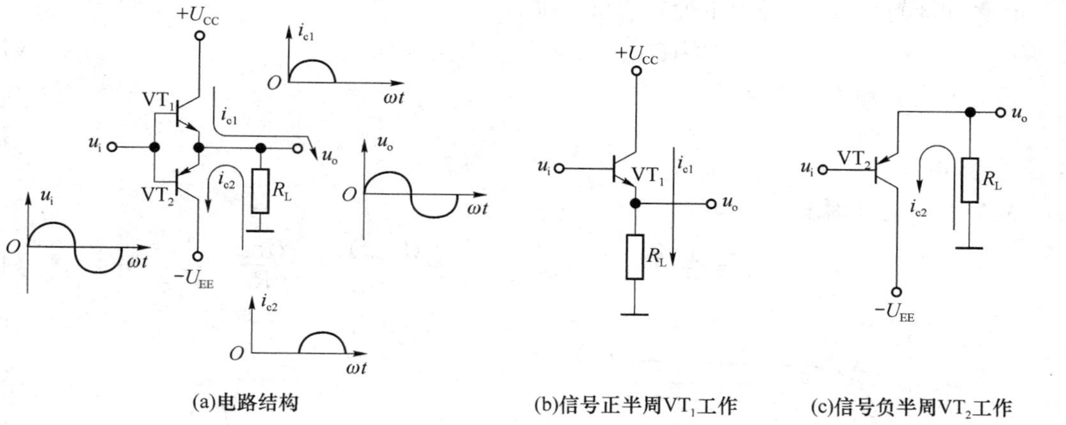

图 4.2 OCL 乙类互补对称功率放大电路

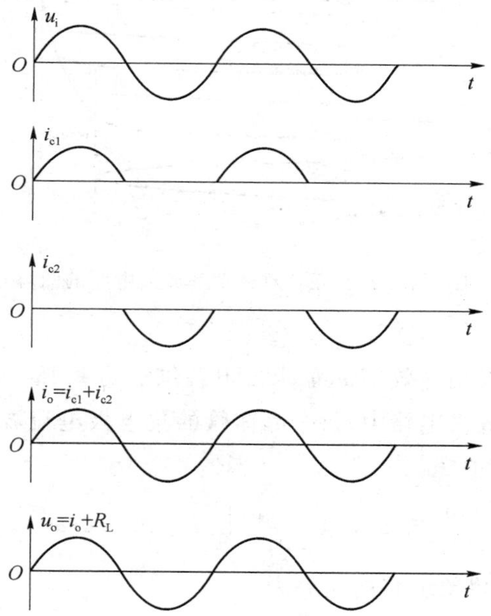

图 4.3 电压和电流波形图

2. 性能指标估算

OCL 乙类互补对称功率放大电路的图解分析如图 4.4 所示。由于两管特性对称，为便于分析，将 VT_1 管的特性曲线倒置后与 VT_2，的特性画在一起，使两管的静态工作点 Q 重合，形成两管合成曲线。这时的交流负载线为一条通过 Q 点、斜率为 $-\frac{1}{R_L}$ 的直线 AB。由图可知，输出电流、输出电压的最大允许变化范围分别为 $2I_{cm}$ 和 $2U_{cem}$。I_{cm} 和 U_{cem} 分别为集电极正弦电流和电压的振幅值。

(1) 输出功率 P_o。

$$P_o=\frac{I_{cm}}{\sqrt{2}}\frac{U_{cem}}{\sqrt{2}}=\frac{1}{2}I_{cm}U_{cem}=\frac{1}{2}\frac{U_{cem}^2}{R_L} \tag{4-4}$$

由图 4.4 可以看出，最大不失真输出电压为

$$(U_{cem})_{max}=U_{CC}-U_{CES}\approx U_{CC} \tag{4-5}$$

最大不失真输出电流为

$$(I_{cm})_{max}=\frac{(U_{cem})_{max}}{R_L} \tag{4-6}$$

故最大不失真输出功率为

$$P_{omax}=\frac{1}{2}(I_{cm})_{max}(U_{cem})_{max}=\frac{1}{2}\frac{(U_{cem})^2_{max}}{R_L}\approx\frac{U^2_{CC}}{2R_L} \tag{4-7}$$

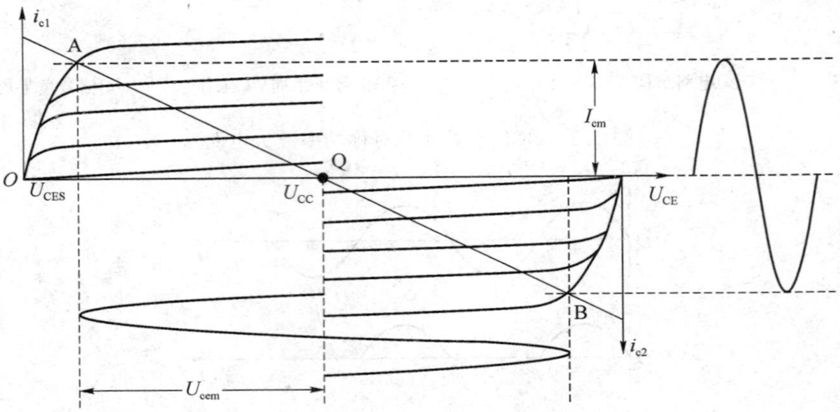

图 4.4 OCL 乙类互补对称功率放大电路的图解分析

(2) 效率 η

由式(4-3)定义可知，要估算效率 η，需求出电源供给功率 P_E。

在乙类互补对称功率放大电路中，每个晶体管的集电极电流波形均为半个周期的正弦波形(如图 4.3 所示)，其平均值 I_{av1} 为

$$I_{av1}=\frac{1}{2\pi}\int_0^{2\pi}i_{c1}\,d(\omega t)=\frac{1}{2\pi}\int_0^{2\pi}I_{cm}\sin\omega t\,d(\omega t)=\frac{1}{\pi}I_{cm} \tag{4-8}$$

因此，直流电源 U_{CC} 提供给电路的功率为

$$P_{E1}=I_{av1}U_{CC}=\frac{1}{\pi}I_{cm}U_{CC}=\frac{1}{\pi}\frac{U_{cem}}{R_L}U_{CC} \tag{4-9}$$

考虑正负两组直流电源提供给电路总的功率为

$$P_E=2P_{E1}=\frac{2}{\pi}\frac{U_{cem}}{R_L}U_{CC} \tag{4-10}$$

将式(4-4)、(4-10)代入式(4-3)可得

$$\eta=\frac{P_o}{P_E}\times 100\%=\frac{\pi}{4}\frac{U_{cem}}{U_{CC}} \tag{4-11}$$

当输出信号达到最大不失真输出时，效率最高，此时：

$$(U_{cem})_{max}=U_{CC}-U_{CES}\approx U_{CC} \tag{4-12}$$

$$\eta=\frac{\pi}{4}\frac{U_{cem}}{U_{CC}}\approx\frac{\pi}{4}\approx 78.5\% \tag{4-13}$$

（3）单管最大平均管耗 P_{T1max}

对 VT_1 管来说，在输入信号的一个周期内，只有正半周导通，因此 VT_1 管的瞬时管压降为 $u_{CE1}=U_{CC}-u_o$，流过 VT_1 管的瞬时电流 $i_{c1}=u_o/R_L$，一个周期的平均功率损耗为

$$P_{T1}=\frac{1}{2\pi}\int_0^{\pi}u_{CE1}i_{c1}\,d(\omega t)=\frac{1}{2\pi}\int_0^{\pi}(U_{CC}-U_{cem}\sin\omega t)I_{cm}\sin\omega t\,d(\omega t)$$
$$=\frac{1}{R_L}\left(\frac{U_{CC}U_{cem}}{\pi}-\frac{U_{cem}^2}{4}\right)=\frac{U_{CC}}{\pi}I_{cm}-\frac{1}{4}I_{cm}^2R_L \tag{4-14}$$

可见平均管耗 P_{T1} 与 I_{cm} 是非线性关系。

令 $\frac{dP_{T1}}{dI_{cm}}=0$，可求出：当 $I_{cm}=\frac{2U_{CC}}{\pi R_L}$ 时，或 $U_{cem}=\frac{2U_{CC}}{\pi}$ 时，平均管耗 P_{T1} 最大，其最大值 P_{T1max} 为

$$P_{T1max}=\frac{2U_{CC}^2}{\pi^2R_L}-\frac{U_{CC}^2}{\pi^2R_L}=\frac{U_{CC}^2}{\pi^2R_L}\approx0.1\frac{U_{CC}^2}{R_L}=0.2P_{omax} \tag{4-15}$$

3. 功率管的选管原则

由以上分析可知，若要得到最大输出功率，晶体管的参数必须满足下列条件：

（1）每只晶体管的最大允许管耗（或集电极功率损耗）P_{CM} 必须大于 $P_{T1max}=0.2P_{omax}$；

（2）考虑到当 VT_2 接近饱和导通时，忽略饱和压降，此时 VT_1 管的 u_{CE1} 具有最大值，且等于 $2U_{CC}$。因此，应选用 $U_{CEO}>2U_{CC}$ 的管子。

（3）通过晶体管的最大集电极电流约为 U_{CC}/R_L，所选晶体管的 I_{CM} 一般不宜低于此值。

例 4-1　功放电路如图 4.2(a) 所示，设 $U_{CC}=12$ V，$R_L=8\ \Omega$，晶体管的极限参数为 $I_{CM}=2$ A，$U_{CEO}=30$ V，$P_{CM}=5$ W。试求最大输出功率 P_{omax}，并检验所给晶体管是否能安全工作。

解　由式(4-7)可求出：

$$P_{omax}\approx\frac{U_{CC}^2}{2R_L}=\frac{12^2}{2\times8}=9\ \text{W}$$

通过晶体管的最大集电极电流、c-e 间最大压降和最大管耗分别为

$$I_{cm}=\frac{U_{CC}}{R_L}=\frac{12}{8}=1.5\ \text{A}$$
$$U_{cem}=2U_{CC}=24\ \text{V}$$
$$P_{T1max}\approx0.2P_{omax}=0.2\times9\ \text{W}=1.8\ \text{W}$$

I_{cm}、U_{cem}、P_{T1max} 均分别小于极限参数 I_{CM}、U_{CEO}、P_{CM}，故晶体管能安全工作。

4.2.2　OCL 甲乙类互补对称功率放大电路

以上对 OCL 乙类互补对称功率放大电路的分析是假设管子死区电压为零，且认为是线性关系，这是一种理想状态下的分析。实际电路中晶体管输入特性死区电压不为零，且电流、电压关系也不是线性关系，在输入电压较低时，输入基极电流很小，输出电流也十分小。因此在输入电压较小时，存在一小段死区，此段输出电压与输入电压不存在线性关系，产生了失真。由于这种失真出现在通过零值处，故称为交越失真。交越失真波形如图 4.5 所示。

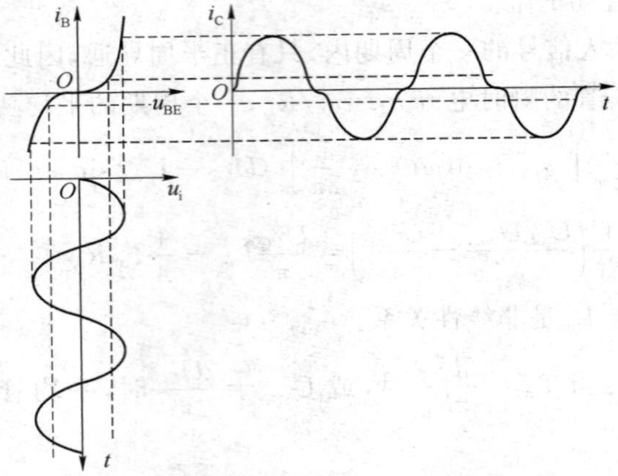

图 4.5 互补对称功率放大电路的交越失真

为减小交越失真，改善输出波形，通常设法使晶体管在静态时有一个较小的基极电流，以避免当 u_i 幅度较小时两个晶体管同时截止。为此，可在两个晶体管基极之间，接入电阻 R 和两个二极管 VD_1、VD_2，如图 4.6 所示。这样在两个晶体管的基极之间产生一个偏压，使得当 $u_i=0$ 时，VT_1、VT_2 已微导通，两个管子的基极存在一个较小的基极电流 I_{B1} 和 I_{B2}；因而，在两管的集电极回路也各有一个较小的集电极电流 I_{C1} 和 I_{C2}，但静态时负载电流 $I_L=I_{C1}-I_{C2}=0$，如图 4.6 所示。当加上正弦输入电压 u_i 时，在正半周 i_{C1} 逐渐增大，i_{C2} 逐渐减小，然后 VT_2 截止。在负半周则相反，i_{C2} 逐渐增大，而 i_{C1} 逐渐减小，最后 VT_1 截止。i_{C1}、i_{C2} 的波形如图 4.7 所示。可见，两管轮流导电的交替过程比较平滑，最终得到的 i_L 和 u_o 的波形更接近于理想的正弦波，从而减小了交越失真。

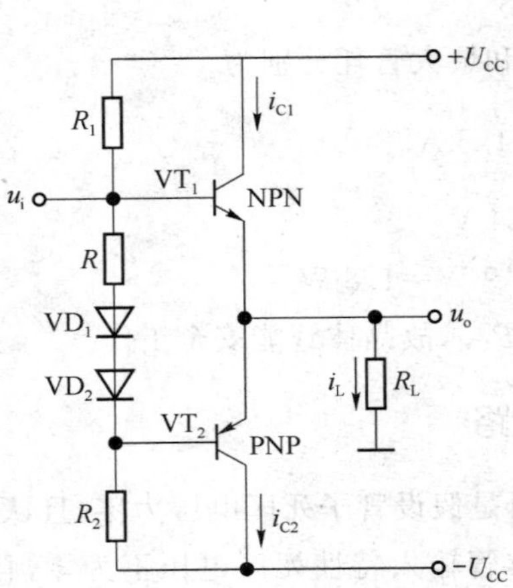

图 4.6 OCL 甲乙类互补对称功放电路

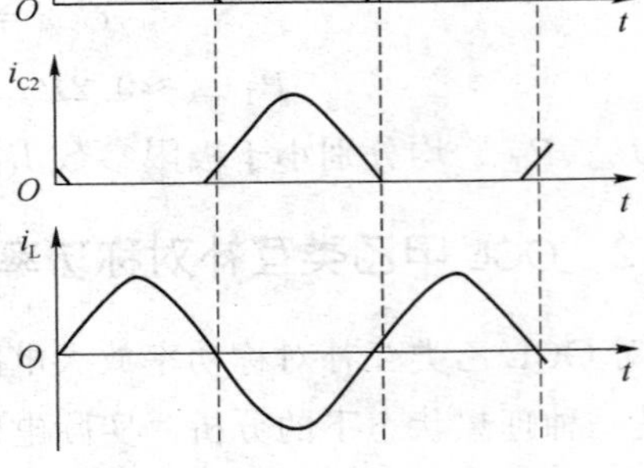

图 4.7 OCL 甲乙类互补对称功放电路波形图

由图 4.7 还可以看出，此时每管的导通时间略大于半个周期，而小于一个周期，故这种电路称为 OCL 甲乙类互补对称功率放大电路。

在甲乙类互补对称电路中，为了避免降低效率，通常使静态时集电极电流很小，即电路静态工作点 Q 的位置很低，与乙类互补电路的工作情况相近。因此，OCL 甲乙类互补对称功放电路的最大输出功率和效率可近似采用 OCL 乙类互补对称功放电路的计算公式来进行估算。

4.2.3　采用复合管的互补功率放大电路

由复合管组成的互补功率放大电路如图 4.8 所示。图中，要求 VT_3 和 VT_4 既要互补又要对称，对于 NPN 型和 PNP 型两种大功率管来说，一般比较难以实现。为此，最好选 VT_3 和 VT_4 是同一型号的管子，通过复合管的接法来实现互补，这样组成的电路称为准互补电路，如图 4.9 所示。

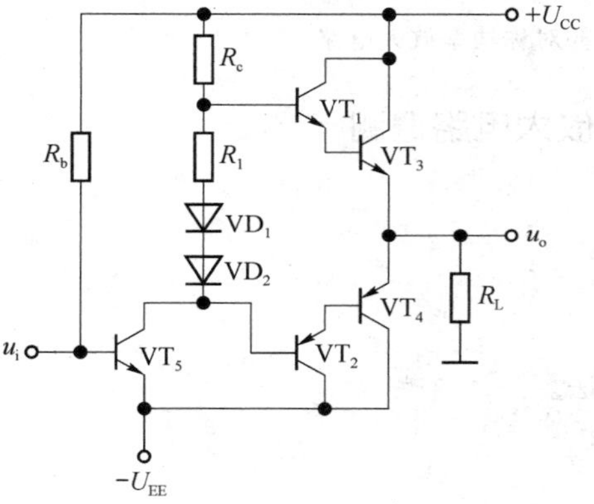

图 4.8　复合管互补对称电路

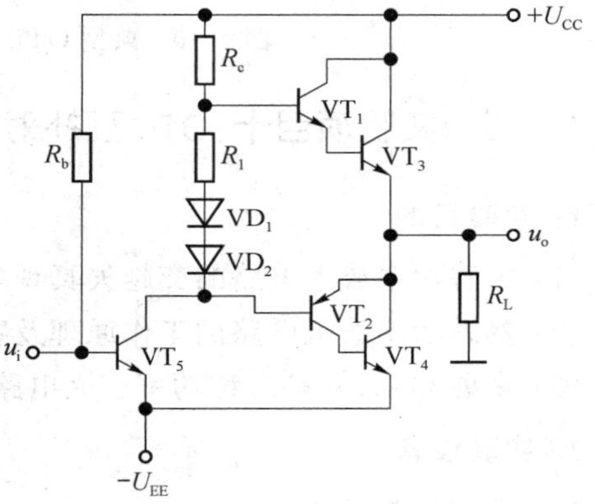

图 4.9　准互补对称电路

4.2.4　OTL 甲乙类互补对称功率放大电路

OCL 互补对称功放具有效率高等很多优点，但需要正负两个电源。当仅有一路电源时，可采用单电源互补对称电路，如图 4.10(a)所示，这种电路又称为 OTL(Output Transformer Less，无输出变压器电路)电路。

图 4.10(a)所示电路中，VT_2 和 VT_3 两管的射极通过一个大电容 C 接到负载 R_L 上，二极管 VD_1、VD_2 及 R 用来消除交越失真，向 VT_2 和 VT_3 提供偏置电压，使其工作在甲乙类状态。静态时，调整电路使 VT_2 和 VT_3 的发射极节点电压为电源电压的一半，即 $\frac{U_{CC}}{2}$，则电容 C 两端直流电压为 $\frac{U_{CC}}{2}$。当输入信号时，由于 C 上的电压维持 $\frac{U_{CC}}{2}$ 不变，可视为恒压源。这使得 VT_2 和 VT_3 的 c-e 回路的等效电源都是 $\frac{U_{CC}}{2}$，其等效电路如图 4.8(b)所示。由图 4.8(b)可以看出，OTL 功放的工作原理与 OCL 功放相同。只要把图 4.4 中 Q 点的横坐标改为 $\frac{U_{CC}}{2}$，并用 $\frac{U_{CC}}{2}$ 取代 OCL 功放有关公式中的 U_{CC}，就可以估算 OTL 功放的各类指标。

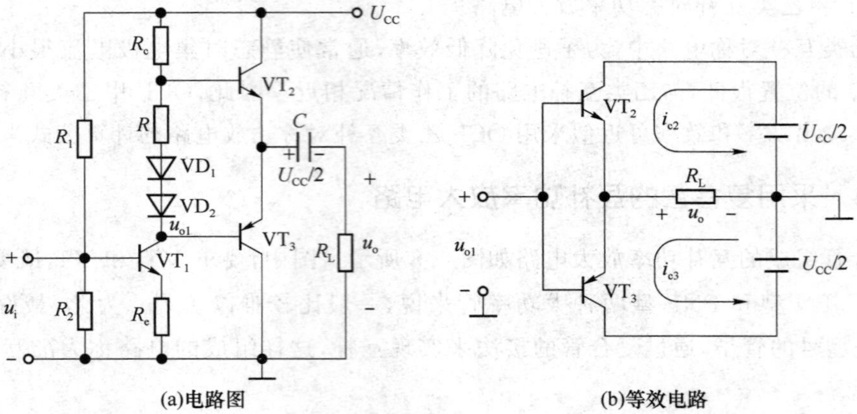

图 4.10 典型 OTL 甲乙类互补对称功率放大电路

4.2.5 实验项目十:OTL 互补对称功率放大电路调测

1. 实验目的

(1) 了解功率放大电路的交越失真现象;

(2) 熟悉功率放大电路的工作原理及特点;

(3) 掌握 OTL 互补对称功率放大电路调测方法。

2. 实验设备

(1) 数字双踪示波器;

(2) 数字万用表;

(3) 信号发生器;

(4) TPE-A5Ⅱ型模拟电路实验箱。

3. 实验电路

实验电路如图 4.11 所示。

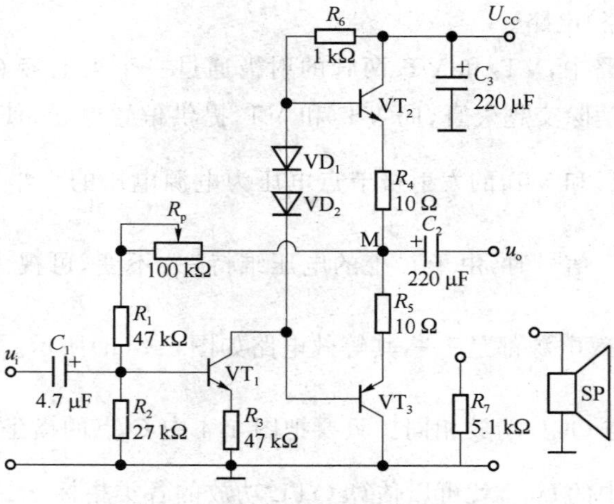

图 4.11 OTL 互补对称功率放大器

4. 实验内容

(1) 调整直流工作点,使 M 点电压为 $0.5U_{CC}$。

(2) 测量最大不失真输出功率与效率。

(3) 改变电源电压(例如由+12 V 变为+5 V),测量并比较输出功率和效率。

(4) 测量放大电路在带 8 Ω 负载(扬声器)时的功耗和效率。

本电路由两部分组成,一部分是由 VT_1 组成的共射放大电路,为甲类功率放大;一部分是互补对称功率放大电路,其中,VD_1、VD_2、R_6 使 VT_2、VT_3 处于临界导通状态,以消除交越失真现象,为甲乙类功率放大电路。实验结果如下:

① $U_{CC}=12.14$ V,$U_M=5.97$ V 时测量静态工作点,然后输入频率为 5 kHz 的正弦波,调节输入幅值使输出波形最大且不失真。(以下输入输出值均为峰值)

表 4.1 $U_{CC}=12$ V,$U_M=6$ V 时静态和动态测量

	U_B/V	U_C/V	U_E/V	$u_i=0.1$ V	$R_L=+\infty$	$R_L=5.1$ kΩ	$R_L=8$ Ω
VT_1				u_o/V			
VT_2				P_o/W			
VT_3				A_u			

② $U_{CC}=9.02$ V,$U_M=4.50$ V 时测量静态工作点,然后输入频率为 5 kHz 的正弦波,调节输入幅值使输出波形最大且不失真。(以下输入输出值均为峰值)

表 4.2 $U_{CC}=9$ V,$U_M=4.5$ V 时静态和动态测量

	U_B/V	U_C/V	U_E/V	$u_i=0.1$ V	$R_L=+\infty$	$R_L=5.1$ kΩ	$R_L=8$ Ω
VT_1				u_o/V			
VT_2				P_o/W			
VT_3				A_u			

③ $U_{CC}=6$ V,$U_M=3$ V 时测量静态工作点,然后输入频率为 5 kHz 的正弦波,调节输入幅值使输出波形最大且不失真。(以下输入输出值均为峰值)

表 4.3 $U_{CC}=6$ V,$U_M=3$ V 时静态和动态测量

	U_B/V	U_C/V	U_E/V	$u_i=0.1$ V	$R_L=+\infty$	$R_L=5.1$ kΩ	$R_L=8$ Ω
VT_1				u_o/V			
VT_2				P_o/W			
VT_3				A_u			

5. 实验报告要求

(1) 分析实验结果,计算实验内容要求的参数。

(2) 总结功率放大电路特点及测量方法。

(3) 完成 OTL 互补对称功率放大电路调测实验报告(表 4.4),并从实验中得出基本结论。

表 4.4 模拟电子技术实验报告十:OTL 互补对称功率放大电路调测

实验地点				时间		实验成绩	
班级		姓名		学号		同组姓名	
实验目的							
实验设备							
实验内容	1. 画出实验电路原理图						
	2. $U_{CC}=12\ V$, $U_M=6\ V$ 时静态动态测量						
	3. 画出输出端交越失真的波形						
	4. 总结功率放大电路特点及测量方法						

	U_B/V	U_C/V	U_E/V	$u_i=0.1\ V$	$R_L=+\infty$	$R_L=5.1\ k\Omega$	$R_L=8\ \Omega$
VT_1				u_o/V			
VT_2				P_o/W			
VT_3				A_u			

续 表

实验过程中遇到的问题及解决方法	
实验体会与总结	
指导教师评语	

4.3　集成功率放大器

目前，利用集成电路工艺已经能够生产出品种繁多的集成功率放大器。集成功率放大器除了具有一般集成电路的共同特点，如可靠性高、使用方便、性能好、轻便小巧、成本低廉等之外，还具有温度稳定性好、电源利用率高、功耗较低、非线性失真较小等优点，它还可以将各种保护电路，如过流保护、过热保护以及过压保护等也集成在芯片内部，使用更加安全。

从电路结构来看，和集成运放类似，集成功率放大器也包括输入级、中间级和功率输出级，以及偏置电路、稳压、过流过压保护等附属电路。除此以外，基于功率放大电路输出功率大的特点，在内部电路的设计上还要满足一些特殊要求，如输出级采用复合管、采用更高的直流电源电压、要求外壳装散热片等。

集成功放的种类很多，从用途划分，有通用型功放和专用型功放。从芯片内部的构成划分，有单通道功放和双通道功放。从输出功率划分，有小功率功放和大功率功放等。本节以一种通用型小功率集成功率放大器 LM386 为例进行介绍。

4.3.1　LM386 内部电路

LM386 电路简单，通用性强，是目前应用较广的一种小功率集成功放。它具有电源电压范围宽(4～16 V)、功耗低(常温下为 660 mW)、频带宽(300 kHz)等优点，输出功率 0.3～0.7 W，最大可达 2 W。另外，该集成功率放大器电路外接元件少，不必外加散热片，使用方便，广泛应用于各类功率放大电路中。

LM386 的内部电路原理图如图 4.12 所示。图 4.13 所示是其引脚排列图，封装形式为双列直插。

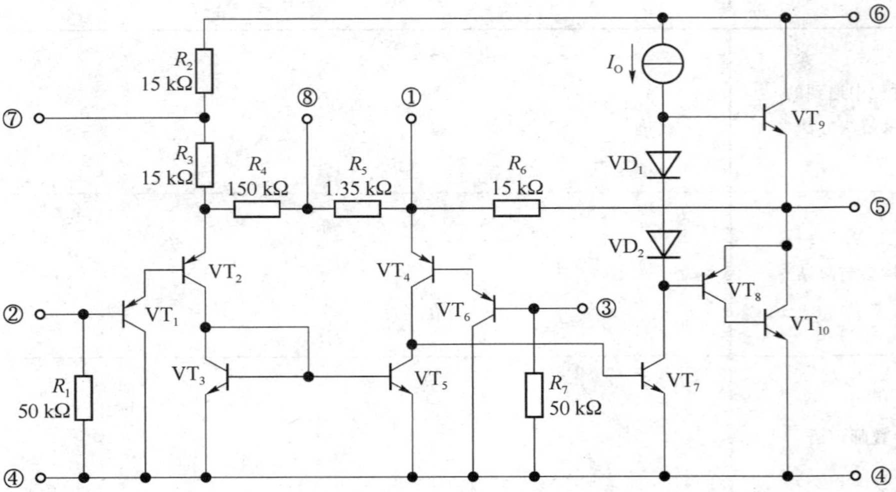

图 4.12　LM386 内部电路原理图

与集成运放类似，它是一个三级放大电路。输入级为差动放大电路；中间级为共射放大电路，为 LM386 的主增益级；第三级为准互补输出级。引脚 2 为反相输入端，引脚 3 为同相输入端。电路由单电源供电，故为 OTL 电路。

应用时，通常在 7 脚和地之间外接电解电容组成直流电源去耦滤波电路；在 1、8 两脚之间外接一个阻容串联电路，构成差放管射极的交流反馈，通过调节外接电阻的阻值就可调节该电路的放大倍数。其中，1、8 两脚开路时，负反馈量最大，电压放大倍数最小，约为 20。1、8 两脚之间短路时或只外接一个大电容时，电压放大倍数最大，约为 200。

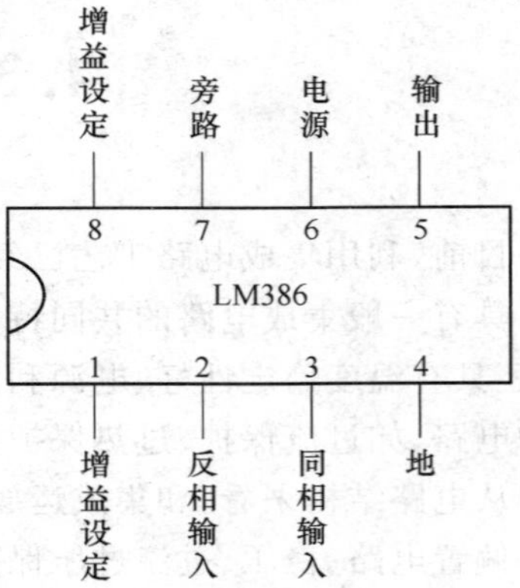

图 4.13　LM386 引脚图

4.3.2　LM386 的典型应用电路

图 4.14 所示为 LM386 的实验电路。图中接于 1、8 脚的 C_2 用于调节电路的电压放大倍数。因 LM386 为 OTL 电路，所以需要在 LM386 的输出端接一个大电容，在图中外接一个 220 μF 的耦合电容 C_4。C_5、R 组成容性负载，以抵消扬声器音圈电感的部分感性，防止信号突变时，音圈的反电动势击穿输出管，在小功率输出时 C_5、R 也可不接。C_5 与内部电阻 R 组成电源的去耦滤波电路。若电路的输出功率不大、电源的稳定性又好，则只需在输出端 5 外接一个耦合电容和在 1、8 两端外接放大倍数调节电路就可以使用。实验电路图 4.14 中，开关与 C_2 控制增益，C_3 为旁路电容，C_1 为去耦电容滤掉电源的高频交流部分，C_4 为输出隔直电容，C_5 与 R 串联构成校正网络来进行相位补偿。当负载为 R_L 时，$P_{omax} \approx \left(\frac{U_{om}}{\sqrt{2}}\right)^2 / R_L$，当输出信号峰峰值接近电源电压时，有

$$U_{om} \approx \frac{U_{CC}}{2}, \quad P_{omax} \approx \frac{U_{CC}^2}{8R_L}$$

LM386 广泛用于收音机、对讲机、方波和正弦波发生器等电子电路中。

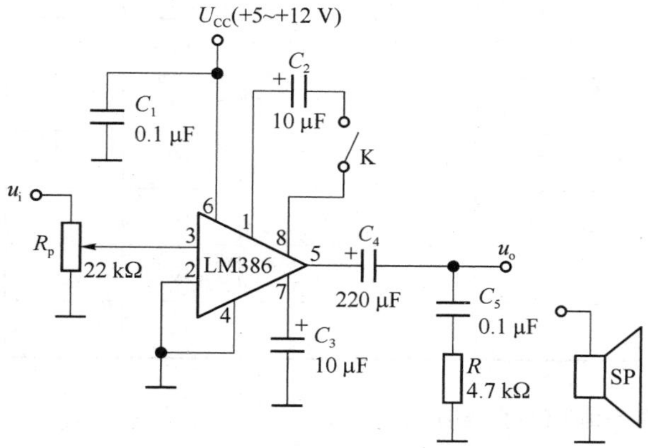

图 4.14　LM386 实验电路

4.3.3　实验项目十一：集成功率放大电路调测

1. 实验目的

(1) 熟悉集成功率放大电路的特点；

(2) 掌握集成功率放大电路的主要性能指标及测量方法。

2. 实验设备

(1) 数字双踪示波器；

(2) 数字万用表；

(3) 信号发生器；

(4) TPE-A5Ⅱ型模拟电路实验箱。

3. 预习要求

(1) 复习集成功率放大电路工作原理，对照图 4.14 分析电路工作原理。

(2) 阅读实验内容，准备记录表格。

4. 实验内容

(1) 按图 4.14 电路在实验板上插装电路。不加信号时测静态工作电流。

(2) 在输入端接 1 kHz 信号，用示波器观察输出波形、逐渐增加输入电压幅度，直至出现失真为止，记录此时输入电压，输出电压幅值，并记录波形。

(3) 去掉 10 μF 电容，重复上述实验。

(4) 改变电源电压(选 5 V、9 V 两挡)重复上述实验。将数据填入表 4.5 中。

表 4.5 负载和电源电压不同时的 u_o 的测量与 A_u P_{omax} 的计算

U_{CC}	C_2	不接 R_L				$R_L=8\ \Omega$(喇叭)			
		I_Q/mA	u_i/mV	u_o/V	A_u	u_i/mV	u_o/V	A_u	P_{omax}/W
+12 V	接		10			10			
	不接		10			10			
+9 V	接		10			10			
	不接		10			10			
+5 V	接		10			10			
	不接		10			10			

以上输入输出值均为峰值(峰峰值的一半)。

5. 实验报告要求

(1) 绘出实验原理电路图,标明实验的元件参数。

(2) 根据实验测量值、计算各种情况下 P_{omax}、A_u。

(3) 完成集成功率放大电路调测实验报告(表 4.6)。

表 4.6 模拟电子技术实验报告十一:集成功率放大电路调测

实验地点				时间		实验成绩	
班级		姓名		学号		同组姓名	
实验目的							
实验设备							
实验内容	1. 记录实测 u_o 数据,计算各种情况下的 P_{omax}、A_u 并填入表中						

U_{CC}	C_2	不接 R_L				$R_L=8\ \Omega$(喇叭)			
		I_Q/mA	u_i/mV	u_o/V	A_u	u_i/mV	u_o/V	A_u	P_{omax}/W
+12 V	接		10			10			
	不接		10			10			
+9 V	接		10			10			
	不接		10			10			
+5 V	接		10			10			
	不接		10			10			

续表

实验内容	2. 画出输出端 u_o的波形
	3. 总结集成功率放大电路特点及测量方法
实验过程中遇到的问题及解决方法	
实验体会与总结	
指导教师评语	

本章小结

(1) 对功率放大电路的主要要求是能够向负载提供足够的输出功率，同时应有较高的效率和较小的非线性失真。功率放大电路的主要技术指标为：最大输出功率 P_{om}和效率 η。

(2) 按照功放管的工作状态，可以将常用低频功率放大电路分为甲类、乙类和甲乙类三种。其中甲类功放的失真小，但效率最低；互补对称的乙类功放效率最高，理想情况下可以达到 78.5%,但存在交越失真。所以采用互补对称的甲乙类功率放大电路,既消除了交越失真,也可以获得接近乙类功放的效率。

(3) 根据互补对称功率放大电路的电路形式,有双电源互补对称电路(OCL 电路)和单电源互补对称电路(OTL 电路)两种。对于单电源互补对称电路,计算输出功率、效率、管耗和直流电源提供的功率时,只需将 OCL 电路计算公式中的 U_{CC}用 $U_{CC}/2$ 代替即可。

(4) 集成功放种类繁多,大多工作在音频范围。集成功放有通用型和专用型之分,输出功率从几十毫瓦至几瓦,有些集成功放既可以双电源供电,又可以单电源供电。由于集成功放具有许多突出优点,如温度稳定性好、电源利用率高、功耗较低、非线性失真较小等,目前已经得到了广泛的应用。

习 题 4

4-1 填空题。

(1) 按照功放管的工作状态,功率放大器可分为________、________、________、________四种。

(2) 输出信号功率是指输出信号电流的________值与输出信号电压________值的乘积。

(3) OCL 功放电路由________电源供电,静态时,输出端直流电位为________,可以直接连接对地的负载,不需要________的耦合。

(4) OTL 功放电路采用________电源供电,输出端与负载间必须连接________。

(5) 单电源互补对称功率放大电路正常工作时,其输出端中点电压应为电源电压的________。

(6) 为了提高功率放大器的输出功率和效率,三极管应工作在________类状态,而要避免交越失真,则应工作在________类状态。

(7) 对功率放大器所关心的主要性能参数是________和________。

(8) 设计一个输出功率为 20 W 的扩音机电路,用乙类互补对称功率放大,则功放管的 P_{CM}应满足________ W。

4-2 选择题。

(1) 功率放大电路的最大输出功率是在输入电压为正弦波时,输出基本不失真情况下,负载可能获得的最大________。

A. 交流功率 B. 直流功率 C. 平均功率

(2) 功率放大电路的转换效率是指________。

A. 输出功率与晶体管所消耗的功率之比

B. 最大输出功率与电源提供的平均功率之比

C. 晶体管所消耗的功率与电源提供的平均功率之比

(3) 在 OCL 乙类功放电路中,若最大输出功率为 1 W,则电路中功放管的集电极最大功耗约为________。

A. 1 W B. 0.5 W C. 0.2 W

(4) 在选择功放电路中的晶体管时，应当特别注意的参数有________。

A. β　　B. I_{CM}　　C. I_{CBO}

D. U_{CEO}　　E. P_{CM}　　F. f_T

(5) 克服乙类互补对称功率放大电路交越失真的有效措施是________。

A. 选择一对特性相同的互补管　　B. 加上合适的偏置电压

C. 加输出电容　　D. 加上适当的负反馈

(6) 在双电源互补对称功率放大电路中，要求在 8 Ω 负载上获得 9 W 最大不失真功率，应选的电源电压为________。

A. 6 V　　B. 9 V　　C. 12 V　　D. 24 V

(7) 双电源功放电路中，输出端中点静态电位为________。

A. U_{CC}　　B. 0　　C. $U_{CC}/2$　　D. $2U_{CC}$

(8) 组成互补对称电路的两个三极管是________。

A. 同类型的　　B. 不同类型的　　C. 复合管　　D. NPN 型

(9) 作为输出级的互补对称电路常采用的接法是________。

A. 共射法　　B. 共集法　　C. 共基法　　D. 差动法

(10) 乙类互补对称功率放大电路产生的失真是________。

A. 线性失真　　B. 截止失真　　C. 饱和失真　　D. 交越失真

4-3 判断题。

(1) 甲类功率放大电路中，在没有输入信号时，电源的功耗最少。 (　　)

(2) 乙类功率放大电路存在交越失真。 (　　)

(3) 乙类功率放大电路的交越失真是由三极管输入特性的非线性引起的。 (　　)

(4) 甲乙类功率放大器可以减小交越失真。 (　　)

(5) OTL 功率放大电路一定采用双电源供电。 (　　)

(6) 功率放大电路的最大输出功率是指在基本不失真情况下，负载上可能获得的最大交流功率。 (　　)

(7) 若 OCL 电路的最大输出功率为 1 W，功放管集电极最大耗散功率应大于 1 W。 (　　)

(8) 功率放大电路与电压放大电路、电流放大电路的共同点如下：

① 都使输出电压大于输入电压； (　　)

② 都使输出电流大于输入电流； (　　)

③ 都使输出功率大于信号源提供的输入功率。 (　　)

(9) 功率放大电路与电压放大电路的区别如下：

① 前者比后者电源电压高； (　　)

② 前者比后者电压放大倍数数值大； (　　)

③ 前者比后者效率高； (　　)

④ 在电源电压相同的情况下，前者比后者的最大不失真输出电压大。 (　　)

4-4 什么是功率放大器？与一般电压放大器相比，对功率放大器有何特殊要求？

4-5 如何区分晶体管工作在甲类、乙类还是甲乙类？画出在三种工作状态下的静态工作点及与之相应的工作波形示意图。

4-6 什么是交越失真？如何克服交越失真？

4-7 某 OCL 互补对称电路如图 4.15 所示，已知三极管 VT_1、VT_2 的饱和压降 $U_{CES}=1\ V$，$U_{CC}=18\ V$，$R_L=8\ \Omega$。

(1) 计算电路的最大不失真输出功率 P_{omax}；

(2) 计算电路的效率；

(3) 求每个三极管的最大管耗 P_{Tmax}；

(4) 为保证电路正常工作，所选三极管的 U_{CEO} 和 I_{CM} 应为多大？

4-8 OTL 互补对称电路如图 4.16 所示，试分析电路的工作原理。

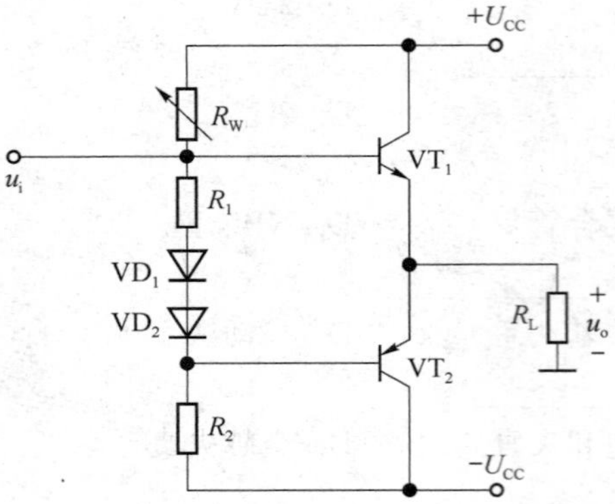

图 4.15 习题 4-7 图

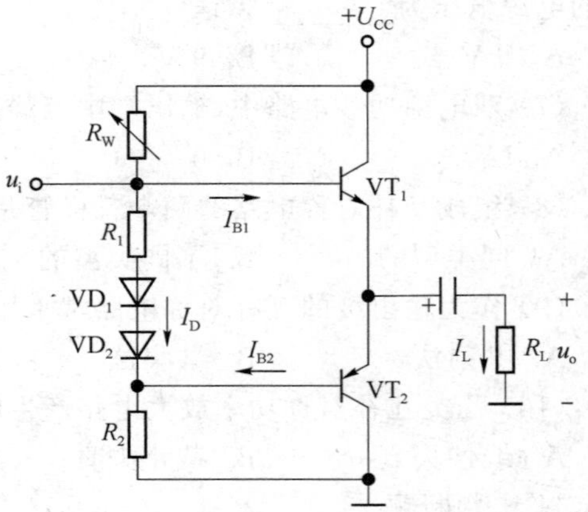

图 4.16 习题 4-8 图

(1) 电阻 R_1 与二极管 VD_1、VD_2 的作用是什么？

(2) 静态时 VT_1 管射极电位 $U_E=$？负载电流 $I_L=$？

(3) 电位器 R_w 的作用是什么？

(4) 若电容 C 的容量足够大，$U_{CC}=15\ V$，三极管饱和压降 $U_{CES}=1\ V$，$R_L=8\ \Omega$，则负载 R_L 上得到的最大不失真输出功率 P_{omax} 为多大？

4-9 OCL 互补电路如图 4.17 所示。

(1) 在图中标明 $VT_1\sim VT_4$ 管的类型；

(2) 静态时输出 u_o 端的直流电位 U_o 怎样调整？

(3) VT_5 管和电阻 R_2、R_3 组成电路的名称及其作用是什么？

4-10 OCL 互补电路如图 4.18 所示。已知 $U_{CC}=15\ V$，$R_L=12\ \Omega$，$R_1=10\ k\Omega$，试回答下述问题或计算有关参数。

(1) 要稳定电路的输出电压，应引入何种形式的反馈？请在图中标明相应的反馈支路。

(2) 为使电路的闭环增益为 80，试确定反馈电阻 R_f 的阻值。

(3) 设 VT_1、VT_2 饱和压降 $U_{CES}\approx 2\ V$，试计算运放最大输出幅值为多大时 R_L 上有最大不失真的输出幅度 U_{om}？U_{om} 约为多少？

(4) 设 $U_{CES}\approx 2\ V$，求负载 R_L 上最大不失真的输出功率 P_{omax} 为多大？

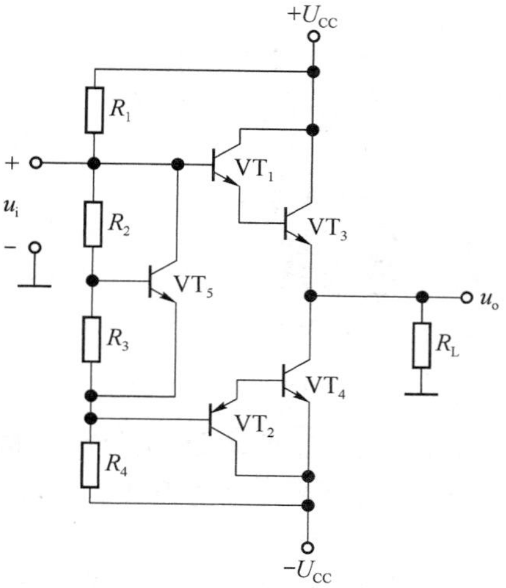

图 4.17　习题 4-9 图

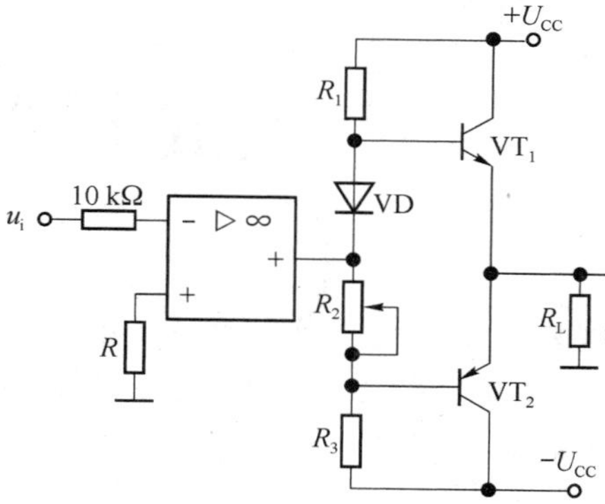

图 4.18　习题 4-10 图

4-11 运放驱动的 OCL 互补功放电路如图 4.19 所示。已知 $U_{CC}=18$ V，$R_L=16\ \Omega$，$R_1=10\ k\Omega$，$R_f=150\ k\Omega$，运放最大输出电流为±25 mA，VT$_1$、VT$_2$管饱和压降 $U_{CES}\approx 2$ V。

(1) VT$_1$、VT$_2$管的 β 满足什么条件时，负载 R_L上有最大的输出电流？

(2) 为使负载 R_L上有最大不失真的输出电压，输入信号的幅度 U_{im}应为多大？

(3) 试计算运放输出幅度足够大时，负载 R_L上的最大不失真输出功率 P_{omax}。

(4) 试计算电路的效率。

(5) 若在该电路输出 u_o端出现交越失真，电路应怎样调整才能消除之？

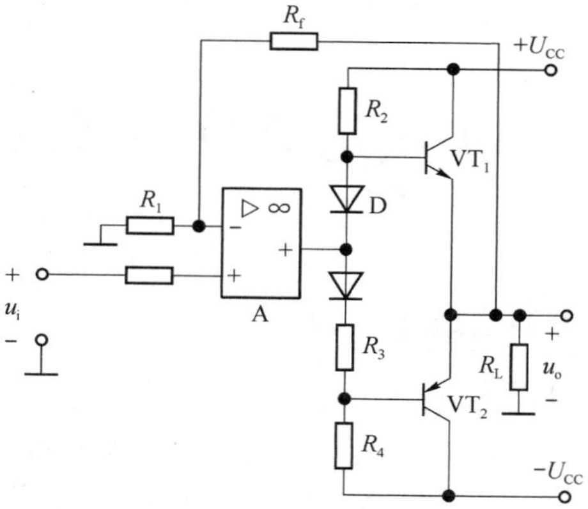

图 4.19　习题 4-11 图

第 5 章

集成运算放大电路

本章导读:集成运算放大器最早应用于信号的运算,它可完成信号的加、减、微分、积分、对数、指数以及乘、除等基本运算,故此得名运算放大器。至今,信号的运算仍是集成运放一个重要而基本的应用。

在不同的应用电路中,运放可工作在两个不同的区域:线性区和非线性区。运放工作在不同的区域时,有不同的特点:工作在线性区时,有“虚短”和“虚断”两个特点;而工作在非线性区时,只有“虚断”这一特点,但此时运放输出只有高、低电平两种状态。这些特点是分析和设计应用电路的基本出发点。本章从运放工作区的不同将应用电路分为两大类:线性应用电路和非线性应用电路。线性应用电路主要介绍运算电路:比例、求和、积分和微分电路及有源滤波电路;非线性应用电路主要介绍电压比较器。实训内容包括:比例求和运算电路调测,积分与微分电路调测,有源滤波电路调测,电压比较电路调测。

本章基本要求:掌握区分运放工作在不同区域的方法;掌握利用运放工作在不同区域的特点,分析运放应用电路的方法;熟悉常用运放应用电路的结构特点。掌握各类实验电路的调测方法。

5.1 集成运算放大器概述

5.1.1 集成运放的基本组成

集成运算放大器简称集成运放,它实质上是一个具有高电压放大倍数的多级直接耦合放大电路。从 20 世纪 60 年代发展至今已经历了四代产品,类型和品种相当丰富,但在结构上基本一致,其内部通常包含四个基本组成部分:输入级、中间级、输出级以及偏置电路,如图 5.1 所示。

为了抑制零点漂移,输入级一般采用差动放大电路。为提高放大倍数,中间级一般采用共射放大电路。输出级为功率放大电路,为提高电路的带负载能力,多采用互补对称输出级电路。偏置电路的作用是供给各级电路合理的偏置电流。

图 5.2 所示为集成运算放大器的电路符号。由于集成运算放大器的输入级是差动输入,因此有两个输入端:用“+”表示同相输入端,用“-”表示反相输入端,输出电压表示为 $u_o=A_{ud}(u_+-u_-)$。当从反相输入端输入电压信号且同相输入端接地时,输出电压信号与输入反

相。集成运放可以有同相输入、反相输入及差动输入三种输入方式。

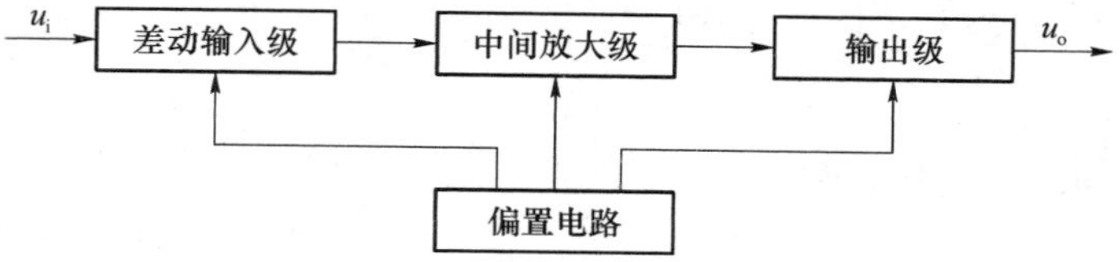

图 5.1 集成运放的基本组成部分

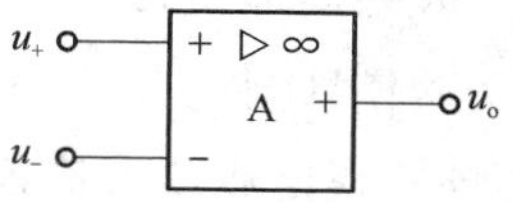

图 5.2 集成运放的电路符号

5.1.2 集成运放的主要性能指标

1. 开环差模电压放大倍数

开环差模电压放大倍数(A_{od})是指集成运放在开环(无外加反馈)的状态下的差模电压放大倍数,即:

$$A_{od}=\frac{u_o}{u_{id}}$$

对于集成运放而言,希望 A_{od} 大且稳定。目前高增益集成运放的 A_{od} 可高达 10^7 倍,即 140 dB,理想集成运放认为 A_{od} 为无穷大。

2. 输入失调电压

输入失调电压 U_{IO} 是指为了使输出电压为零而在输入端加的补偿电压(去掉外接调零电位器),其大小反映了电路的不对称程度和调零的难易。对集成运放,要求输入为零时,输出也为零,但实际中往往输出不为零,将此电压折合到集成运放的输入端的电压,常称为输入失调电压 U_{IO},其值在 1~10 mV 范围,要求越小越好。

3. 输入偏置电流

输入偏置电流(I_{IB})是指静态时输入级两差放管基极(栅极)电流 I_{B1} 和 I_{B2} 的平均值,用 I_{IB} 表示,即:

$$I_{IB}=\frac{I_{B1}+I_{B2}}{2}$$

输入偏置电流越小,信号源内阻变化引起的输出电压变化也越小,一般为 10 nA~1 μA。

4. 输入失调电流

输入失调电流(I_{IO})是指当输出电压为零时,流入放大器两输入端的静态基极电流之差,即:

$$I_{IO}-|I_{B1}-I_{B2}|$$

它反映了放大器的不对称程度,所以希望它越小越好,其值约为 1 nA~0.1 μA。

5. 输入失调电压温漂和输入失调电流温漂

输入失调电压温漂和输入失调电流温漂它们可以用来衡量集成运放的温漂特性。

输入失调电压温漂 $\Delta U_{IO}/\Delta T$ 是指在规定的温度范围内,输入失调电压随温度的变化率,它是反映集成运放电压漂移特性的指标,不能用外接调零装置来补偿,其范围一般为(10~30 μV)/℃。

输入失调电流温漂 $\Delta I_{IO}/\Delta T$ 是指在规定的温度范围内，输入失调电流随温度的变化率，它是反映集成运放电流漂移特性的指标，其范围一般在(5～50 nA)/℃。

6. 共模抑制比

共模抑制比(K_{CMR})反映了集成运放对共模输入信号的抑制能力，其定义同差动放大电路，即差模电压放大倍数与共模电压放大倍数之比称为共模抑制比。K_{CMR}愈大愈好，高质量运放的 K_{CMR}目前可达 160 dB。

7. 差模输入电阻

运算放大器开环时从两个差动输入端之间看进去的等效交流电阻，称为差模输入电阻，表示为 r_{id}。r_{id}的大小反映了集成运放输入端向差模输入信号源索取电流的大小。要求 r_{id}越大越好，一般集成运放 r_{id}为几百千欧至几兆欧，故输入级常采用场效应管来提高输入电阻 r_{id}。

8. 输出电阻

从集成运放的输出端和地之间看进去的等效交流电阻，称为运放的输出电阻，记为 r_{od}。r_{od}的大小反映了集成运放在小信号输出时的带负载能力。

此外，还有最大差模输入电压 U_{idmax}，最大共模输入电压 U_{icmax}，－3 dB 带宽 f_H，转换速率 S_R 等参数。

集成运放种类较多，有通用型，还有为适应不同需要而设计的专用型，如高速型、高阻型、高压型、大功率型、低功耗型、低漂移型等。

5.1.3 集成运放的选择与使用

1. 集成运放的选择

通常在设计集成运放应用电路时，需要根据设计需求寻找具有相应性能指标的芯片。一般应根据以下几方面的要求选择运放。

(1) 信号源的性质

根据信号源是电压源还是电流源、内阻的大小、输入信号的幅值以及频率变化范围等选择运放的差模输入电阻 r_{id}、－3 dB 带宽(或单位增益带宽)、转换速率 S_R 等指标参数。

(2) 负载的性质

根据负载电阻的大小，确定所需运放的输出电压和输出电流的幅值。对于容性负载或感性负载，还要考虑它们对频率参数的影响。

(3) 精度要求

对模拟信号的放大、运算等处理，往往提出精度要求；对模拟信号的电压比较等处理，往往提出响应时间、灵敏度等要求。根据这些要求选择运放的开环差模增益 A_{ud}、失调电压 U_{IO}、失调电流 I_{IO}以及转换速率 S_R 等指标参数。

(4) 环境条件

根据环境温度的变化范围，可以正确选择运放的失调电压、电流的温漂 $\Delta U_{IO}/\Delta T$、$\Delta I_{IO}/\Delta T$等参数；根据所能提供的电源(如有些情况下只能用干电池)选择运放的电源电压；根据对功耗有无限制，选择运放的功耗，等等。

根据上述分析就可以通过查阅手册等手段选择某一型号的运放，必要时还可以通过各种EDA软件进行仿真，最终确定最满意的芯片。目前，各种专用运放种类繁多，采用它们会大大提高电路的质量。但从性能价格比方面考虑，应尽量采用通用型运放，只有在通用型运放不能满足应用要求时才采用特殊型运放。

2. 集成运放参数的测试

当选定集成运放的产品型号后，通常只要查阅有关器件手册即可得到各项参数值，而不必逐个测试。但手册中给出的往往只是典型值，由于材料和制造工艺的分散性，每个运放的实际参数与手册上给定的典型值之间可能存在差异，因此有时仍需对参数进行测试。

在成批生产或其他需要大量使用集成运放的场合，可以考虑使用专门的参数测试仪器进行自动测量。在没有专用测试仪器时，可采用一些简易的电路和方法手工进行。如可用万用表测量管脚之间的电阻，检测管脚之间有无短路和断路现象，来判断参数的一致性；也可用万用表估测运放的放大能力。以μA741为例，其管脚排列如图5.3(a)所示。其中2脚为反相输入端，3脚为同相输入端，7脚接正电源15 V，4脚接负电源−15 V，6脚为输出端，1脚和5脚之间应接调零电位器。μA741的开环电压增益A_{ud}约为94 dB(5×10^4倍)。

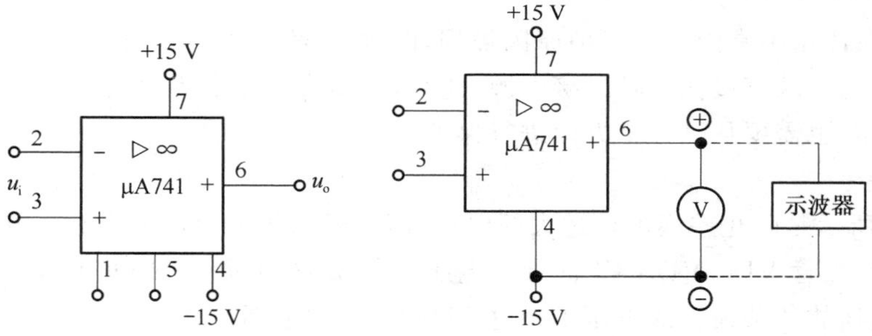

(a)μA741的管脚排列　(b)估测运放的放大能力

图5.3　μA741参数设置

用万用表估测μA741的放大能力时，需接上±15 V电源。万用表拨至50 V挡，电路如图5.3(b)所示。测量之前，输入端开路，运放处于截止状态，对于大多数μA741来说，处于正向截止状态，即输出端6脚对负电源4脚的电压约为28 V。万用表红表笔接6脚，黑表笔接4脚，可测出此时的截止电压。用手握住螺丝刀的绝缘柄，并用金属杆依次碰触同相输入端和反相输入端，表针若从28 V摆到15～20 V，即说明运放的增益很高。若表针摆动很小，说明放大能力很差。如果表针不动，说明内部已损坏。一般用螺丝刀碰触2脚(反相输入端)时，表针摆动较大，而碰触3脚(同相输入端)时，表针摆动较小，这属于正常现象。

少数运放在开环时处于反向截止状态，即6脚对7脚的电压为−28 V。此时可将万用表接在6脚和7脚之间，红表笔接7脚，黑表笔接6脚。假如按上述方法用螺丝刀碰2脚时，因输入信号太弱，表针摆动很小，也可以直接用手捏住2脚(或3脚)，表针应指在15 V左右。这是因为人体感应的50 Hz电压较高，一般为几伏至几十伏，所以即使运放的增益很低，输出电压仍接近方波。当然，也可采用交流法测量运放参数。

3. 集成运放在使用前必做的工作

(1) 辨认集成运放的管脚

目前集成运放的常见封装方式有金属壳封装和双列直插式封装。双列直插式有 8、10、12、14、16 管脚等种类,虽然它们的管脚排列日趋标准化,但各制造厂仍略有区别。因此,使用运放前必须查阅有关手册,辨认管脚,以便正确连线。

(2) 参数测量

使用运放之前往往要用简易测试法判断其好坏,例如用万用表中间挡("×100 Ω"或"×1 kΩ"挡,避免电流或电压过大)对照管脚测试有无短路和断路现象。必要时还可采用测试设备测量运放的主要参数。

(3) 调零或调整偏置电压

由于失调电压及失调电流的存在,输入为零时输出往往不为零。对于内部无自动稳零措施的运放需外加调零电路,使之在零输入时输出为零。

对于单电源供电的运放,有时还需在输入端加直流偏置电压,设置合适的静态输出电压,以便能放大正、负两个方向的变化信号。

4. 集成运放的保护

集成运放在使用中常因以下三种原因被损坏:输入信号过大,使 PN 结击穿;电源电压极性接反或过高;输出端直接接"地"或接电源,此时,运放将因输出级功耗过大而损坏。因此,为使运放安全工作,也需要从这三个方面进行保护。

(1) 输入保护

图 5.4(a)所示是防止差模电压过大的保护电路,限制集成运放两个输入端之间的差模输入电压不超过二极管 VD_1、VD_2的正向导通电压。图 5.4(b)所示是防止共模电压过大的保护电路,限制集成运放的共模输入电压不超过$+U\sim-U$ 的范围。

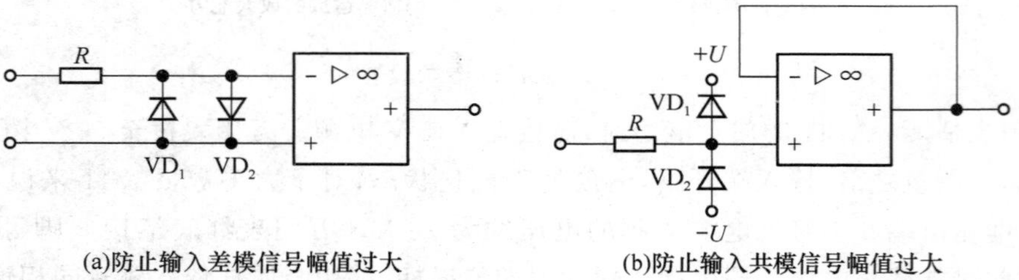

图 5.4 输入保护电路

(2) 输出保护

图 5.5 所示为输出端保护电路,限流电阻 R 与稳压管 VZ 构成限幅电路。它一方面将负载与集成运放输出端隔离开来,限制了运放的输出电流;另一方面也限制了输出电压的幅值。当然,任何保护措施都是有限度的,若将输出端直接接电源,则稳压管会损坏,使电路的输出电阻大大提高,影响了电路的性能。

(3) 电源端保护

为防止电源极性接反,可利用二极管的单向导电性,在电源端串接二极管来实现保护,如图 5.6 所示。由图可见,若电源极性接错,则二极管 VD_1、VD_2不能导通,电源被断开。

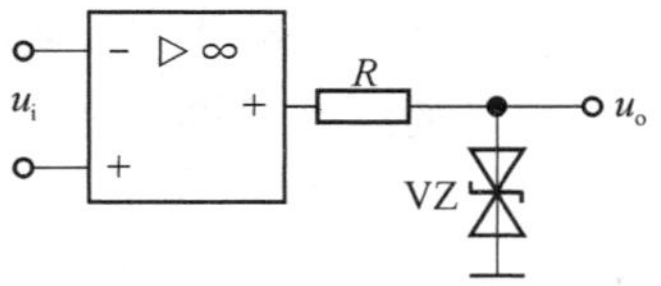

图 5.5 输出保护电路

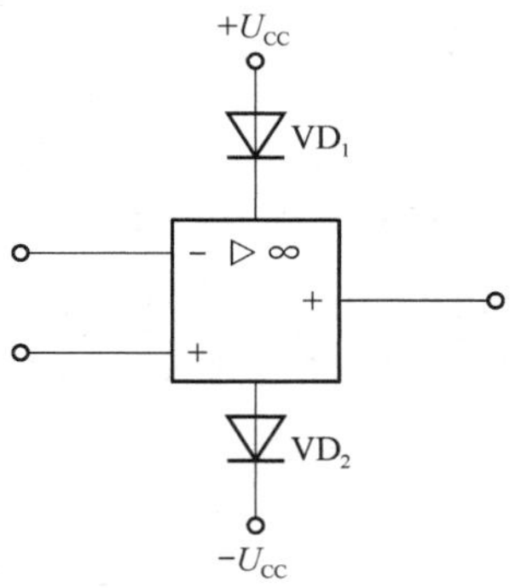

图 5.6 电源端保护

5.2 理想运放及运放工作的两个区域

5.2.1 理想集成运算放大器

理想运放可以理解为实际运放的理想化模型。具体来说，就是将集成运放的各项技术指标理想化，得到一个理想的运算放大器。即：

（1）开环差模电压放大倍数 $A_{od}=\infty$；

（2）差模输入电阻 $r_{id}=\infty$；

（3）输出电阻 $r_{od}=0$；

（4）输入失调电压 $U_{IO}=0$，输入失调电流 $I_{IO}=0$；输入失调电压的温漂 $dU_{IO}/dT=0$，输入失调电流的温漂 $dI_{IO}/dT=0$；

（5）共模抑制比 $K_{CMR}=\infty$；

（6）输入偏置电流 $I_{IB}=0$；

（7）-3 dB 带宽 $f_h=\infty$；

（8）无干扰、噪声。

实际的集成运放由于受集成电路制造工艺水平的限制，各项技术指标不可能达到理想化条件，所以，将实际集成运放作为理想运放分析计算是有误差的，但误差通常不大，在一般工程计算中是允许的。将集成运放视为理想运放，将大大简化运放应用电路的分析。

5.2.2 集成运算放大器的两个工作区域

1. 运放工作在线性工作区时的特点

在集成运放应用电路中，运放的工作范围有两种情况：工作在线性区或工作在非线性区。

线性工作区是指输出电压 u_o 与输入电压 u_i 成正比时的输入电压范围。在线性工作区，集成运放 u_o 与 u_i 之间的关系可表示为

$$u_o = A_{od}u_{id} = A_{od}(u_+ - u_-) \tag{5-1}$$

式中，A_{od}为集成运放的开环差模电压放大倍数，u_+和u_-分别为同相输入端和反相输入端电压。由于集成运放的开环差模电压放大倍数A_{od}很大，而输出电压u_o为有限值，故输入信号的变化范围很小，即集成运放开环时线性区很小。以F007为例，其$A_{od}=10^5$，最大不失真输出电压$U_{om}=\pm 10$ V，则由式(5-1)可得其线性区为$-0.1\sim+0.1$ mV。显然，这么小的线性范围是无法对实际输入信号进行放大的。实际应用时，采用外加负反馈的方法，扩大线性范围。这是运放线性应用电路结构的共同点。仍以上述F007为例，如外加负反馈，使闭环差模电压放大倍数降低到100，则线性范围为$-100\sim+100$ mV。这样的线性范围一般可以满足实际输入信号的要求。

对于理想运放，$A_{od}=\infty$；而u_o为有限值，故由式(5-1)可知，工作在线性区时，有：$u_+-u_-\approx 0$，即：

$$u_+\approx u_- \tag{5-2}$$

这一特性称为理想运放输入端的“虚短”。“虚短”和“短路”是截然不同的两个概念，“虚短”的两点之间，仍然有电压，只是电压十分微小；而“短路”的两点之间，电压为零。

由于理想运放的输入电阻$r_{id}=r_{ic}=\infty$，而加到运放输入端的电压u_+-u_-有限，所以运放两个输入端的电流：

$$i_+=i_-\approx 0 \tag{5-3}$$

这一特性称为理想运放输入端的“虚断”。同样，“虚断”与“断路”不同，“虚断”是指某一支路中电流十分微小；而“断路”则表示某支路电流为零。

式(5-2)和式(5-3)是分析理想运放线性应用电路的重要依据。为书写方便，以后将式中的“≈”写为“＝”。

2. 运放工作在非线性工作区时的特点

集成运放的非线性工作区是指其输出电压u_o与输入电压u_+-u_-不成比例时的输入电压取值范围。在非线性工作区，运放的输入信号超出了线性放大的范围，输出电压不再随输入电压线性变化，而是达到饱和，输出电压为正向饱和压降U_{OH}（正向最大输出电压）或负向饱和压降U_{OL}（负向最大输出电压），如图5.7所示。

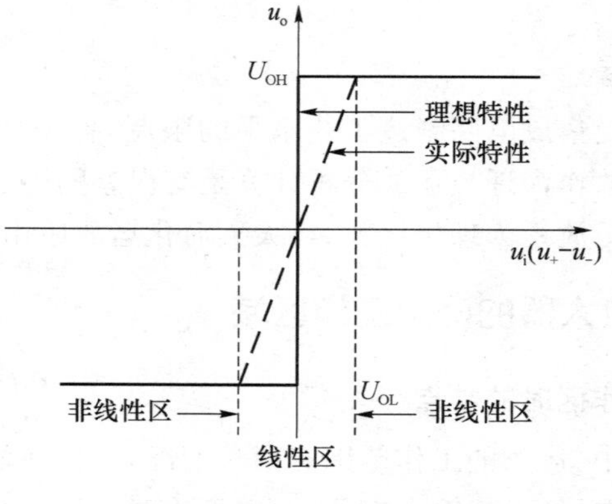

图5-7 集成运放的传输特性

理想运放工作在非线性区时，由于$r_{id}=r_{ic}=\infty$，而输入电压总是有限值，所以不论输入电压是差模信号还是共模信号，两个输入端的电流均为无穷小，即图 5.1 集成运放的传输特性仍满足“虚断”条件：

$$i_{+}=i_{-}\approx 0 \tag{5-4}$$

为使运放工作在非线性区，一般使运放工作在开环状态，也可外加正反馈。

5.3 信号运算电路

本书按照运放应用电路中运放工作区域的不同，将其应用电路分为线性应用电路和非线性应用电路两大类。线性应用电路中，一般都在电路中加入深度负反馈，使运放工作在线性区，以实现各种不同功能。典型线性应用电路包括各种运算电路及有源滤波电路。信号的运算是运放的一个重要而基本的应用领域。本节介绍信号运算电路。

5.3.1 比例运算电路

1. 反相比例运算电路

反相比例运算电路也称为反相放大器，电路组成如图 5.8 所示。输入电压 u_i 经电阻 R_1 加到集成运放的反相输入端，同相输入端经 R' 接地。在输出端和反相输入端之间有负反馈支路 R_f，该负反馈组态为电压并联负反馈。因此，可以认为运放工作在线性区，分析输入输出之间关系时可以利用“虚短”“虚断”特点。

由于“虚断”，$i_{+}=0$，故 R' 上没有压降，则 $u_{+}=0$。又因“虚断”，可知：

$$u_{+}=u_{-}=0 \tag{5-5}$$

式(5-5)说明在反相比例运算电路中，运放的两个输入端电位不仅相等，而且均为零，如同接地，这一特点称为“虚地”。

由于 $i_{+}=0$，可见：$i_i=i_f$，即

$$\frac{u_i-u_{+}}{R_1}=\frac{u_{-}-u_o}{R_f}$$

将式(5-5)代入上式，整理可得反相比例运算电路的输出输入电压之比(电压放大倍数)为

$$A_{uf}=\frac{u_o}{u_i}=-\frac{R_f}{R_1} \tag{5-6}$$

可见，反相比例运算电路的输出电压与输入电压相位相反，而幅度成正比关系，比例系数取决于电阻 R_f 与 R_1 阻值之比。

为使运放输入级的差动放大电路参数保持一致，要求从运放两个输入端向外看的等效电阻相等，因此在同相输入端接入一个平衡电阻 R'，其阻值为 $R'=R_1 /\!/ R_f$。

2. 同相比例运算电路

同相比例运算电路又称为同相放大器，其电路如图 5.9 所示。输入电压加在同相输入端，为保证运放工作在线性区，在输出端和反相输入端之间接反馈电阻 R_f 构成深度电压串联负反

馈，R'为平衡电阻，$R'=R_1 /\!/ R_f$。

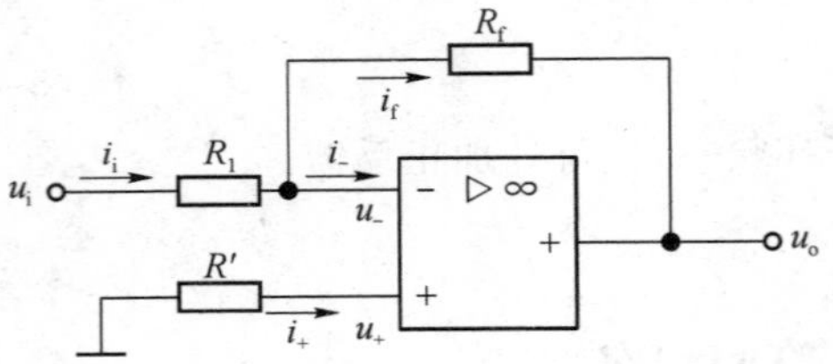

图 5.8 反相比例运算电路

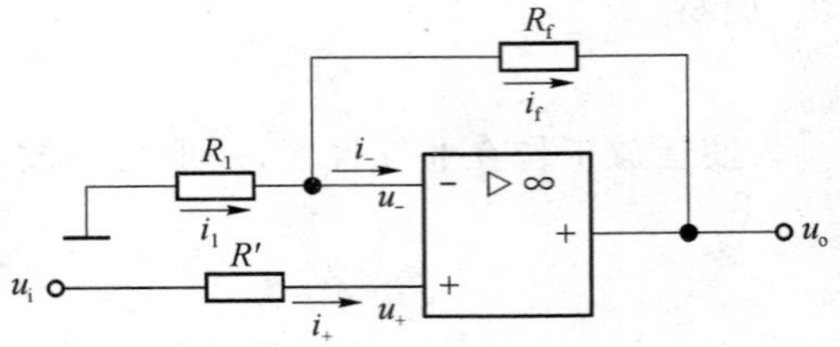

图 5.9 同相比例运算电路

根据“虚断”“虚短”特点，有

$$\begin{aligned} u_+ &= u_- = u_i \\ i_+ &= i_- = 0 \end{aligned} \tag{5-7}$$

则

$$i_i = i_f \quad 或 \quad \frac{u_-}{R_1} = \frac{u_o - u_+}{R_f} \tag{5-8}$$

将式(5-7)代入式(5-8)整理可得输出、输入电压之比，即电压放大倍数为

$$A_{uf} = \frac{u_o}{u_i} = 1 + \frac{R_f}{R_1} \tag{5-9}$$

可见，同相比例运算电路输出、输入电压相位相同，幅度成正比例关系。比例系数取决于电阻 R_f 与 R_1 阻值之比。

同相比例运算电路中引入了电压串联负反馈，故可以进一步提高电路的输入电阻，降低输出电阻。

图 5.9 中，若 $R_f=0$，则 $u_o=u_i$，此时电路构成电压跟随器，如图 5.10 所示。

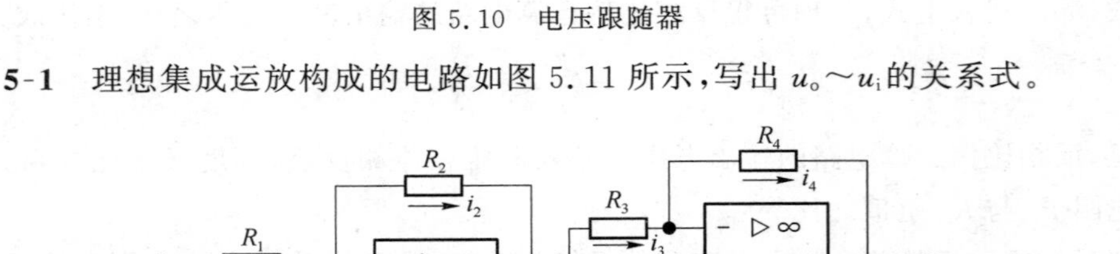

图 5.10 电压跟随器

例题 5-1 理想集成运放构成的电路如图 5.11 所示，写出 $u_o \sim u_i$的关系式。

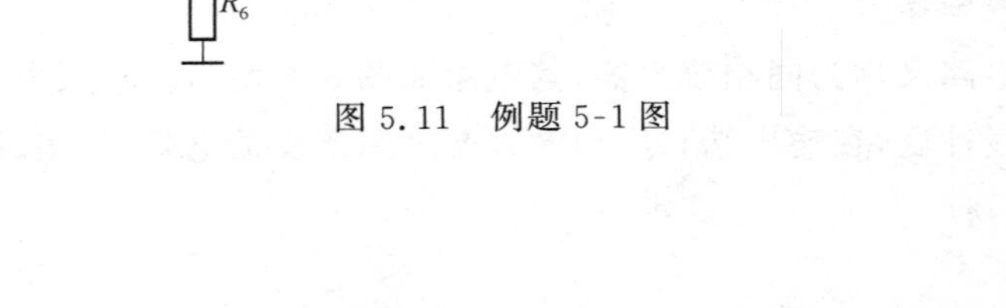

图 5.11 例题 5-1 图

解　由电路可知，运放 A_1 构成的电路是一个反相比例运算电路。于是

$$\frac{u_{o1}}{u_i}=-\frac{R_2}{R_1}\quad 或 \quad u_{o1}=-\frac{R_2}{R_1}u_i$$

运放 A_2 构成的电路是一个同相比例运算电路，因此有

$$u_o=\left(1+\frac{R_4}{R_3}\right)u_{o1}=-\frac{R_2}{R_1}\left(1+\frac{R_4}{R_3}\right)u_i$$

可见，该电路是一种比例运算电路。

5.3.2　求和运算电路

用集成运放实现求和运算，即电路的输出信号为多个模拟输入信号的和。求和运算电路在电子测量和控制系统中经常被采用。

求和运算电路有反相求和运算电路、同相求和运算电路和代数求和运算电路等几种。

1. 反相求和电路

反相求和电路如图 5.12 所示。图中有两个输入信号 u_{i1}、u_{i2}（实际应用中可以根据需要增减输入信号的数量），分别经电阻 R_1、R_2 加在反相输入端；为使运放工作在线性区，R_f 引入深度电压并联负反馈；R' 为平衡电阻，$R'=R_1 /\!/ R_2 /\!/ R_f$。

对电路的反相输入端，根据“虚短”“虚断”可得输出电压与输入电压关系：

$$u_o=-\left(\frac{R_f}{R_1}u_{i1}+\frac{R_f}{R_2}u_{i2}\right) \tag{5-10}$$

可见，电路输出电压 u_o 为输入电压 u_{i1}、u_{i2} 相加所得结果，即电路可以实现求和运算。

例题 5-2　假设一个控制系统中的温度、压力等物理量经传感器后分别转换成为模拟电压 u_{i1}、u_{i2}，设计一个运算电路，使电路输出电压与 u_{i1}、u_{i2} 之间关系为 $u_o=-3u_{i1}-10u_{i2}$

解　采用图 5.12 所示的反相求和电路，将给定关系式与式(5-10)比较，可得

$$\frac{R_f}{R_1}=3,\quad \frac{R_f}{R_2}=10$$

为了避免电路中的电阻值过大或过小，可先选 $R_f=150\ \text{k}\Omega$，则

$$R_1=50\ \text{k}\Omega,\quad R_2=15\ \text{k}\Omega$$

$$R'=R_f /\!/ R_1 /\!/ R_2=10.7\ \text{k}\Omega$$

为保证精度，以上电阻应选用精密电阻。

2. 同相求和电路

为实现同相求和，可以将各输入电压加在运放的同相输入端，为使运放工作在线性状态，电阻支路 R_f 引入深度电压串联负反馈，如图 5.13 所示。

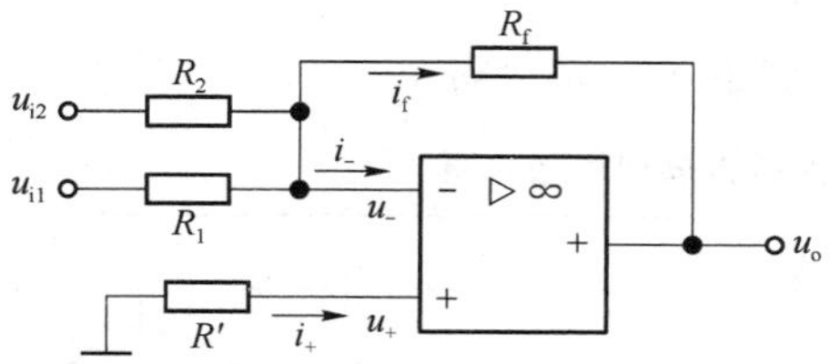

图 5.12　反相求和电路

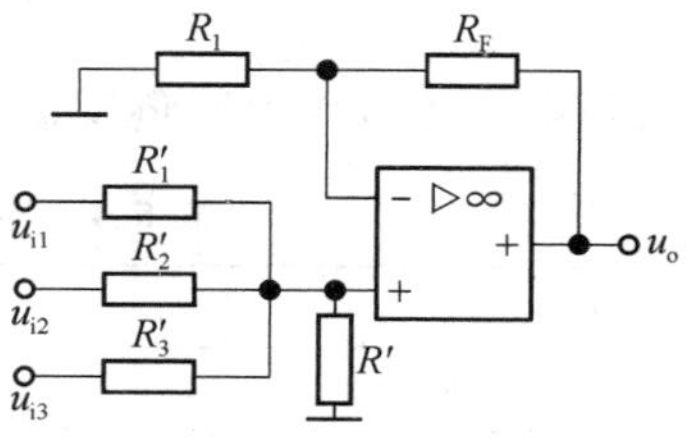

图 5.13　同相求和电路

由“虚断”“虚短”可得输出电压为

$$u_o=\left(1+\frac{R_f}{R_1}\right)u_N=\left(1+\frac{R_f}{R_1}\right)\left(\frac{R_+}{R_1}u_{i1}+\frac{R_+}{R_1}u_{i2}+\frac{R_+}{R_1}u_{i3}\right) \tag{5-11}$$

式中，$R_+=R_1'/\!/R_2'/\!/R_3'/\!/R'$。

可见，该电路能够实现同相求和运算。由于该电路估算和调试过程比较麻烦，实际工作中不如反相求和电路应用广泛。

5.3.3 实验项目十二：比例求和运算电路调测

1. 实验目的

(1) 掌握用集成运算放大电路组成比例、求和电路的特点及性能；

(2) 掌握上述电路的测试和分析方法。

2. 实验设备

(1) 数字双踪示波器；

(2) 数字万用表；

(3) 信号发生器；

(4) TPE-A5Ⅱ型模拟电路实验箱。

3. 预习要求

(1) 计算表 5.1 中的 u_o 和 A_{uf}；

(2) 估算表 5.2 中的 u_o 和 A_{uf}；

(3) 估算表 5.3 中的 u_o 和 A_{uf}；

(4) 计算表 5.4 中的 u_o 和 A_{uf}；

(5) 计算表 5.5 中的 u_o 和 A_{uf}。

4. 实验内容

(1) 电压跟随电路

实验电路如图 5.14 所示。按表 5.1 内容实验并测量记录。

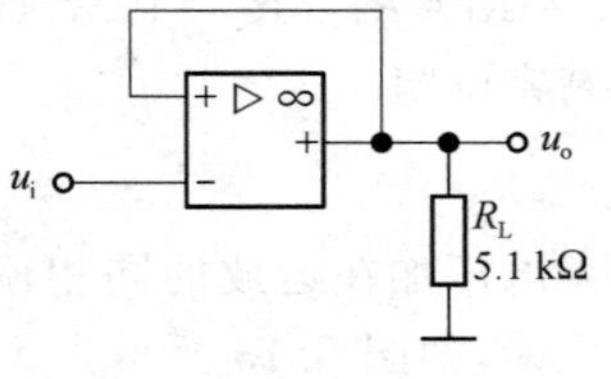

图 5.14 电压跟随电路

电压跟随电路为电压串联负反馈，根据“虚短”有 $u_o=u_-\approx u_+$。

表 5.1 电压跟随电路输入输出测量记录

u_i/V		−2	−0.5	0	0.5	1
u_o/V	$R_L=\infty$					
	$R_L=5.1\ \text{k}\Omega$					

(2) 反相比例放大器

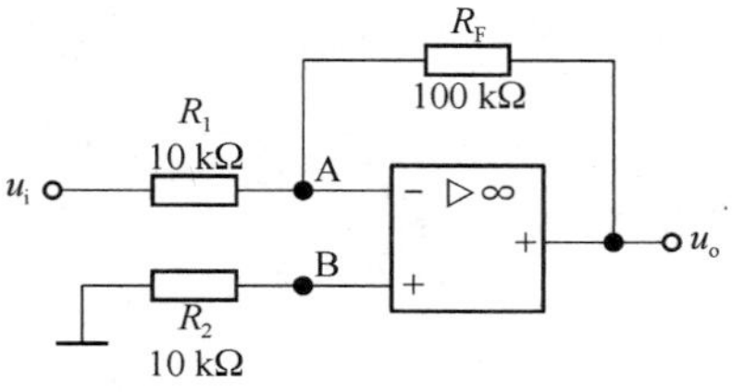

图 5.15 反相比例放大电路

实验电路如图 5.15 所示。

反相比例放大电路电压并联负反馈，由“虚短”有

$$u_A = u_B = 0\ \text{V},\quad i_i = \frac{u_i - u_A}{R_1} = \frac{u_i}{R_1}$$

由“虚断”有

$$i_f = i_f = \frac{u_i}{R_1},\quad u_o = u_A - i_f \cdot R_F = -\frac{R_F}{R_1}u_i$$

按表 5.2 内容实验并测量记录。

表 5.2 反相比例放大器输入输出测量记录

直流输入电压 u_i/mV		30	100	300	1 000	3 000
输出电压 u_o	理论估算/V					
	实际值/V					
	误差/mV					

(3) 同相比例放大电路

电路如图 5.16 所示。按表 5.3 实验测量并记录。

同相比例放大电路为电压串联负反馈：

由“虚断”有

$$i_+ = i_- = 0$$

所以 $u_B = u_i$

由“虚短”有

$$u_A = u_B = u_i$$

所以 $u_o = \dfrac{u_A}{R_1}(R_1 + R_F) = \left(1 + \dfrac{R_F}{R_1}\right)u_i$

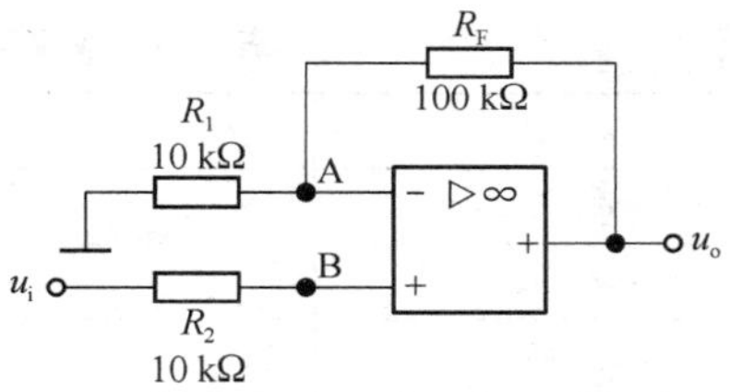

图 5.16 同相比例放大电路

表 5.3 同相比例放大器输入输出测量记录

直流输入电压 u_i/mV		30	100	300	1 000	3 000
输出电压 u_o	理论估算/V					
	实际值/V					
	误差/mV					

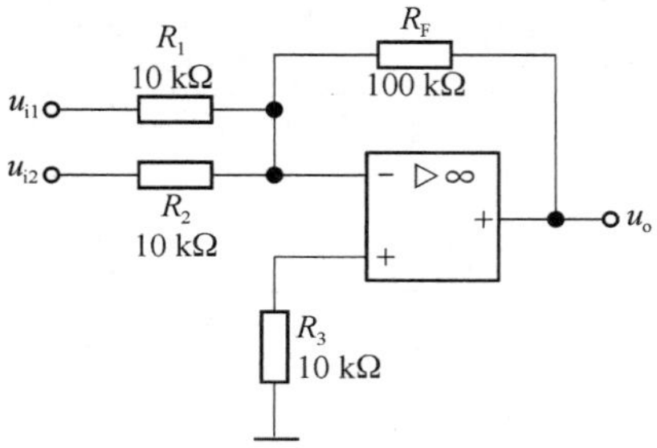

图 5.17 反相求和放大电路

(4) 反相求和放大电路

实验电路如图 5.17 所示。按表 5.4 内容进行实验测量，并与预习计算比较。

表 5.4 反相求和放大电路输入输出测量记录

u_{i1}/V	0.3	−0.3
u_{i2}/V	0.2	0.2
u_o/V		
$u_{o估}$/V		

电压并联负反馈,分析方法与图 5.15 一样:

$$u_o=-R_F\left(\frac{u_{i1}}{R_1}+\frac{u_{i2}}{R_2}\right)$$

(5) 双端输入求和放大电路

实验电路为图 5.18 所示。减法电路,电压串并联反馈电路。

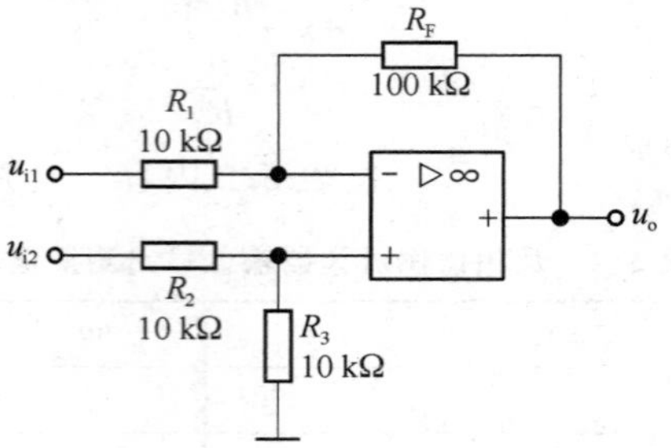

图 5.18 双端输入求和电路

$$u_o=\frac{R_3}{R_2+R_3}\cdot\frac{R_1+R_F}{R_1}u_{i2}-\frac{R_F}{R_1}u_{i1}=10(u_{i2}-u_{i1})$$

按表 5.5 要求实验并测量记录。

表 5.5 双端输入求和放大电路输入输出测量记录

u_{i1}/V	1	2	0.2
u_{i2}/V	0.5	1.8	−0.2
u_o/V			
$u_{o估}$/V			

5. 实验报告要求

(1) 绘出实验原理电路图,标明实验的元件参数。

(2) 总结本实验中 5 种运算电路的特点及性能。

(3) 分析理论计算与实验结果误差的原因。

(4) 完成比例求和运算电路调测实验报告(表 5.6)。

表 5.6 模拟电子技术实验报告十二:比例求和运算电路调测

<table>
<tr><td colspan="2">实验地点</td><td colspan="2"></td><td>时间</td><td></td><td>实验成绩</td><td></td></tr>
<tr><td>班级</td><td></td><td>姓名</td><td></td><td>学号</td><td></td><td>同组姓名</td><td></td></tr>
<tr><td colspan="2">实验目的</td><td colspan="6"></td></tr>
<tr><td colspan="2">实验设备</td><td colspan="6"></td></tr>
</table>

续表

实验内容

1. 画出实验电路原理图

2. 电压跟随电路

u_i/V		−2	−0.5	0	0.5	1
$R_L=\infty$	$R_L\infty$					
	$R_L=5.1\ k\Omega$					

$A_{uf}=$

3. 反相比例放大器

直流输入电流 u_i/mV		30	100	300	1 000	3 000
输出电压 u_o	理论估算/V					
	实际值/V					
	误差/mV					

$A_{uf}=$

4. 同相比例放大电路

直流输入电压 u_i/mV		30	100	300	1 000	3 000
输出电压 u_o	理论估算/V					
	实际值/V					
	误差/mV					

$A_{uf}=$

5. 反相求和放大电路

u_{i1}/V	0.3	−0.3
u_{i2}/V	0.2	−0.2
u_o/V		
$u_{o估}$/V		

$A_{uf}=$

6. 双端输入求和放大电路

u_{i1}/V	1	2	0.2
u_{i2}/V	0.5	1.8	−0.2
u_0/V			
$u_{0估}$/V			

$A_{uf}=$

续表

实验过程中遇到的问题及解决方法	
实验体会与总结	
指导教师评语	

5.3.4 积分与微分电路

1. 积分电路

积分电路可以完成对输入信号的积分运算，即输出电压与输入电压的积分成正比。这里介绍常用的反相积分电路，如图 5.19 所示。电容 C 引入电压并联负反馈，运放工作在线性区。

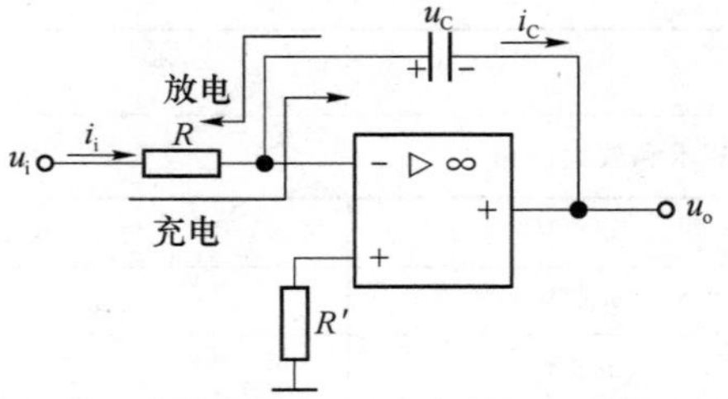

图 5.19 反相积分电路基本形式

根据"虚短""虚断"以及电容、电流、电压关系：

$$u_C = \frac{1}{C}\int i_C \cdot \mathrm{d}t \tag{5-12}$$

或

$$u_C(t_0) = \frac{1}{C}\int_{-\infty}^{t_0} i_C \cdot \mathrm{d}t = \frac{1}{C}\int_{0}^{t_0} i_C \cdot \mathrm{d}t + u_C(0)$$

式中，$u_C(0)$是电容两端电压初始值，令 $u_C(0)=0$，可得电路输出输入电压关系：

$$u_o = \frac{1}{RC}\int u_i \cdot \mathrm{d}t \tag{5-13}$$

上式表示了输出电压 u_o 与输入电压 u_i 的积分运算关系。

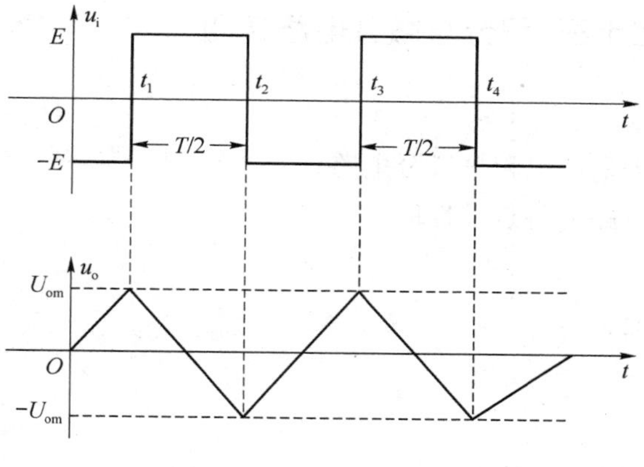

图 5.20　基本积分电路的积分波形

积分电路可以用于波形变换。若输入为方波信号，由式(5-13)分析可得输出信号为三角波，如图 5.20 所示。

例题 5-3　理想运放构成的积分运算电路如图 5.19 所示，$R=10\ \text{k}\Omega$，$C=0.1\ \mu\text{F}$，$u_i=2\ \text{V}$，电容上初始电压为 0 V，经 $t=2$ ms 后，电路输出电压 u_o 为多少？

解　由式(5-13)可知，当 u_i = 常数时，有

$$u_0(t_0)=\frac{1}{RC}\int_{-\infty}^{t_0}u_i\cdot\mathrm{d}t=\frac{1}{RC}\int_{0}^{t_0}u_i\cdot\mathrm{d}t+u_o(0)=-\frac{u_i}{RC}t_0$$

将参数代入可得：当 $t=2$ ms 时电路的输出电压为

$$u_o=-\frac{u_i}{RC}t_0=-4\ \text{V}$$

2. 微分电路

微分是积分的逆运算，微分电路的输出电压是输入电压的微分，电路如图 5.21 所示。

图中 R 引入电压并联负反馈使运放工作在线性区。利用“虚短”“虚断”可知，运放两输入端为“虚地”，所以

$$u_o=-i_F R=-(-i_C R)=-RC\frac{\mathrm{d}u_i}{\mathrm{d}t}\tag{5-14}$$

可见输出电压与输入电压的微分成正比。由式(5-14)可得输出信号波形，如图 5.22 所示。

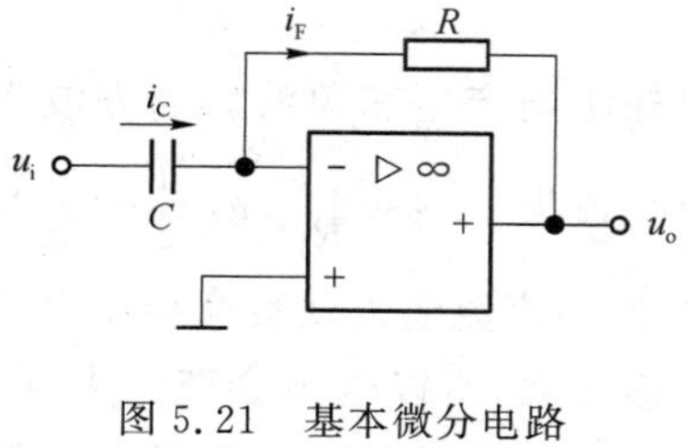

图 5.21　基本微分电路

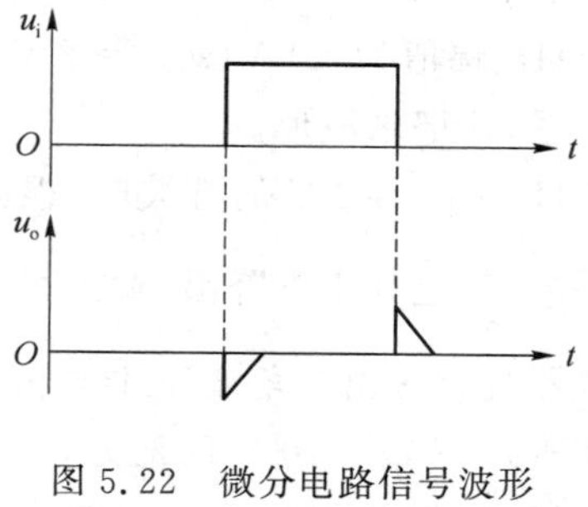

图 5.22　微分电路信号波形

5.3.5 实验项目十三:积分与微分电路调测

1. 实验目的

(1) 掌握用运算放大器组成积分微分电路;

(2) 熟悉积分微分电路的特点及性能。

2. 实验设备

(1) 数字双踪示波器;

(2) 数字万用表;

(3) 信号发生器;

(4) TPE-A5Ⅱ型模拟电路实验箱。

3. 预习要求

(1) 分析图 5.23 电路,若输入正弦波,u_o与 u_i相位差是多少?当输入信号为 100 Hz 正弦波,有效值为 2 V 时,u_o=?

(2) 分析图 5.24 电路,若输入方波,u_o与 u_i相位差多少?当输入信号为 160 Hz 方波,幅值为1 V时,输出 u_o=?

(3) 拟定实验步骤,做好记录表格。

4. 实验内容

(1) 积分电路

实验电路如图 5.23 所示。

反相积分电路:$u_o=-\frac{1}{R_1C}\int_{t_0}^{t}u_i(t)\mathrm{d}t+u_0(t_0)$。实用电路中为防止低频信号增益过大,往往在积分电容两边并联一个电阻 R_f,它可以减少运放的直流偏移,但也会影响积分的线性关系,一般取 $R_f\gg R_1=R_2$。

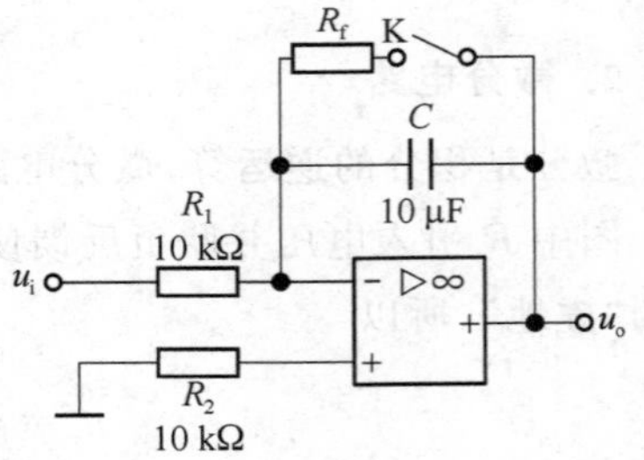

图 5.23 积分实验电路

① 取 $u_i=-1$ V,断开开关 K(开关 K 用一连线代替,拔出连线一端作为断开)用示波器观察 u_o变化。

② 测量饱和输出电压及有效积分时间。u_o直线上升,大约在 1.1 s 时间内输出饱和电压 11.4 V。

③ 把图 5.23 中积分电容改为 0.1 μF,在积分电容两端并接 100 kΩ 电阻,断开 K,u_i分别输入频率为 100 Hz、幅值为±1 V($u_{P-P}=2$ V)的正弦波和方波信号,观察和比较 u_i与 u_o的幅值大小及相位关系,并记录波形。

当输入 100 Hz、$u_{P-P}=2$ V 的方波时,根据反向积分法则产生三角波。当方波为$-u_z$时,三角波处于上升沿,反之处于下降沿,输出三角波的峰峰值为 $u_{P-P}=\frac{1}{R_1C}u_Z\ \frac{T}{2}=5$(V)。当不加上 R_f 时,示波器观察输出三角波往往出现失真,此时使用直流输入观察就会发现,三角波的中心横轴大约在+10 V 或-10 V 的地方,因为直流偏移太大,所以输出会产生失真。在电容两端并上大电位器,调节它大约在 500 kΩ~1 MΩ 的范围,可以观察到不失真的三角波,峰峰值为 5 V,此时仍有一定的直流偏移。当并上 $R_f = 100\ \text{k}\Omega$ 时,直流偏移在 1 V 以下,但输出三角波已经变成近似积分波,幅值也有所下降。

当输入 100 Hz、$u_{P-P} = 2$ V 的正弦波时,有 $u_i = 1\cos(100 \cdot 2\pi t)$,根据积分公式有 $u_O \approx -1.59\sin(100 \cdot 2\pi t)$。因此输出波形的相位比输入波形的相位超前 90°。当不加上 R_f 时,示波器观察输出正弦波往往出现切割失真,同样是直流偏移太大的原因。在电容两端并上大电位器,调节它大约在 500 kΩ～1 MΩ 的范围,可以观察到不失真的波形,峰峰值约为 3.2 V,此时仍有一定的直流偏移。当并上 $R_f = 100\ \text{k}\Omega$ 时,直流偏移在 1 V 以下,幅值也有所下降。

④ 改变信号频率(20～400 Hz),观察 u_i 与 u_o 的相位、幅值及波形的变化。当改变信号频率时,输出信号的波形、相位不变,幅值随着频率的上升而下降。

(2) 微分电路

实验电路如图 5.24 所示。

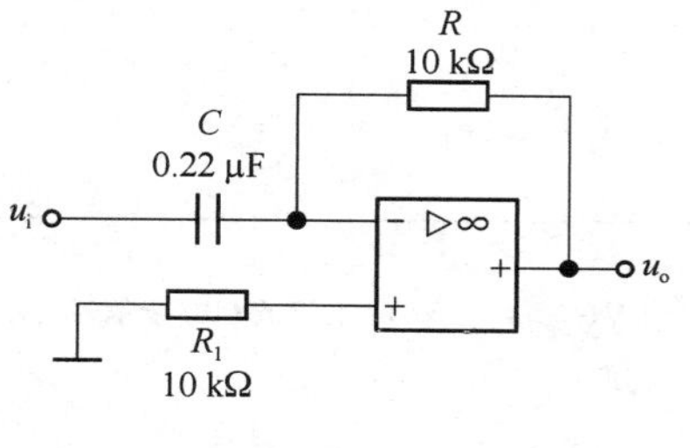

图 5.24　微分实验电路

由微分电路的理想分析得到公式:

$$u_o(t) = -RC\frac{\mathrm{d}u_i(t)}{\mathrm{d}t}$$

但对于图 5.24 所示电路,对于阶跃变化的信号或是脉冲式大幅值干扰,都会使运放内部放大管进入饱和或截止状态,以至于即使信号消失也不能回到放大区,形成堵塞现象,使电路无法工作。同时由于反馈网络为滞后环节,它与集成运放内部滞后环节相叠加,易产生自激震荡,从而使电路不稳定。为解决以上问题,可在输入端串联一个小电阻 R_1,以限制输入电流和高频增益,消除自激。以上改进是针对阶跃信号(方波、矩形波)或脉冲波形,对于连续变化的正弦波,除非频率过高不必使用,当加入电阻 R_1 时,电路输出为近似微分关系。

① 输入正弦波信号,$f = 160$ Hz,有效值为 1 V,用示波器观察 u_i 与 u_o 波形并测量输出电压。

② 改变正弦波频率(20～400 Hz),观察 u_i 与 u_o 的相位、幅值变化情况并记录。

③ 输入方波信号,$f = 200$ Hz,$u = \pm 200$ mV($u_{P-P} = 400$ mV),在微分电容左端接入 400 Ω 左右的电阻(通过调节 1 kΩ 电位器得到),用示波器观察 u_o 波形。

④输入方波信号,$f = 200$ Hz,$u = \pm 200$ mV($u_{P-P} = 400$ mV),调节微分电容左端接入的电位器(1 kΩ),观察 u_i 与 u_o 幅值及波形的变化情况并记录。

不接入电阻时:当输入方波从 $-u_Z$ 上升到 u_Z 时,输出先产生一个饱和负脉冲(−11 V 左右),负脉冲回到零开始震荡,震荡的幅值越来越低,最后归零;当输入方波从 u_Z 下降到 $-u_z$ 时,输出波形相反,这是电路自激震荡产生的。

接入电位器,逐渐加大电阻,震荡的幅值减小,观察到震荡的次数也减小。当电阻为400 Ω 时,输出波形为幅值大约 8.8 V 的正负脉冲。

5. 实验报告要求

(1) 绘出实验原理电路图,标明实验的元件参数。

(2) 整理实验中的数据及波形,总结积分、微分电路特点。

(3) 分析实验结果与理论计算的误差原因。

(4) 完成积分与微分电路调测实验报告(表 5.7)。

表 5.7　模拟电子技术实验报告十三:积分与微分电路调测

实验地点				时间		实验成绩	
班级		姓名		学号		同组姓名	
实验目的							
实验设备							
实验内容	1. 画出实验电路原理图						
	2. 积分电路 断开 K,u_i分别输入频率为 100 Hz、幅值为±1 V(u_{P-P}=2 V)的正弦波和方波信号,观察和比较 u_i与 u_o的幅值大小及相位关系,并记录波形。						
	3. 微分电路 (1) 输入正弦波信号,f=160 Hz,有效值为 1 V,用示波器观察 u_i与 u_o波形并测量输出电压。 (2) 改变正弦波频率(20～400 Hz),观察 u_i与 u_o的相位、幅值变化情况并记录。 (3) 输入方波信号,f=200 Hz,u=±200 mV(u_{P-P}=400 mV),在微分电容左端接入400 Ω左右的电阻(通过调节 1 kΩ 电位器得到),用示波器观察 u_o波形。 (4) 输入方波信号,f=200 Hz,u=±200 mV(u_{P-P}=400 mV),调节微分电容左端接入的电位器(1 kΩ),观察 u_i与 u_o幅值及波形的变化情况并记录。						
实验过程中遇到的问题及解决方法							
实验体会与总结							
指导教师评语							

5.4 有源滤波电路

滤波电路是通信、测量、控制系统及信号处理等领域常用的一种信号处理电路，其作用实质上是“选频”，使所需的特定频段的信号能够顺利通过，而使其他频段的信号急剧衰减（即被滤掉）。

滤波电路种类繁多，分类方法各异。按照所用器件不同，可分为无源滤波电路、有源滤波电路及晶体滤波电路等。无源滤波电路是指由 R、L、C 等无源器件所构成的滤波器；有源滤波电路是指由放大电路和 RC 网络构成的滤波电路。

按照工作频率的不同，滤波电路可分为低通滤波（Low Pass Filter，LPF）、高通滤波（High Pass Filter，HPF）、带通滤波（Band Pass Filter，BPF）、带阻滤波（Band Elimination Filter，BEF）等。低通滤波电路允许低频信号通过，将高频信号衰减；高通滤波电路的性能与之相反，即允许高频信号通过，而将低频信号衰减；带通滤波器允许某一频带范围内的信号通过，而将此频带之外的信号衰减；带阻滤波器的性能与之相反，即阻止某一频带范围内信号通过，而允许此频带之外的信号通过。上述各种滤波器的特性如图 5.25 所示，图中同时给出了滤波器的理想特性和实际特性。

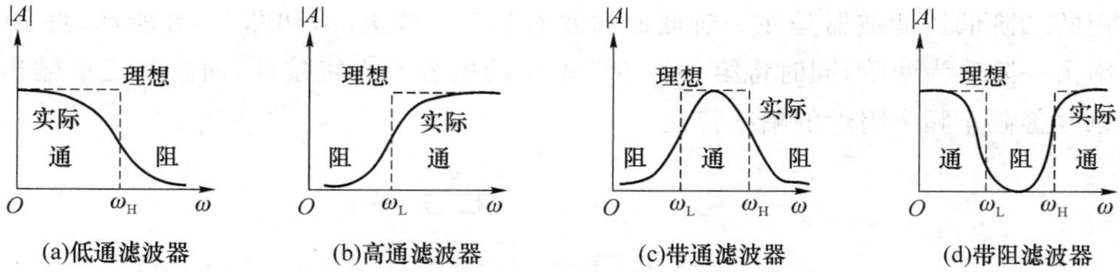

图 5.25 滤波器的理想特性和实际滤波器特性

本节所指的有源滤波电路仅指以集成运放作为放大器件（有源器件）和 RC 网络组成的滤波电路。

分析滤波器的特性，需要计算滤波电路的传递函数，通过对传递函数的幅频特性的分析得出滤波器的特性。按照传递函数分母中频率的最高指数分为一阶、二阶和高阶滤波器。

5.4.1 低通滤波电路

一阶有源低通滤波电路如图 5.26 所示，它由集成运放和一阶 RC 无源低通滤波电路组成，R_f 引入负反馈使运放工作在线性区。

根据“虚短”“虚断”，并由电路结构可得传递函数为

$$\dot{A}_u=\frac{\dot{U}_o}{\dot{U}_i}=\left(1+\frac{R_f}{R_1}\right)\frac{1}{1+j\omega RC}=\frac{A_{up}}{1+j\dfrac{f}{f_0}} \tag{5-15}$$

式中，A_{up}为通带电压放大倍数，f_o为截止频率。其中

$$A_{up}=1+\frac{R_f}{R_1} \tag{5-16}$$

$$f_o=\frac{1}{2\pi RC} \tag{5-17}$$

由式(5-15)可以画出该滤波电路的幅频特性，如图5.27所示。低通滤波电路的通带电压放大倍数A_{up}是当工作频率趋于零时，输出电压与其输入电压之比。截止频率f_o为电压放大倍数(传递函数的幅值)下降到最大值A_{up}的$1/\sqrt{2}$(或0.707)时对应的频率。

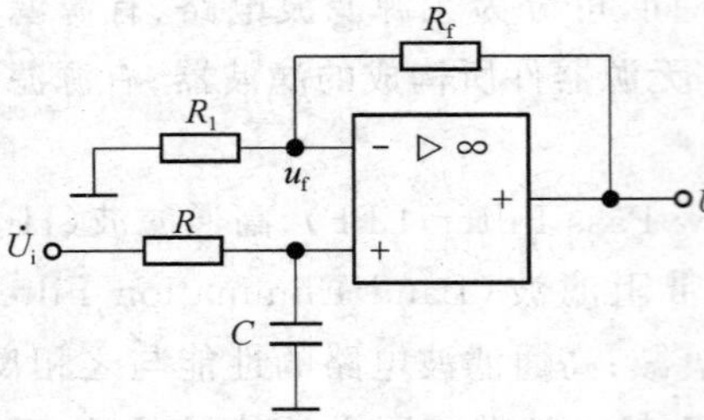

图5.26 一阶有源低通滤波电路

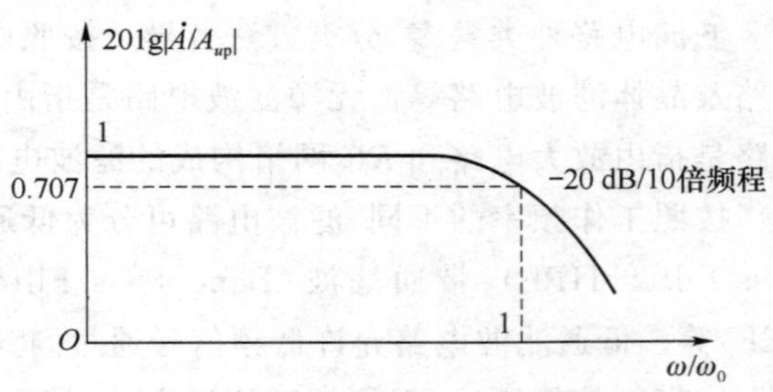

图5.27 一阶有源低通滤波电路的幅频特性

一阶有源低通滤波电路结构简单，但由图5.27可以看出，其滤波特性与理想低通滤波特性相比差距很大。为使低通滤波器的滤波特性更接近于理想情况，常采用二阶低通滤波器。

常用的二阶低通滤波器是在一阶低通滤波器基础上改进的，如图5.28所示，将RC无源滤波网络由一阶改为两阶，同时将第一级RC电路的电容不直接接地，而接在运放输出端，引入反馈以改善截止频率附近的幅频特性。

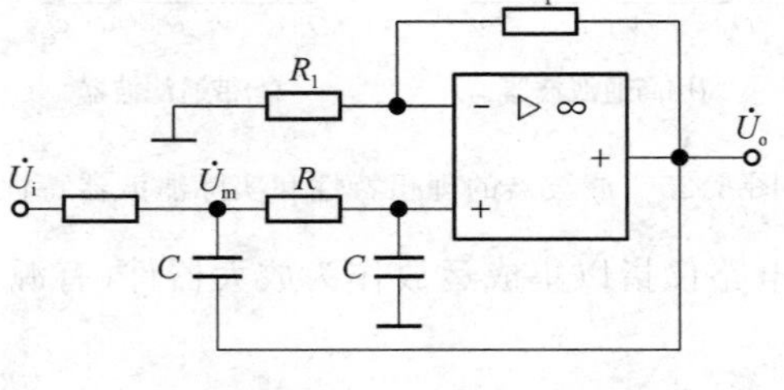

图5.28 二阶低通滤波电路

5.4.2 高通滤波电路

高通滤波电路和低通滤波电路存在对偶关系，将低通滤波电路中起滤波作用的电阻和电容的位置交换，即可组成相应的高通滤波电路。图5.29(a)即为一阶高通滤波电路。

可以推出该滤波电路的传递函数为

$$\dot{A}_u=\frac{\dot{U}_O}{\dot{U}_i}=\frac{A_{up}}{1-\mathrm{j}\frac{f_0}{f}} \tag{5-18}$$

式中，

$$A_{up}=1+\frac{R_f}{R_1},\quad f_o=\frac{1}{2\pi RC}$$

其对数幅频特性如图 5.29(b)所示。

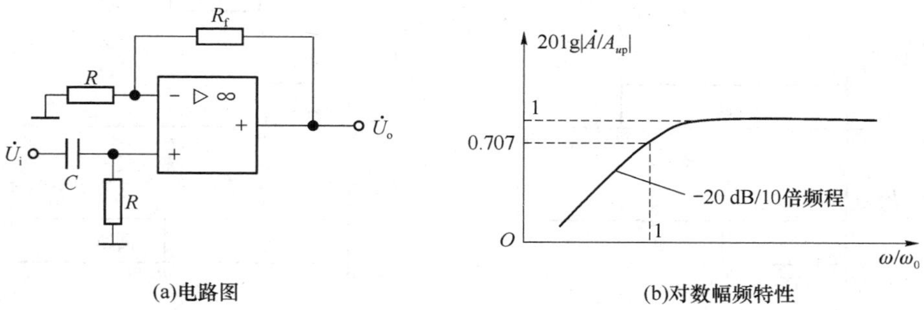

图 5.29　一阶高通滤波电路

与低通滤波电路类似，一阶电路在低频处衰减较慢，为使其幅频特性更接近于理想特性，可再增加一级 RC 组成二阶滤波电路，如图 5.30 所示。

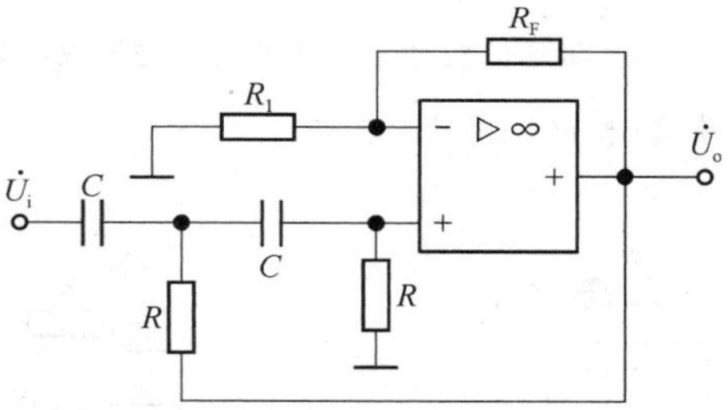

图 5.30　二阶高通滤波电路

为了得到更加理想的滤波特性，可以将多个一阶或二阶滤波电路串接起来组成高阶高通滤波器。

5.4.3　带通和带阻滤波电路

带通滤波电路常用于抗干扰设备中，以便接收某一频带范围内的有用信号，而消除高频段及低频段的干扰和噪声；而带阻滤波电路也常用于抗干扰设备中阻止某个频带范围内的干扰和噪声信号通过。

将截止频率为 f_h 的低通滤波电路和截止频率为 f_l 的高通滤波电路进行不同的组合，就可以得到带通滤波电路和带阻滤波电路。带通滤波如图 5.31(a)所示。将一个低通滤波电路和一个高通滤波电路串联连接即可组成带通滤波电路，$f>f_h$ 的信号被低通滤波电路滤掉，$f<f_l$的信号被高通滤波电路滤掉，只有 $f_l<f<f_h$ 的信号才能通过，显然，$f_l<f_h$ 才能组成带通电路。

图 5.31(b)所示为一个低通滤波电路和一个高通滤波电路并联连接组成的带阻滤波电路，$f<f_h$ 的信号从低通滤波电路中通过，$f<f_l$ 的信号从高通滤波电路通过，只有 $f_h<f<f_l$ 的信号无法通过，所以 $f_h<f_l$ 才能组成带阻电路。

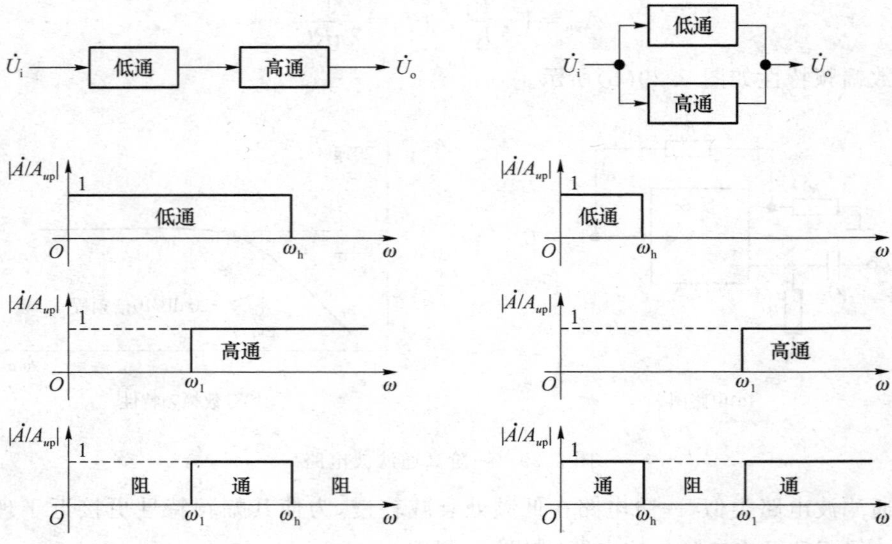

(a)带通滤波 (b)带阻滤波

图 5.31 带通滤波和带阻滤波电路的组成原理

带通滤波和带阻滤波的典型电路如图 5.32 所示。

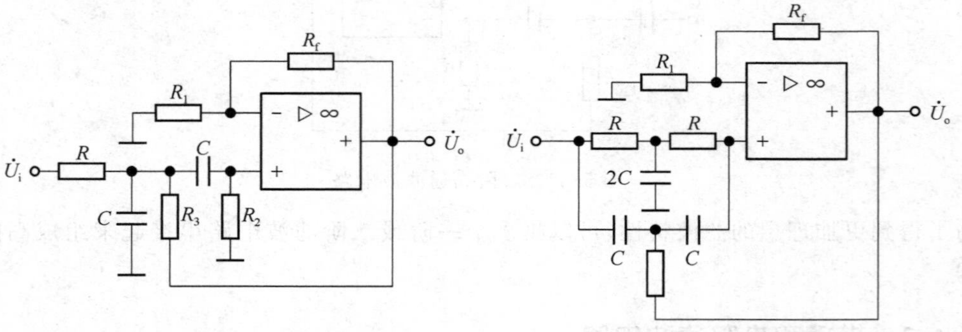

(a)带通滤波电路 (b)带阻滤波电路

图 5.32 带通滤波和带阻滤波的典型电路

5.4.4 实验项目十四:有源滤波电路调测

1. 实验目的

(1) 熟悉有源滤波电路构成及其特性;

(2) 掌握测量有源滤波电路幅频特性。

2. 仪器及设备

(1) 数字双踪示波器;

(2) 数字万用表;

(3) 信号发生器;

(4) TPE-A5Ⅱ型模拟电路实验箱。

3. 预习要求

(1) 预习教材有关滤波电路内容;

(2) 画出三个电路的幅频特性曲线。

滤波器是具有让特定频率段的正弦信号通过而抑制衰减其他频率信号功能的双端口网络,常用 RC 元件构成无源滤波器,也可加入运放单元构成有源滤波器。无源滤波器结构简单,可通过大电流,但易受负载影响,对通带信号有一定衰减。因此,在信号处理时多使用有源滤波器。根据幅频特性所表示的通过和阻止信号频率范围的不同,滤波器可分为低通滤波器、高通滤波器、带通滤波器、带阻滤波器四种。

4. 实验内容

(1) 低通滤波电路

实验电路如图 5.33 所示。图中,反馈电阻 R_F 选用 22 kΩ 电位器,5.7 kΩ 为设定值,输入端加峰值为 1 V 的正弦波信号,按表 5.8 内容测量并记录。

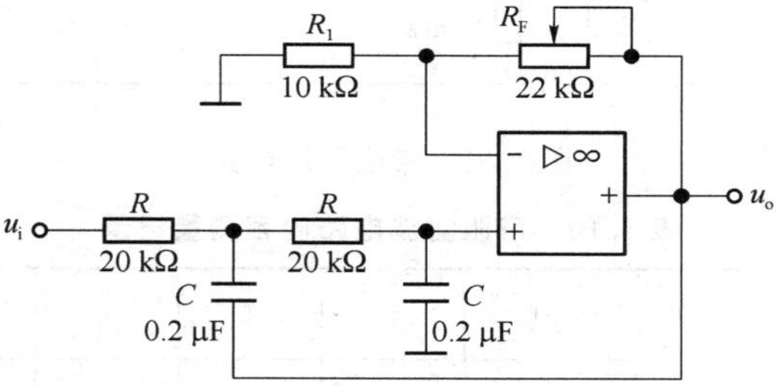

图 5.33 低通滤波电路

表 5.8 低通滤波电路测量记录

u_i/V	1	1	1	1	1	1	1	1	1	1
f/Hz	5	10	15	30	60	100	150	200	300	400
u_o/V										

(2) 高通滤波电路

实验电路如图 5.34 所示。设定 R_F 为 5.7 kΩ,输入端加峰值为 1 V 的正弦波信号,按表 5.9 内容测量并记录。

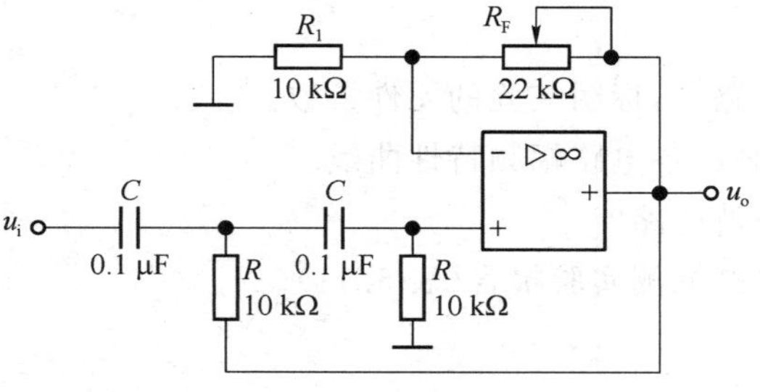

图 5.34 高通滤波电路

表 5.9 高通滤波电路测量记录

u_i/V	1	1	1	1	1	1	1	1	1	1
f/Hz	10	20	30	50	100	130	160	200	300	400
u_o/V										

(3) 带阻滤波电路

实验电路如图 5.35 所示。输入端加峰值为 1 V 的正弦波信号，按表 5.10 内容测量并记录。

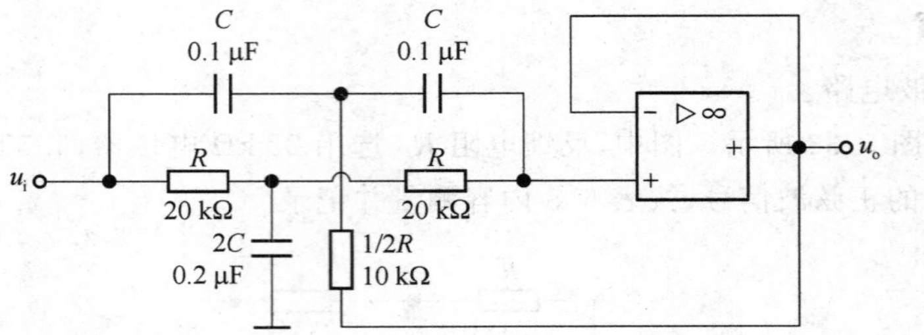

图 5.35 带阻滤波电路

表 5.10 带阻滤波电路内容测量记录

u_i/V	1	1	1	1	1	1	1	1	1	1
f/Hz	5	10	20	30	50	60	70	80	90	100
u_o/V										
u_i/V	1	1	1	1	1					
f/Hz	130	160	200	300	400					
u_o/V										

① 实测电路中心频率。

② 以实测中心频率为中心，测出电路幅频特性。

5. 实验报告要求

(1) 绘出实验原理电路图，标明实验的元件参数。

(2) 整理实验数据，画出各电路幅频特性曲线。

(3) 如何组成带通滤波电路？

(4) 完成有源滤波电路调测实验报告(表 5.11)。

表 5.11 模拟电子技术实验报告十四：有源滤波电路调测

实验地点				时间		实验成绩	
班级		姓名		学号		同组姓名	
实验目的							
实验设备							

实验内容

1. 画出实验电路原理图

2. 低通滤波电路，$u_i = \sin \omega t$（V）

u_i/V	1	1	1	1	1	1	1	1	1	1
f/Hz	5	10	15	30	60	100	150	200	300	400
u_o/V										

画出低通滤波电路的幅频特性曲线：

3. 高通滤波电路，$u_i = \sin \omega t$（V）

u_i/V	1	1	1	1	1	1	1	1	1	1
f/Hz	10	20	30	50	100	130	160	200	300	400
u_o/V										

画出高通滤波电路的幅频特性曲线：

4. 带阻滤波电路，$u_i = \sin \omega t$（V）

u_i/V	1	1	1	1	1	1	1	1	1	1
f/Hz	5	10	20	30	50	60	70	80	90	100
u_o/V										
u_i/V	1	1	1	1	1					
f/Hz	130	160	200	300	400					
u_o/V										

画出带阻滤波电路的幅频特性曲线：

续表

实验过程中遇到的问题及解决方法	
实验体会与总结	
指导教师评语	

5.5 电压比较器

电压比较器是一种常见的模拟信号处理电路，它将一个模拟输入电压与一个参考电压进行比较，并将比较的结果输出。比较器的输出只有两种可能的状态：高电平或低电平，即为数字量；而输入信号是连续变化的模拟量，因此，比较器可作为模拟电路和数字电路的“接口”。在自动控制及自动测量系统中，比较器可用于越限报警、模/数转换及各种非正弦波的产生和变换。

由于比较器的输出只有高、低电平两种状态，故其中的运放常工作在非线性区。从电路结构来看，运放常处于开环状态或加入正反馈。

根据比较器的传输特性不同，可分为单限比较器、滞回比较器和双限比较器等。下面分别进行介绍。

5.5.1 单限比较器

单限比较器是指只有一个门限电压的比较器。当输入电压等于门限电压时，输出端的状态发生跳变。图 5.36(a)为一种形式的单限比较器。图中，输入信号 u_i 接运放的同相输入端，作为基准的参考电压 U_R 接在反相输入端，运放工作在开环状态。根据理想运放工作在非线性区的特点，当 $u_i>U_R$ 时，$u_o=U_{OH}$；当 $u_i<U_R$ 时，$u_o=U_{OL}$。由此可画出该比较器的传输特性如图 5.36(b)所示。

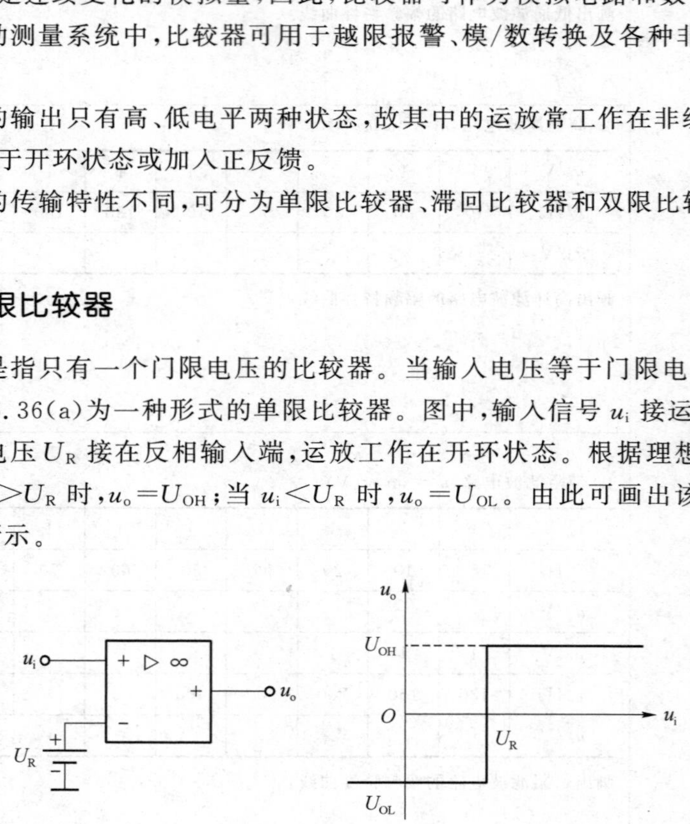

(a) (b)

图 5.36 单限比较器电路和其传输特性

由传输特性可见，当输入电压由低逐渐升高经过 U_R 时，输出电压由低电平跳变到高电平；相反，当输入电压由高逐渐降低经过 U_R 时，输出电压由高电平跳变到低电平。比较器输出电压由一种状态跳变为另一种状态时，所对应的输入电压通常称为阈值电压或门限电压，用 U_{TH} 表示。可见，这种单限比较器的阈值电压 $U_{TH} \approx U_R$。

若 $U_R=0$，即运放反相输入端接地，则比较器的阈值电压 $U_{TH}=0$。这种单限比较器也称为过零比较器。利用过零比较器可以将正弦波变为方波，输入、输出波形如图 5.37 所示。

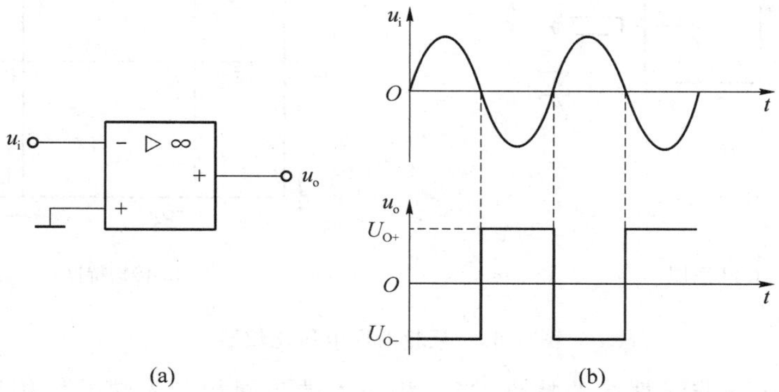

图 5.37　简单过零比较器电路和输入、输出波形

5.5.2　滞回比较器

单限比较器电路简单，灵敏度高，但其抗干扰能力差。如果输入电压受到干扰或噪声的影响，在门限电平上下波动，则输出电压将在高、低两个电平之间反复跳变，如图 5.38 所示。若用此输出电压控制电机等设备，将出现误操作。为解决这一问题，常常采用滞回电压比较器（也叫迟滞比较器）。

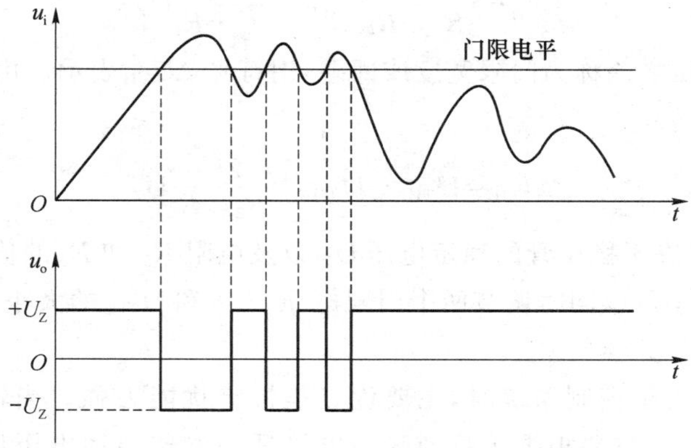

图 5.38　存在干扰时，单限比较器的输出、输入波形

滞回电压比较器通过引入上、下两个门限电压，以获得正确、稳定的输出电压。下面以反相输入的滞回电压比较器为例，介绍其工作原理。

如图 5.39(a)所示电路，输入信号 u_i 接在运放的反相输入端，而同相输入端接参考电压

U_{REF}，电路还通过引入正反馈电阻 R_f 加速集成运放的状态转换速度。另外，在输出回路中，接有起限幅作用的电阻和双向稳压管，将输出电压的幅度限制在 $\pm U_Z$。

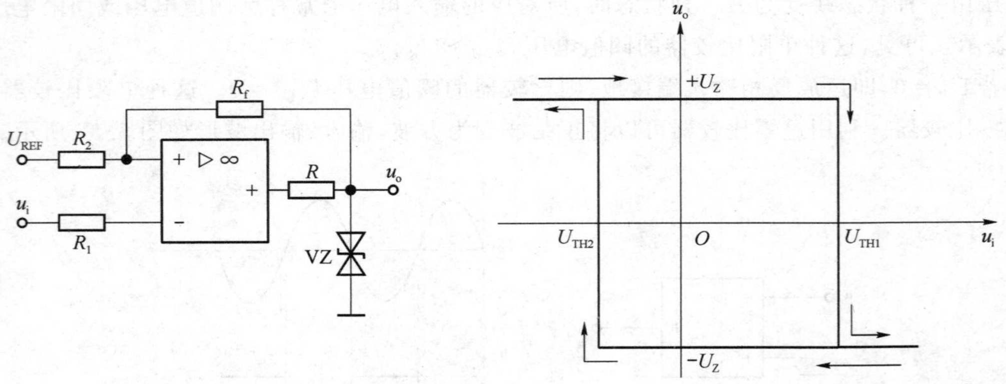

(a)电路图　(b)传输特性

图 5.39　反相滞回电压比较器

根据运放工作在非线性区的特点，当反相输入端与同相输入端电位相等时，即 $u_+=u_-$ 时，输出端的状态发生跳变。其中 $u_+=u_i$；u_+ 则由参考电压 U_{REF} 及 u_o 共同决定，u_o 有两种可能的状态，$+U_Z$ 或 $-U_Z$。由此可见，使输出电压由 $+U_Z$ 跳变为 $-U_Z$，以及由 $-U_Z$ 跳变为 $+U_Z$ 所需的输入电压值是不同的。也就是说，这种电压比较器有两个门限电压，故传输特性呈滞回形状，如图 5.39(b)所示。

该比较器的两个门限电压可由下式求出：

$$U_{TH1}=\frac{R_f}{R_2+R_f}U_{REF}+\frac{R_2}{R_2+R_f}U_Z \tag{5-19}$$

$$U_{TH2}=\frac{R_f}{R_2+R_f}U_{REF}-\frac{R_2}{R_2+R_f}U_Z \tag{5-20}$$

上述两个门限电压之差称为门限宽度或回差，用符号 ΔU_{TH} 表示。由式(5-19)和式(5-20)可得

$$\Delta U_{TH}=U_{TH1}-U_{TH2}=\frac{2R_2}{R_2+R_f}U_Z \tag{5-21}$$

可见，门限宽度取决于稳压管的稳定电压 U_Z 以及电阻 R_2 和 R_f 的值，而与参考电压 U_{REF} 无关。改变 U_{REF} 的大小可以同时调节两个门限电压 U_{TH1} 和 U_{TH2} 的大小，但二者之差不变，即滞回曲线的宽度保持不变。

滞回电压比较器用于控制系统时，主要优点是抗干扰能力强。当输入信号受干扰或噪声的影响而上下波动时，只要根据干扰或噪声电平适当调整滞回电压比较器两个门限电平 U_{TH1} 和 U_{TH2} 的值，就可以避免比较器的输出电压在高、低电平之间反复跳变，如图 5.40 所示。

例题 5-4　在图 5.39(a)所示的滞回比较器中，假设参考电压 $U_{REF}=6$ V，双向稳压管的稳定电压 $U_Z=4$ V，电路其他参数为 $R_2=30$ kΩ，$R_f=10$ kΩ，$R_1=7.5$ kΩ。

① 试估算两个门限电平 U_{TH1} 和 U_{TH2} 以及门限宽度 ΔU_{TH}；

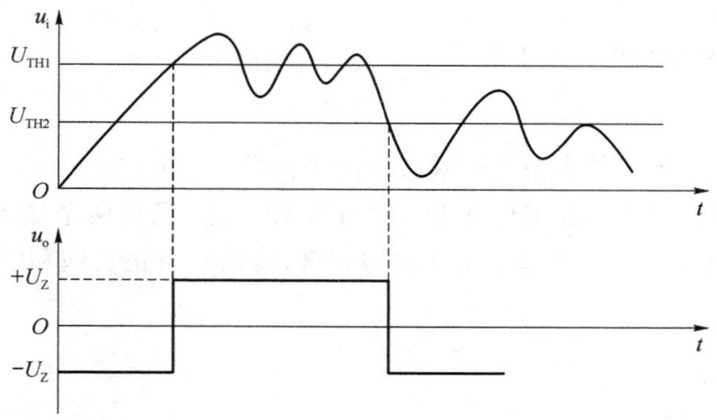

图 5.40　存在干扰时，滞回比较器的输入、输出波形

② 设电路其他参数不变，参考电压 U_{REF} 由 6 V 增大至 18 V，估算 U_{TH1}、U_{TH2} 及 ΔU_{TH} 的值，分析传输特性如何变化；

③ 设电路其他参数不变，U_Z 增大，定性分析两个门限电平及门限宽度将如何变化。

解　①由式(5-19)、式(5-20)和式(5-21)可得

$$U_{TH1}=\frac{R_f}{R_2+R_f}U_{REF}+\frac{R_2}{R_2+R_f}U_Z=4.5\text{ V}$$

$$U_{TH2}=\frac{R_f}{R_2+R_f}U_{REF}-\frac{R_2}{R_2+R_f}U_Z=-1.5\text{ V}$$

$$\Delta U_{TH}=U_{TH1}-U_{TH2}=6\text{ V}$$

② 当 $U_{REF}=18$ V 时，

$$U_{TH1}=\left(\frac{10}{30+10}\times18+\frac{30}{30+10}\times4\right)\text{ V}=7.5\text{ V}$$

$$U_{TH2}=\left(\frac{10}{30+10}\times18-\frac{30}{30+10}\times4\right)\text{ V}=1.5\text{ V}$$

$$\Delta U_{TH}=7.5\text{ V}-1.5\text{ V}=6\text{ V}$$

可见当 U_{REF} 增大时，U_{TH1} 和 U_{TH2} 同时增大，但门限宽度 ΔU_{TH} 不变。此时传输特性将向右平行移动，全部位于纵坐标右侧。

③ 由式(5-19)～式(5-21)可知，当 U_Z 增大时，U_{TH1} 将增大，U_{TH2} 将减小，故 ΔU_{TH} 将增大，即传输特性将向两侧伸展，门限宽度变宽。

5.5.3　实验项目十五：电压比较电路调测

1. 实验目的

(1) 掌握比较电路的电路构成及特点；

(2) 掌握测试比较电路的方法。

2. 仪器及设备

(1) 数字双踪示波器；

(2) 数字万用表；

(3) 信号发生器；

(4) TPE-A5Ⅱ型模拟电路实验箱。

3. 预习要求

(1) 按实验内容准备记录表格及记录波形的坐标纸。

(2) 电压比较器中集成运放工作在开环或正反馈状态，只要两个输入端之间电压稍有差异，输出端便输出饱和电压，因此基本工作在饱和区，输出只有正负饱和电压。

4. 实验内容

(1) 过零比较电路

实验电路如图 5.41 所示。

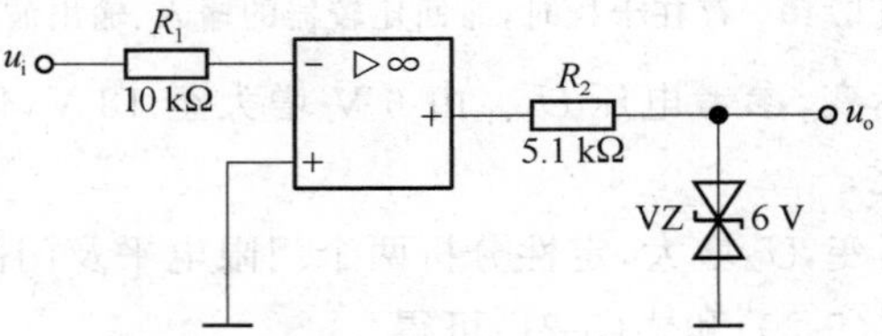

图 5.41 过零比较电路

① 按图接线，u_i悬空时测 u_o电压。

② u_i输入 500 Hz 有效值为 1 V 的正弦波，观察 u_i和 u_o波形并记录。

③改变 u_i幅值，观察 u_o变化。

由于 $u_+=0$ V，当输入电压 u_i 大于 0 V 时，u_o 输出 $-U_Z$，反之输出 U_Z。实测：悬空时，输出电压为 5.57 V。输入正弦波时，输出±5.6 V 的方波，当正弦波处于上半周时，方波处于－5.6 V；当正弦波处于下半周时，方波处于＋5.6 V。改变输入幅值，随着幅值增大，方波的过渡斜线变得更竖直。

(2) 反相滞回比较电路

实验电路如图 5.42 所示。

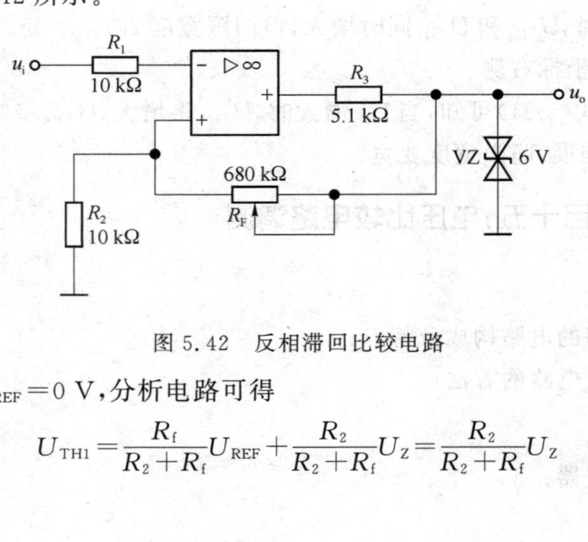

图 5.42 反相滞回比较电路

由于参考电压 $U_{REF}=0$ V，分析电路可得

$$U_{TH1}=\frac{R_f}{R_2+R_f}U_{REF}+\frac{R_2}{R_2+R_f}U_Z=\frac{R_2}{R_2+R_f}U_Z$$

$$U_{TH2}=\frac{R_f}{R_2+R_f}U_{REF}-\frac{R_2}{R_2+R_f}U_Z=-\frac{R_2}{R_2+R_f}U_Z$$

① 按图 5.42 接线，并将 R_F 调为 100 kΩ，u_i接直流可调电压源，测出 u_o由 $+U_Z\sim-U_Z$ 时 u_i的临界值 U_{TH2}。

② 同上，u_o由 $-U_Z\sim+U_Z$ 时 u_i的临界值 U_{TH1}。

③ u_i接 500 Hz 有效值 1 V 的正弦信号，观察并记录 u_i和 u_o波形。

④ 将电路中 R_F 调为 200 kΩ，重复上述实验。

(3) 同相滞回比较电路。实验电路如图 5.43 所示。

① 参照(2) 自拟实验步骤及方法。

② 将结果与(2) 相比较。

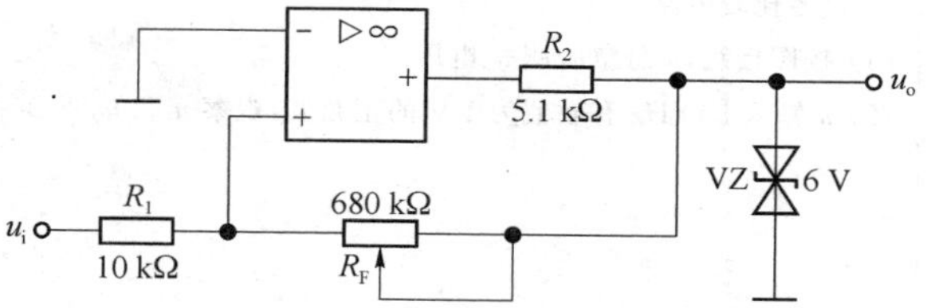

图 5.43 同相滞回比较电路

5. 实验报告要求

(1) 绘出实验原理电路图，标明实验的元件参数。

(2) 整理实验数据及波形图，并与预习计算值比较。

(3) 总结几种比较电路的特点。

(4) 完成电压比较电路调测实验报告(表 5.12)。

表 5.12 模拟电子技术实验报告十五：电压比较电路调测

实验地点				时间		实验成绩	
班级		姓名		学号		同组姓名	
实验目的							
实验设备							

续 表

实验内容	1. 画出实验电路原理图 2. 过零比较电路 (1) 按图接线，u_i悬空时测 u_o电压。 (2) u_i输入 500 Hz 有效值为 1 V 的正弦波，观察 u_i和 u_o波形并画出。 3. 反相滞回比较电路 (1) 按图 5.42 接线，并将 R_F 调为 100 kΩ，u_i接直流可调电压源，测出 u_o由 $+U_Z$～$-U_Z$ 时 u_i的临界值 U_{TH2}。 (2) 同上，测出 u_o由 $-U_Z$～$+U_Z$ 时 u_i的临界值 U_{TH1}。 (3) u_i接 500 Hz 有效值 1 V 的正弦信号，观察并记录 u_i和 u_o波形。 (4) 将电路中 R_F调为 200 kΩ，重复上述实验。
实验过程中遇到的问题及解决方法	
实验体会与总结	
指导教师评语	

本章小结

(1) 本章主要介绍利用集成运放对信号进行运算及处理的电路。常用的电路有线性电路与非线性电路。

(2) 在线性电路中常见的有比例、加减、积分、微分等运算电路。分析问题的关键是正确应用“虚短”“虚断”的概念。

(3) 在非线性电路中，电压比较器为开环应用和正反馈应用，不能用“虚短”概念分析。

(4) 有源滤波器是一种重要的信号处理电路，它可以突出有用频段的信号，衰减无用频段的信号，抑制干扰和噪声信号，达到选频和提高信噪比的目的，同时还具有放大作用。实际使用时，应根据具体情况选择低通、高通、带通或带阻滤波器，并确定滤波器的具体形式。

习 题 5

5-1 填空题。

(1) 集成运算放大电路的内部主要由________、________、________、________四部分组成。

(2) 集成运放有两个输入端，其中，标有“－”号的称为________输入端，标有“＋”号的称为________输入端。

(3) 理想运放的参数具有以下特征：开环差模电压放大倍数 $A_{od}=$________，开环差模输入电阻 $r_{id}=$________，输出电阻 $r_o=$________，共模抑制比 $K_{CMR}=$________。

(4) 理想集成运放工作在线性区的两个特点是________和________。(公式表示)

(5) 理想集成运放工作在非线性区的特点是________。(公式表示)

(6) 同相比例电路属________负反馈电路，而反相比例电路属________负反馈电路。

(7) 在运算放大器线性应用电路中，通常引入________反馈；在运算放大器构成的比较器中，通常引入________反馈。

(8) 为了避免 50 Hz 电网电压的干扰进入放大器，应选用________滤波电路。

(9) 为了获得输入电压中的低频信号，应选用________滤波电路。

5-2 选择题。

(1) 集成运放输入级一般采用的电路是________。

A. 差动放大电路　　B. 射极输出电路

C. 共基极电路　　D. 电流串联负反馈电路

(2) 集成运放有________。

A. 一个输入端、一个输出端　　　　B. 一个输入端、二个输出端

C. 二个输入端、一个输出端　　　　D. 二个输入端、二个输出端

(3) 集成运放的电压传输特性之中的线性运行部分的斜率愈陡，则表示集成运放的________。

A. 闭环放大倍数越大　　　　B. 开环放大倍数越大

C. 抑制漂移的能力越强　　　　D. 对放大倍数没有影响

(4) 若集成运放的最大输出电压幅度为 U_{OM}，则在________情况下，集成运放的输出电压为 $-U_{OM}$。

A. 同相输入信号电压高于反相输入信号

B. 同相输入信号电压高于反相输入信号，并引入负反馈

C. 反相输入信号电压高于同相输入信号，并引入负反馈

D. 反相输入信号电压高于同相输入信号，并开环

(5) ________电路的输入阻抗大，________电路的输入阻抗小。

A. 反相比例　　　　B. 同相比例

C. 基本积分　　　　D. 基本微分

(6) 在________电路中，电容接在集成运放的负反馈支路中，而在________电路中，电容接在输入端，负反馈元件是电阻。

A. 反相比例　　　　B. 同相比例

C. 基本积分　　　　D. 基本微分

(7) 欲实现 $A_u=100$ 的放大电路，应选用________。

A. 反相比例运算电路　　　　B. 同相比例运算电路

C. 低通滤波电路　　　　D. 单限比较器

(8) 欲将正弦波电压转换成方波电压，应选用________。

A. 反相比例运算电路　　　　B. 同相比例运算电路

C. 低通滤波电路　　　　D. 单限比较器

5-3　判断题。

(1) 直流放大器只能放大直流信号。　(　　)

(2) 理想的集成运放电路输入阻抗为无穷大，输出阻抗为零。　(　　)

(3) 反相比例运放是一种电压并联负反馈放大器。　(　　)

(4) 同相比例运放是一种电流串联负反馈放大器。　(　　)

(5) 理想运放中的"虚地"表示两输入端对地短路。　(　　)

(6) 同相输入比例运算电路的闭环电压放大倍数数值一定大于或等于 1。　(　　)

(7) 运算电路中一般均引入负反馈。　(　　)

(8) 当集成运放工作在非线性区时，输出电压不是高电平，就是低电平。　(　　)

(9) 一般情况下，在电压比较器中，集成运放不是工作在开环状态，就是引入了正反馈。　(　　)

(10) 简单的单限比较器，比滞回比较器抗干扰能力强，而滞回比较器比单限比较器灵敏

度高。　　　　　　　　　　　　　　　　　　　　　　　　　　　　　（　　）

5-4　比例运算电路如图 5.44 所示，图中 $R_1=10\ \text{k}\Omega$，$R_f=30\ \text{k}\Omega$，试估算它的电压放大倍数和输入电阻，并估算 R' 应取多大？

5-5　同相比例电路如图 5.45 所示，图中 $R_1=3\ \text{k}\Omega$，若希望它的电压放大倍数等于 7，试估算电阻 R_f 和 R' 应取多大？

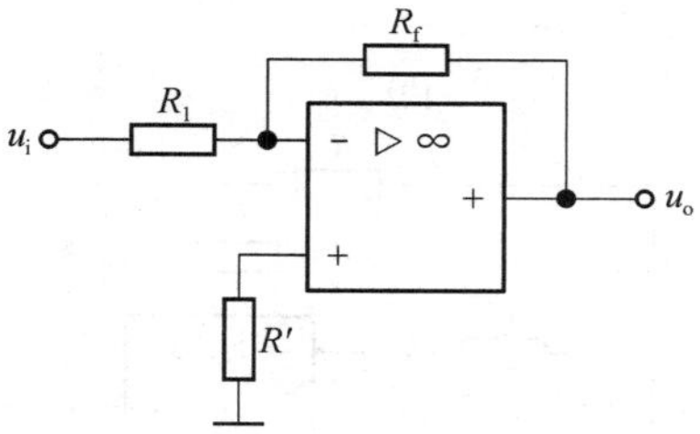

图 5.44　习题 5-4 图

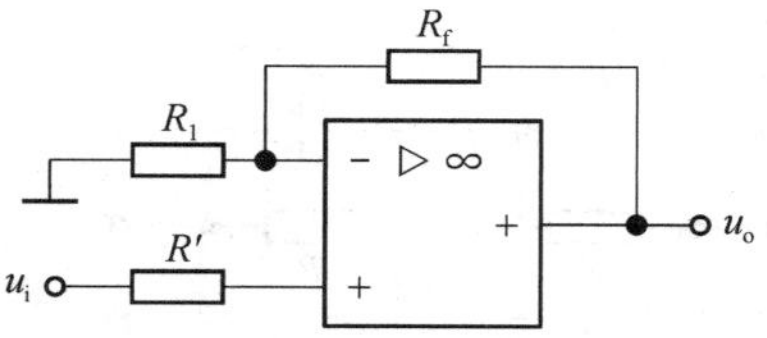

图 5.45　习题 5-5 图

5-6　在图 5.19 所示的基本积分电路中，设 $u_i=2\sin\omega t$(V)，$R=R'=10\ \text{k}\Omega$，$C=1\ \mu\text{F}$，试求 u_o 的表达式；并计算当 $f=100$ Hz、$f=1\ 000$ Hz、$f=10\ 000$ Hz 时 u_o 的幅度（有效值）和相位。

5-7　设图 5.19 中基本积分电路输入信号 u_i 波形如图 5.46 所示，试画出相应的 u_o 波形图。设 $t=0$ 时，$u_o=0$，$R=R'=10\ \text{k}\Omega$，$C=1\ \mu\text{F}$。

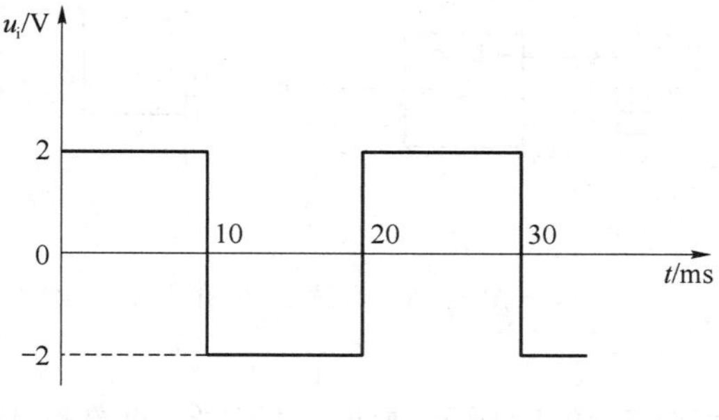

图 5.46　习题 5-7 图

5-8　简述低通滤波器、高通滤波器、带通滤波器以及带阻滤波器的功能，并画出它们的理想幅频特性。

5-9　试判断图 5.47 中各电路是什么类型的滤波器（低通、高通、带通或带阻滤波器，有源还是无源）。

5-10　图 5.48 所示为一波形转换电路，输入信号 u_i 为矩形波。设集成运放为理想运放，在 $t=0$ s 时，电容器两端的初始电压为零。试进行下列计算，并画出 u_{o1}、u_o 的波形。

（1）$t=0$ s 时，$u_{o1}=$？ $u_o=$？

（2）$t=10$ s 时，$u_{o1}=$？ $u_o=$？

（3）$t=20$ s 时，$u_{o1}=$？ $u_o=$？

（4）将 u_{o1}、u_o 的波形画在下面，时间要对应并要求标出幅值。

5-11　设图 5.49(a) 中运放为理想。

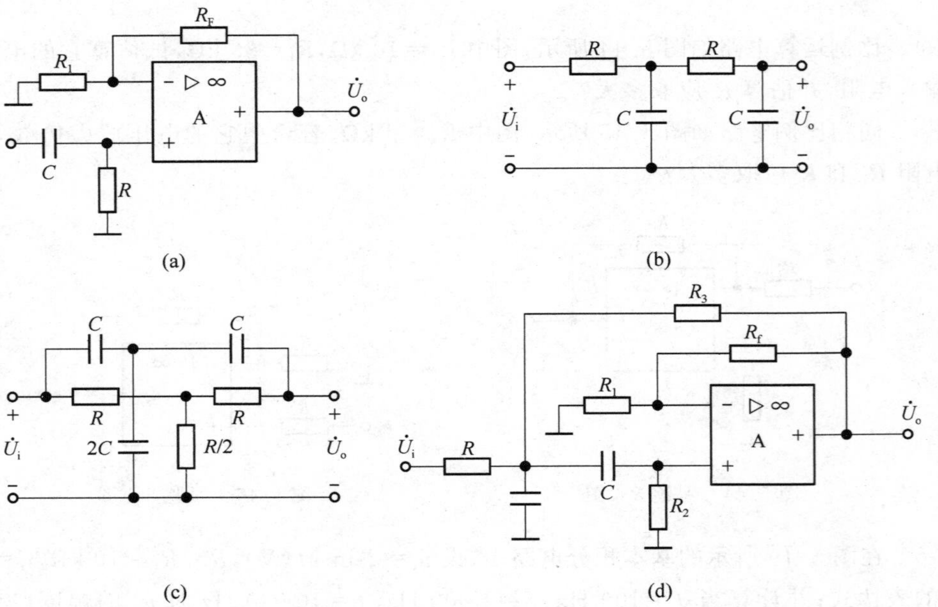

图 5.47 习题 5-9 图

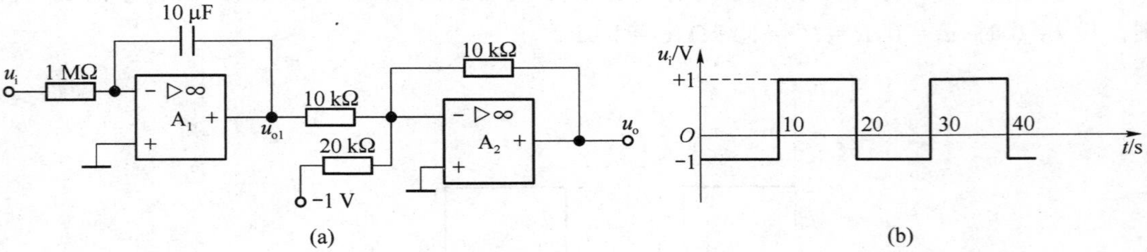

图 5.48 习题 5-10 图

(1) 写出 u_o的表达式。

(2) u_{i1} 和 u_{i2} 的波形如图 5.49(b)所示，画出 u_o的波形，并在图中标出 $t=1$ s 和 $t=2$ s 时的 u_o值。设 $t=0$ 时电容上电压为零。

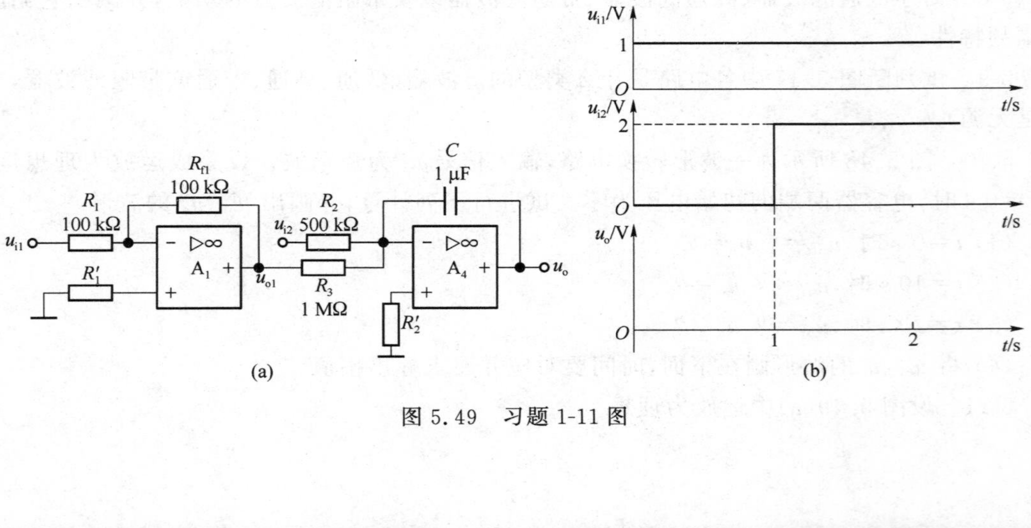

图 5.49 习题 1-11 图

5-12　电路如图 5.50 所示，图中运放均为理想运放。

（1）分析电路由哪些基本电路组成？

（2）设 $u_{i1}=u_{i2}=0$ 时，电容上的电压 $U_C=0$，$u_o=+12$ V，求当 $u_{i1}=-10$ V，$u_{i2}=0$ V 时，经过多长时间 u_o 由 $+12$ V 变为 -12 V？

（3）u_o 变为 -12 V 后，u_{i2} 由 0 V 改为 $+15$ V，求再经过多少时间 u_o 由 -12 V 变为 $+12$ V？

（4）画出 u_{o1} 和 u_o 的波形。

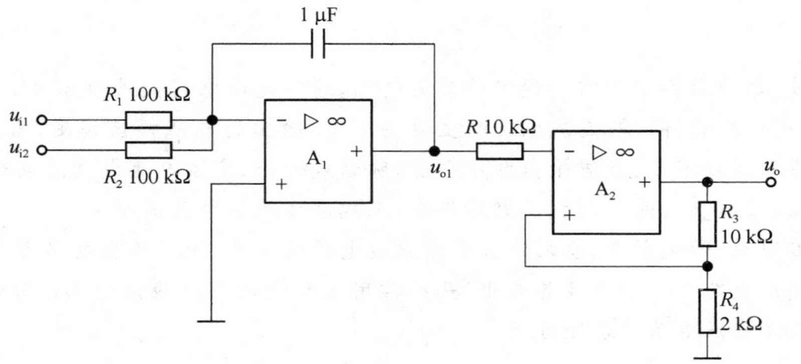

图 5.50　习题 1-12 图

5-13　假设在图 5.51(a) 所示的反相输入滞回比较器中，比较器的最大输出电压为 $\pm U_Z=\pm 6$ V，参考电压 $U_R=9$ V，电路中各电阻的阻值为：$R_2=20$ kΩ，$R_F=30$ kΩ，$R_1=12$ kΩ。

（1）试估计两个门限电压 U_{TH1} 和 U_{TH2} 以及门限宽度 ΔU_{TH}；

（2）画出滞回比较器的传输特性；

（3）当输入如图 5.51(b) 所示波形时，对应画出滞回比较器的输出波形。

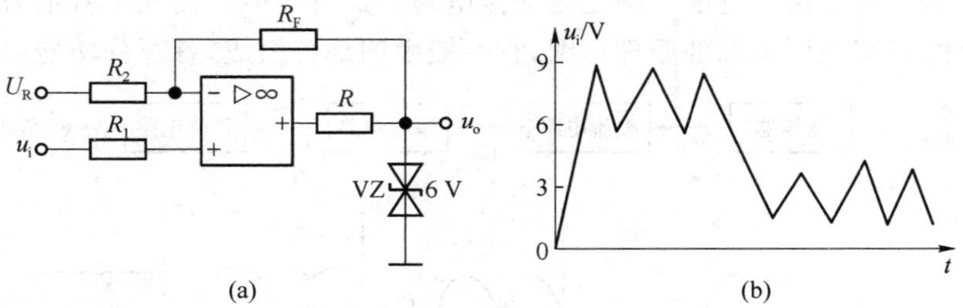

图 5.51　习题 1-13 图

第 6 章

直流稳压电源

本章导读:电子设备中都需要稳定的直流电源,通常是由电网提供的 50 Hz 的交流电经过整流、滤波和稳压后获得。对直流电源的主要要求是:输出的电压幅值稳定,当电网电压或负载波动时能基本保持不变;直流输出电压平滑,脉动成分小;交流电变成直流电时转换效率高。本章实训内容包括:整流滤波与稳压电路调测;三端集成稳压电路调测。

本章基本要求:学完本章,要求掌握整流滤波电路的工作原理、稳压电路主要技术指标;了解串联反馈稳压电路工作原理及其应用;熟悉常用三端稳压器的应用电路。掌握整流滤波与稳压电路和三端稳压电路的调测方法。

6.1 直流稳压电源的组成

前面分析的各种放大器及各种电子设备,还有各种自动控制装置,都需要稳定的直流电源供电。直流电源可以由直流发电机和各种电池提供,但比较经济实用的办法是利用具有单向导电性的电子器件将使用广泛的工频正弦交流电转换成直流电。图 6.1 所示为把正弦交流电转换成直流电的直流稳压电源的原理框图,它一般由四部分组成,各部分功能如下。

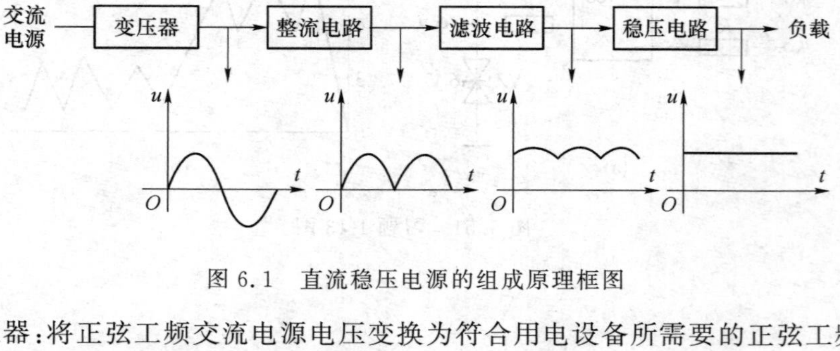

图 6.1　直流稳压电源的组成原理框图

(1) 变压器:将正弦工频交流电源电压变换为符合用电设备所需要的正弦工频交流电压。

(2) 整流电路:利用具有单向导电性能的整流元件,将正负交替变化的正弦交流电压变换成单方向的脉动直流电压。

(3) 滤波电路:尽可能地将单向脉动直流电压中的脉动部分(交流分量)减小,使输出电压成为比较平滑的直流电压。

(4) 稳压电路:采用某些措施,使输出的直流电压在电源发生波动或负载变化时保持稳定。

变压器部分相关内容在电路基础中已有介绍，本章将先从小功率单相整流滤波电路开始讨论，然后再分析直流稳压电源的其他电路。

6.1.1　整流电路

小功率直流电源因功率比较小，通常采用单相交流供电，因此，本节只讨论单相整流电路。利用二极管的单向导电作用，可将交流电变为直流电，常用的二极管整流电路有单相半波整流电路和单相桥式整流电路等。

1. 单相半波整流电路

单相半波整流电路如图 6.2 所示，图中 T 为电源变压器，用来将市电 220 V 交流电压变换为整流电路所要求的交流低电压，同时保证直流电源与市电电源有良好的隔离。设 VD 为整流二极管硅管，R_L 为要求直流供电的负载等效电阻。

设变压器二次电压为 $u_2=\sqrt{2}U_2\sin\omega t$，当 u_2 为正半周（$0\leqslant\sin\omega t\leqslant\pi$）时，由图 6.3(a)可见，二极管 VD 因正偏而导通，流过二极管的电流 i_D 同时流过负载电阻 R_L，即 $i_o=i_D$，载电阻上的电压 $u_o=u_2$；当 u_2 为负半周（$\pi\leqslant\sin\omega t\leqslant 2\pi$）时，二极管因反偏而截止，$i_o\approx 0$。因此，输出电压 $u_o\approx 0$，此时 u_2 全部加在二极管两端，即二极管承受反向电压 $u_D\approx u_2$。

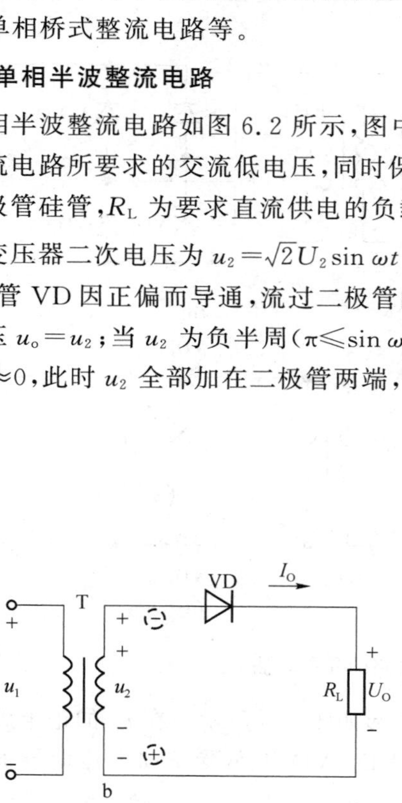

图 6.2　单相半波整流电路

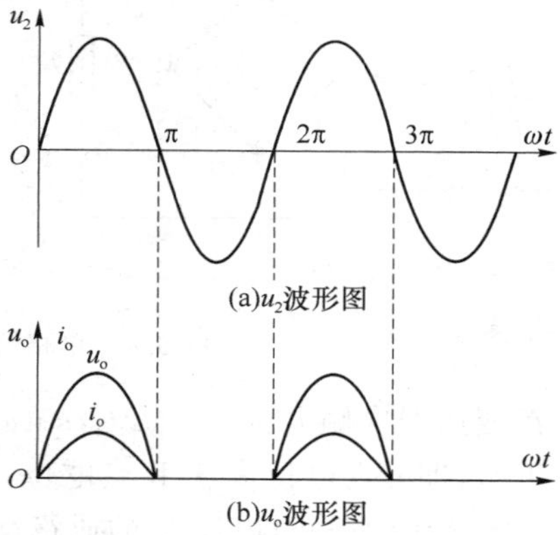

图 6.3　单相半波整流电路波形图

u_2、u_o、i_o 波形示于图 6.3(b)中。由图可见，负载上得到单方向的脉动电压。由于电路只在 u_2 的正半周有输出，所以称为单相半波整流电路。单相半波整流电路输出电压的平均值 U_O 为

$$U_O=\frac{1}{2\pi}\int_0^{2\pi}u_o\,\mathrm{d}(\omega t)=\frac{1}{2\pi}\int_0^{2\pi}\sqrt{2}U_2\sin\omega t\,\mathrm{d}(\omega t)=\frac{\sqrt{2}}{\pi}U_2=0.45U_2 \tag{6-1}$$

流过二极管的平均电流 I_D 为

$$I_D=I_O=\frac{U_O}{R_L}=0.45\frac{U_2}{R_L} \tag{6-2}$$

二极管承受的反向峰值电压 U_{RM} 为

$$U_{RM}=\sqrt{2}U_2 \tag{6-3}$$

单相半波整流电路使用元件少，电路结构简单，由于只利用了电源电压的半个周期，整流输出电压的脉动较大，并且存在变压器单向磁化，整流效率低等问题，因此，它只适用于要求不高的场合。

2. 单相桥式整流电路

为了克服单相半波整流的缺点，常采用单相桥式整流电路，它由四个二极管接成电桥形式构成。图 6.4 所示为桥式整流电路的几种画法。

下面按照图 6.4(a)所示画法来分析桥式整流电路的工作过程。

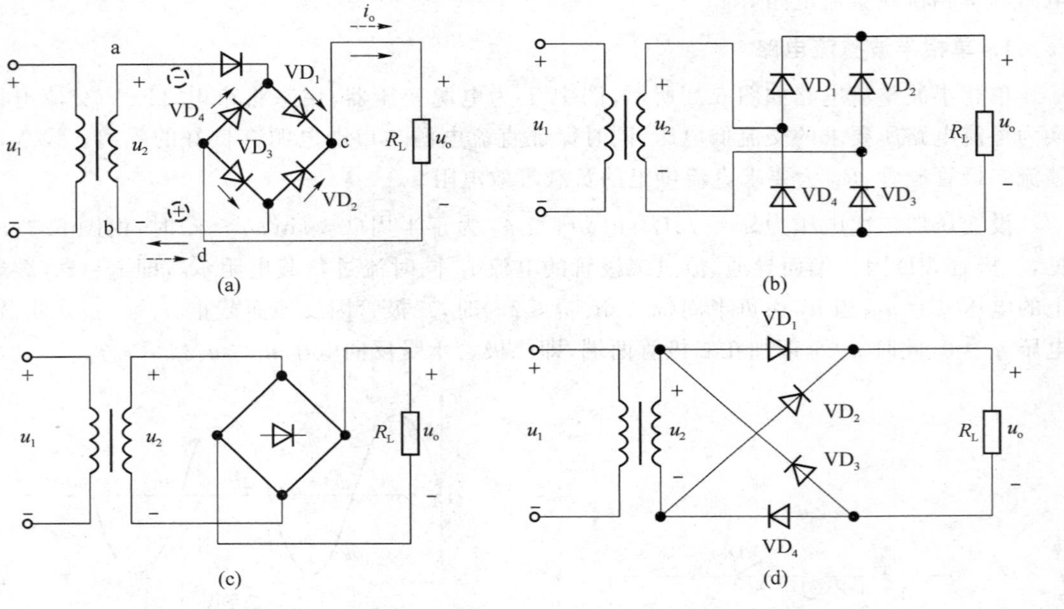

图 6.4 单相桥式整流电路的几种画法

设电源变压器次侧电压 $u_2=\sqrt{2}U_2\sin\omega t$(V)，波形如图 6.5 所示。在 u_2 的正半周时，其极性为上正下负，即 a 点电位高于 b 点电位，二极管 VD_1、VD_3 因承受正向电压而导通，VD_2 和 VD_4 承受反向电压而截止，电流 i_o 的通路是：

$$a\rightarrow VD_1\rightarrow c\rightarrow R_L\rightarrow d\rightarrow VD_3\rightarrow b$$

这时负载电阻 R_L 上得到一个半波电压，如图 6.5 中的 $0\sim\pi$ 段所示。

在电压 u_2 的负半周时，其极性为上负下正，即 b 点电位高于 a 点电位，因此 VD_1、VD_3 截止，VD_2 和 VD_4 导通，电流 i_o 的通路是：

$$b\rightarrow VD_2\rightarrow c\rightarrow R_L\rightarrow d\rightarrow VD_4\rightarrow a$$

因为电流均是从 c 经 R_L，到 d，所以在负载电阻上得到一个与 $0\sim\pi$ 段相同的半波电压，如图 6.5 中的 $\pi\sim 2\pi$ 段所示。

因此，当变压器次侧电压 u_2 变化一个周期时，在负载电阻 R_L 上的电压 u_o 和电流 i_o 是单向全波脉动电压和电流。由图 6.5 与图 6.3 比较可见，单相桥式整流电路的整流输出电压的平均值 U_O 比半波时增加了一倍，即：

$$U_O=2\frac{\sqrt{2}}{\pi}U_2=0.9U_2 \tag{6-4}$$

流过负载电阻的电流 i_o 的平均值 I_O 为

$$I_O=\frac{U_O}{R_L}=0.9\,\frac{U_2}{R_L} \tag{6-5}$$

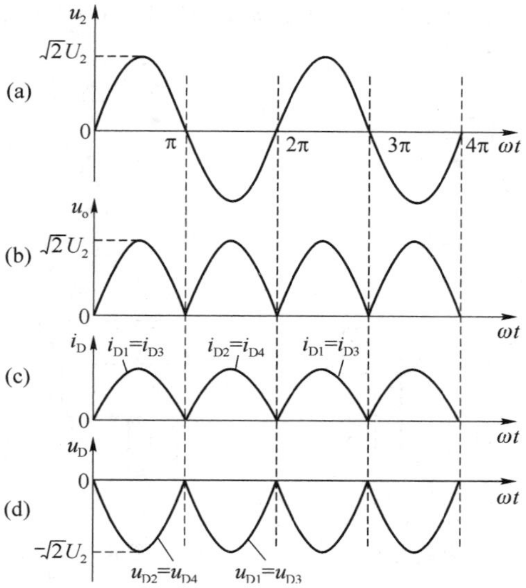

图 6.5　桥式整流电路电压电流波形

在单相桥式整流电路中，每只二极管串联导通半个周期，在一个周期内负载电阻均有电流流过，且方向相同。而每只二极管流过的电流平均值 I_D 是负载电流 I_O 的一半，即：

$$I_D=\frac{1}{2}I_O=0.45\,\frac{U_2}{R_L} \tag{6-6}$$

在变压器二次侧电压 u_2 的正半周时，VD_1、VD_3 导通后相当于短路，VD_2、VD_4 的负极接于 a 点，而正极接于 b 点，所以 VD_2、VD_4 所承受的最高反向电压就是 u_2 的幅值 $\sqrt{2}U_2$。同理，在 u_2 的负半周 VD_1、VD_3 所承受的最高反向电压也是 $\sqrt{2}U_2$。

所以单相桥式整流电路二极管在截止时承受的最高反向电压 U_{RM} 为

$$U_{RM}=\sqrt{2}U_2 \tag{6-7}$$

由以上分析可知，单相桥式整流电路与单相半波整流电路相比较，其输出电压提高，脉动成分减少。此外，还有其他整流电路，这里不再一一介绍。

3. 常用整流组合元件

将单相桥式整流电路的四只二极管制作在一起，封成一个器件称为整流桥。常用的整流组合元件有半桥堆和全桥堆。半桥堆的内部是由两个二极管组成，而全桥堆的内部是由四个二极管组成。半桥堆内部的两个二极管连接方式如图 6.6(a)所示，全桥堆内部的四个二极管连接方式如图 6.7(a)所示，全桥堆电路符号如图 6.7(b)所示。全桥和半桥堆的外形如图 6.7(c)和图 6.6(c)所示。图中标有符号“～”的管脚使用时接变压器二次侧绕组或交流电源，标有符号“＋”的管脚整流后输出电压的正极，标有符号“－”的管脚整流后输出电压的负极，全桥堆的这两个脚接负载或滤波稳压电路的输入端。半桥堆有一对交流输入引脚，但只有一个直流电压输出引脚，它必须与具有中心抽头的变压器配合使用，两个交流输入引脚接变压器两个二次侧绕组的非中心抽头端，直流引脚和变压器中心抽头组成输出端，用于接负载或滤波稳压电路输入端，如图 6.6(b)所示。

全桥的型号用 QL(额定正向整流电流)A(最高反向峰值电压)表示，例如 QL3A100。半桥的型号用 1/2QL(额定正向整流电流)A(最高反向峰值电压)表示，例如 1/2QL1.5A200。

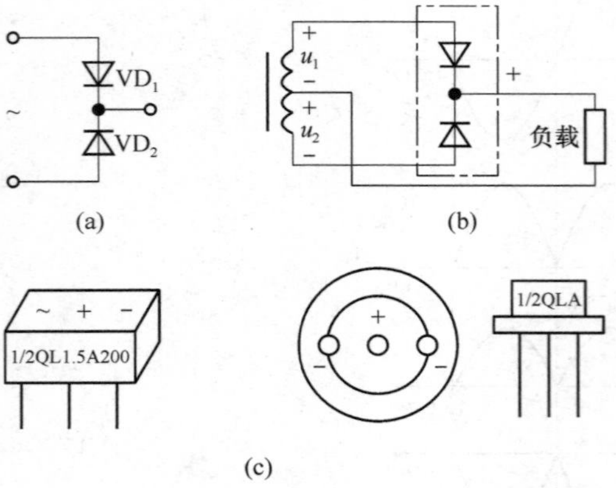

图 6.6 半桥堆连接方式及电路符号

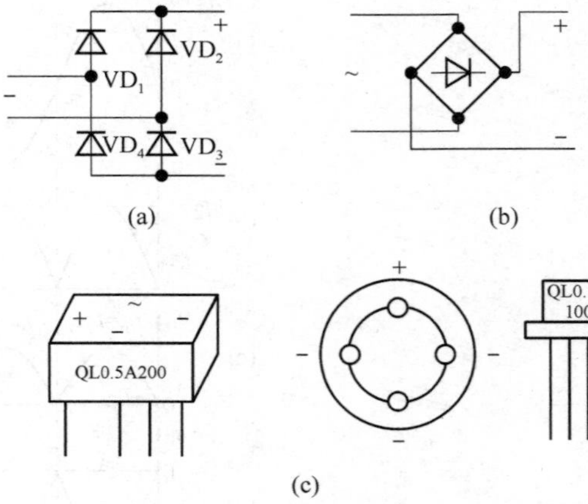

图 6.7 全桥堆连接方式及电路符号

6.1.2 滤波电路

整流电路将交流电变为脉动直流电，但其中含有大量的直流和交流成分(称为纹波电压)。这样的直流电压作为电镀、蓄电池充电的电源还是允许的，但作为大多数电子设备的电源，将会产生不良影响，甚至不能正常工作。在整流电路之后，需要加接滤波电路，尽量减小输出电压中交流分量，使之接近于理想的直流电压。本节介绍采用储能元件滤波减小交流分量的电路。

1. 电容滤波电路

电容滤波电路如图 6.8 所示。由于电容器的容量较大，所以一般采用电解质电容器。电解质电容器具有极性，使用时其正极要接电路中高电位端，负极要接低电位端，若极性接反，电容器的容量将降低，甚至造成电容器爆裂损坏。选择电容器时既要考虑它的容量，又要考虑耐压，特别要注意，耐压低于实际使用电压将会造成电容器损坏。将合适电容器与负载电阻 R_L 并联，负载电阻上就能得到较为平直的输出电压。

下面讨论电容滤波电路工作过程。

图 6.8(a)是在桥式整流电路输出端与负载电阻 R_L 并联一个较大电容 C，构成电容滤波电路。设电容两端初始电压为零，并假定在 $t=0$ 时接通电路，u_2 为正半周，当 u_2 由零上升时，VD_1、VD_3 导通，C 被充电，同时电流经 VD_1、VD_3 向负载电阻供电。如果忽略二极管正向电压降和变压器内阻，电容充电时间常数近似为零，因此，$u_o=u_C\approx u_2$，在 u_2 达到最大值时，u_o 也达到最大值，如图 6.8(b)中 a 点，然后 u_2 下降，此时 $u_C>u_2$，VD_1、VD_3 截止，电容 C 向负载电阻 R_L 放电，由于放电时间常数 $\tau=R_LC$ 一般较大，电容电压 u_C 按指数规律缓慢下降。当 u_o(u_C)下降到图 6.8(b)中 b 点后，$|u_2|>u_C$，VD_2、VD_4 导通，电容 C 再次被充电，输出电压增大，以后重复上述充、放电过程，便可得到图 6.8(b)所示输出电压波形，它近似为一锯齿波直流电压。

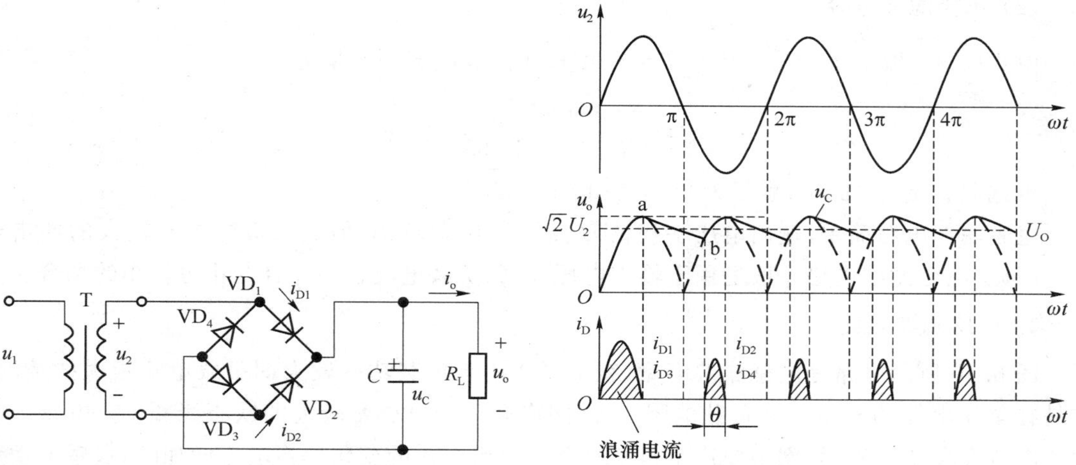

(a)电路　　(b)电压、电流波形

图 6.8　桥式整流电容滤波电路

由图 6.8(b)可见，整流电路接入滤波电容后，输出电压变得平滑、纹波显著减小，同时输出电压的平均值也增大了。输出电压平均值 U_O 的大小与滤波电容 C 及负载电阻 R_L 的大小有关，C 的容量一定时，R_L 越大，C 的放电时间常数 $\tau=R_LC$ 就越大，其放电速度越慢，输出电压就越平滑，U_O 就越大。当 R_L 开路时，$U_O=\sqrt{2}U_2$。为了获得良好的滤波效果，一般取：

$$\tau=R_LC\geqslant(3\sim5)\frac{T}{2} \tag{6-8}$$

式中，τ 为输入交流电压的周期。此时输出电压的平均值近似为

$$U_O=1.2U_2 \tag{6-9}$$

在整流电路采用电容滤波后，只有当 $|u_2|>u_C$ 时，二极管才导通，故二极管的导通时间缩短，一个周期的导通角 $\theta<\pi$，如图 6.8(b)所示。由于电容 C 充电的瞬时电流很大，形成了浪涌电流，容易损坏二极管，故在选择二极管时，必须留有足够电流裕量。一般可按 $(2\sim3)I_O$ 选择二极管。

例题 6-1　一单相桥式整流电容滤波电路如图 6.9 所示，设负载电阻 $R_L=1.2\ \text{k}\Omega$，要求输出直流电压 $U_O=30$ V。试选择整流二极管和滤波电容。已知交流电源频率 50 Hz。

解　(1) 选择整流二极管

流过二极管的电流平均值为

$$I_D=\frac{1}{2}I_O=\frac{U_O}{2R_L}=\frac{30}{2\times1.2}=12.5\ \text{mA}$$

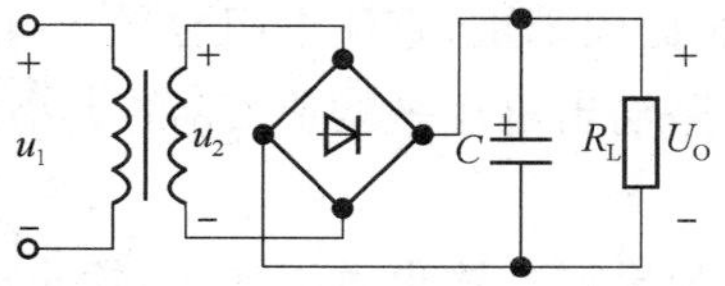

图 6.9　单相桥式整流电容滤波电路

变压器二次侧电压的有效值为

$$U_2=U_O/1.2=30/1.2=25\ \text{V}$$

二极管所承受的最高反向电压为

$$U_{RM}=\sqrt{2}U_2=\sqrt{2}\times25=35\ \text{V}$$

查手册，可选用二极管 2CP11，最大整流电流 100 mA，最大反向工作电压 50 V。

(2) 选择滤波电容

由式(6-8),取 $R_LC=\frac{5T}{2}$,其中 $T=0.02$ s,故滤波电容的容量为

$$C\geqslant\frac{5T}{2R_L}=\frac{5\times0.02}{2\times1.2}=42\ \mu F$$

可选取容量为 42 μF,耐压为 50 V 的电解电容器。

电容滤波电路简单,输出电压平均值 U_O 较高,脉动较小,但是二极管中有较大的冲击电流。因此,电容滤波电路一般适用于输出电压较高、负载电流较小并且变化也较小的场合。

2. 电感滤波电路

图 6.10 所示电路是电感滤波电路,它主要适用于负载功率较大即负载电流很大的情况。它是在整流电路的输出端和负载电阻 R_L之间串联一个电感量较大的铁心线圈 L。电感中流过的电流发生变化时,线圈中要产生自感电动势阻碍电流的变化。当电流增加时,自感电动势的方向与电流方向相反,自感电动势阻碍电流的增加,同时将能量储存起来,使电流增加缓慢;反之,当电流减小时,自感电动势的方向与电流的方向相同,自感电动势阻止电流的减小,同时将能量释放出来,使电流减小缓慢,因而使负载电流和负载电压脉动大为减小。

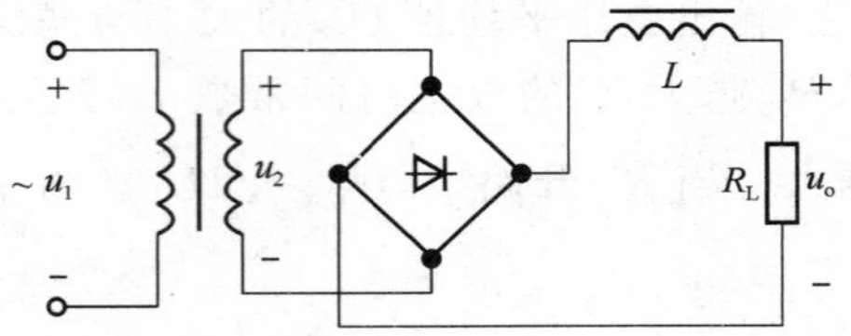

图 6.10 电感滤波电路

电感线圈能滤波还可以这样理解:因为电感线圈对直流分量阻抗为零;对交流分量具有阻抗,且谐波频率越高,阻抗越大,所以它可以滤除整流电压中的交流分量。ωL 比 R_L大得越多,则滤波效果越好。

3. 其他形式滤波电路

(1) *LC* 型滤波电路

电感滤波电路由于自感电动势的作用使二极管的导通角比电容滤波电路时增大,流过二极管的峰值电流减小,外特性较好,带负载能力较强。但是电感量较大的线圈,因匝数较多,体积大,比较笨重,直流电阻也较大,因而其上有一定的直流压降,造成输出电压的下降,电感滤波电路输出电压平均值 U_O 的大小一般按经验公式计算。

$$U_O=0.9U_2 \tag{6-10}$$

如果要求输出电流较大,输出电压脉动很小时,可在电感滤波电路之后再加电容 *C*,组成 *LC* 滤波电路,如图 6.11 所示。电感滤波之后,利用电容再一次滤掉交流分量,这样,便可得到更为平直的直流输出电压。

(2) π 型滤波电路

为了进一步减小负载电压中的纹波,可采用图 6.12 所示的 π 型 *LC* 滤波电路。由于电容 C_1、C_2对交流的容抗很小,而电感 L 对交流的阻抗很大,因此,负载 R_L上的纹波电压很小。若

负载电流较小时，也可用电阻代替电感组成 π 型 RC 滤波电路。由于电阻要消耗功率，所以，此时电源的损耗功率较大，电源效率降低。

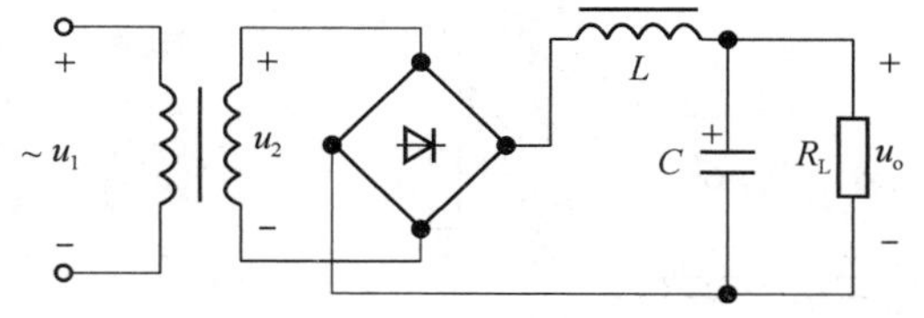

图 6.11　LC 电感滤波电路

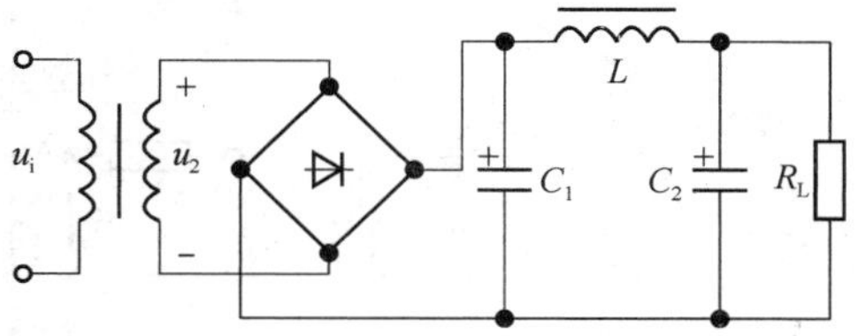

图 6.12　π 型滤波电路

6.1.3　实验项目十六：整流滤波与并联稳压电路

1. 实验目的

(1) 熟悉单相半波、全波、桥式整流电路；

(2) 观察了解电容滤波作用；

(3) 掌握整流滤波与并联稳压电路的调测方法。

2. 实验设备

(1) 数字双踪示波器；

(2) 数字万用表；

(3) 信号发生器；

(4) TPE-A5Ⅱ型模拟电路实验箱。

3. 实验内容

(1) 半波整流、桥式整流电路实验电路分别如图 6.13、图 6.14 所示。

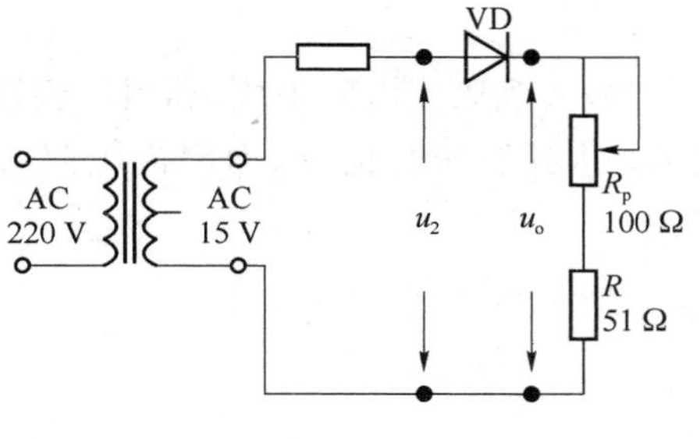

图 6.13 二极管半波整流电路

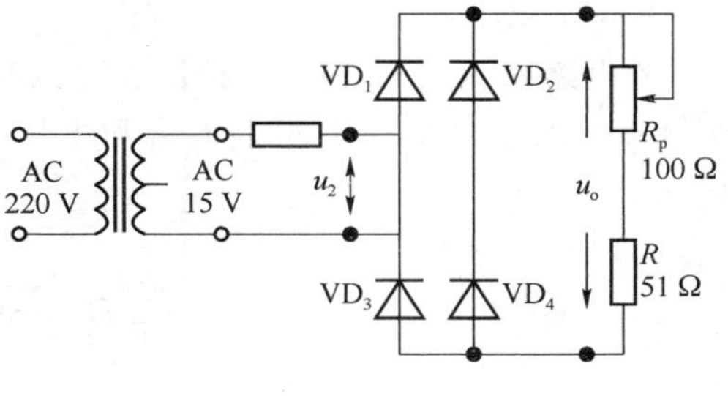

图 6.14　二极管桥式整流电路

分别连接两种电路，用示波器观察 u_2 及 u_o 的波形。

图 6.13 是二极管半波整流电路，如果忽略二极管导通电压，输出应是半波波形。如果输入交流信号有效值为 U_2，输出信号平均值为 $\frac{\sqrt{2}U_2}{\pi}\approx 0.45U_2$。图 6.14 是二极管桥式整流电路，如果忽略二极管导通电压，输出应是全波波形。输出信号平均值为 $\frac{2\sqrt{2}U_2}{\pi}\approx 0.9U_2$。

(2) 电容滤波电路

实验电路如图 6.15 所示。

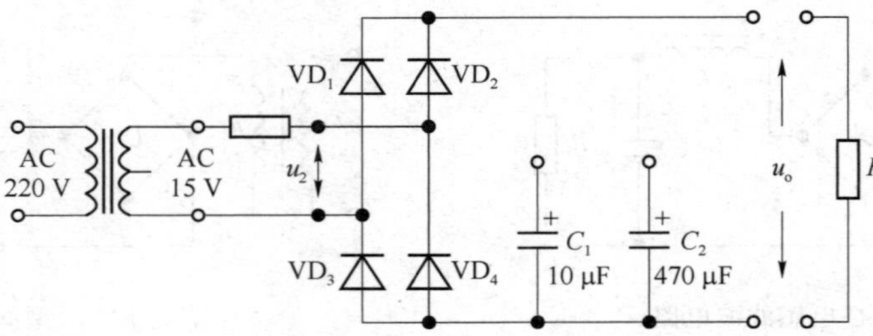

图 6.15 电容滤波电路

① 分别用不同电容接入电路，R_L先不接，用示波器观察 u_o 波形，用万用表测 U_o并记录。

② 接上 R_L，先用 $R_L=1\ k\Omega$，重复上述实验并记录。

③ 将 R_L改为 150 Ω，重复上述实验。

电容滤波电路是利用电容对电荷的存储作用来抑制纹波。在不加入负载电阻时，理论上应输出无纹波的稳定电压，但实际上考虑到二极管反向电流和电容的漏电流，所以仍然可以看到细微纹波。接入负载后，在示波器中可看到明显的纹波。纹波中电压处于上升部分时，二极管导通，通过电流一部分经过负载，一部分给电容充电；纹波中电压处于下降部分时，二极管截止，负载上的电流由电容提供，其放电时间常数为 R_LC。滤波的效果主要取决于放电时间常数，其数值越大滤波后输出纹波越小、电压波形越平滑，平均值也越大。

实际测量结果：不接负载时，当 $C=10\ \mu F$，$U_o=21.4\ V$；当 $C=470\ \mu F$，$U_o=21\ V$，示波器观察均接近一直线，纹波很小。当负载电阻为 1 kΩ 时，当 $C=10\ \mu F$，$U_o=16.8\ V$，示波器能看到峰峰值接近 0.9 V 的纹波；当 $C=470\ \mu F$，$U_o=19.7\ V$，示波器能看到峰峰值约 0.36 V 的纹波。当负载电阻为 150 Ω 时，当 $C=10\ \mu F$，$U_o=13\ V$，示波器能看到峰峰值约 1.7 V 的纹波；当 $C=470\ \mu F$，$U_o=17.7\ V$，示波器能看到峰峰值约 0.8 V 的纹波。

(3) 并联稳压电路

实验电路如图 6.16 所示。稳压管稳压电路由稳压二极管和限流电阻组成，利用稳压管的电流调节作用通过限流电阻上电流和电压来进行补偿，达到稳压目的，因而限流电阻必不可少。

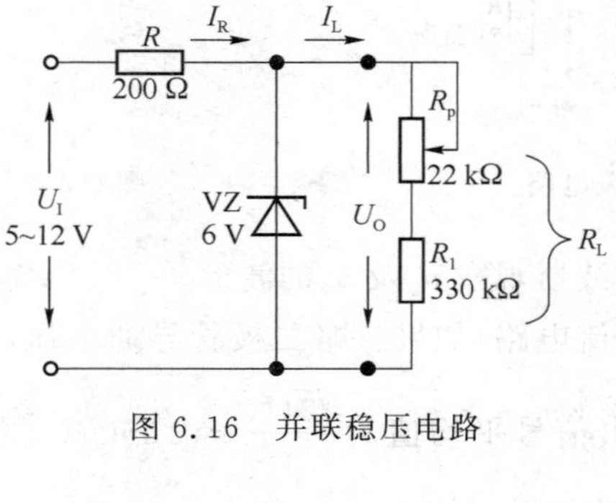

图 6.16 并联稳压电路

① 电源输入电压为 U_I =10 V 不变，测量负载变化时电路的稳压性能

改变负载电阻 R_L，用数字万用表分别测量 U_O、U_R，并将数据记录到表 6.1 中。

表 6.1　U_i =10 V 数据记录

R_L/kΩ	U_o/V	U_R/V
6		
1.2		
0.6		

② 负载不变，电源电压变化时电路的稳压性能

用可调的直流电压变化模拟 220 V 电源电压变化，电路接入前将可调电源调到 U_I = 10 V，然后调到 8 V、9 V、11 V、12 V，按表 6.2 内容用数字万用表测量，并填表。

表 6.2　R_L =1 kΩ 数据记录

U_I/V	U_o/V	U_R/V
10		
8		
9		
11		
12		

4. 实验报告要求

(1) 整理实验数据并按实验内容计算。

(2) 图 6.16 所示电路能输出电流最大为多少？为获得更大电流应如何选用电路元器件及参数？

(3) 完成整流滤波与稳压电路调测实验报告(表 6.3)。

表 6.3　模拟电子技术实验报告十六:整流滤波与稳压电路调测

实验地点				时间		实验成绩	
班级		姓名		学号		同组姓名	
实验目的							
实验设备							

续 表

<table>
<tr><td rowspan="6">实验内容</td><td>1. 画出半波整流、桥式整流实验电路原理图和测试的波形图</td></tr>
<tr><td></td></tr>
<tr><td>2. 并联稳压电路</td></tr>
<tr><td>(1) 电源输入电压($U_I=10$ V)不变,测量负载变化时电路的稳压性能。
<table>
<tr><th>R_L/kΩ</th><th>U_o/V</th><th>U_R/V</th></tr>
<tr><td>6</td><td></td><td></td></tr>
<tr><td>1.2</td><td></td><td></td></tr>
<tr><td>0.6</td><td></td><td></td></tr>
</table>
</td></tr>
<tr><td>(2) 负载($R_L=1$ kΩ)不变,测量电源电压变化时电路的稳压性能。
<table>
<tr><th>U_I/V</th><th>U_o/V</th><th>U_R/V</th></tr>
<tr><td>10</td><td></td><td></td></tr>
<tr><td>8</td><td></td><td></td></tr>
<tr><td>9</td><td></td><td></td></tr>
<tr><td>11</td><td></td><td></td></tr>
<tr><td>12</td><td></td><td></td></tr>
</table>
</td></tr>
<tr><td></td></tr>
<tr><td>写出桥式整流电路的工作过程,并分析实验过程中遇到的问题及解决方法</td><td></td></tr>
<tr><td>实验体会与总结</td><td></td></tr>
<tr><td>指导教师评语</td><td></td></tr>
</table>

6.2 串联反馈稳压电路

在前几节中主要讨论了如何通过整流电路把交流电变成单方向的脉动电压,以及如何利用储能元件组成各种滤波电路以减少脉动成分。但是,整流滤波电路的输出电压和理想的直流电源还有相当的距离,主要存在两方面的问题:第一,当负载电流变化时,由于整流滤波电路存在内阻,因此输出电压将要随之发生变化;第二,当电网电压波动时,整流电路的输出直接与变压器二次侧电压有关,因此也要相应地变化。为了能够提供更加稳定的直流电源,需要在整流滤波后面加上稳压电路。

6.2.1 稳压电路主要技术指标

通常用以下几个主要指标来衡量稳压电路的质量。

1. 内阻 r_0

稳压电路的内阻定义为:经过整流滤波后输入到稳压电路的直流电压不变时,稳压电路的输出电压变化量与输出电流变化量之比。

2. 稳压系数

稳压系数的定义为:当负载不变时,稳压电路输出电压的相对变化量与输入电压的相对变化量之比。

3. 温度系数

温度系数指电网电压和负载都不变时,由于温度变化而引起的输出电压漂移。另外,还有电压调整率、电流调整率、最大纹波电压和噪声电压等。通常,我们主要讨论内阻和稳压系数这两个主要指标。常用的稳压电路有硅稳压管稳压电路和串联反馈式直流稳压电路,下面将重点讨论串联反馈式稳压电路。

6.2.2 串联反馈稳压电路

如果在输入直流电压和负载之间串联入一个三极管,当输入电压或负载变化而引起输出电压变化时,将输出电压的变化反馈给该三极管,称这一电路为串联反馈式稳压电路。这里的三极管被称为调整管。串联型稳压电路组成框图如图6.17(a)所示。它由调整管、取样电路、基准电压和比较放大电路等部分组成。图6.17(b)所示为串联反馈式稳压电路的原理电路图。

图6.17中,VT为调整管,它工作在线性放大区,故又称为线性稳压电路。R_3和稳压管VD组成基准电压源,为集成运放A的同相输入端提供基准电压;R_1、R_2、R_P组成取样电路,它将稳压电路的输出电压分压后送到集成运放A的反相输入端;集成运放A构成比较放大电路,用来对取样电压与基准电压的差值进行放大。当输入电压U_I增大(或负载电流I_o减小)引起输出电压U_o增加时,取样电压U_F随之增大,U_Z与U_F的差值减小,经A放大后使调整管的基极电压U_B减小,集电极I_C减小,管压降U_{CE}增大,输出电压U_o减小,从而使得稳压电路的输出

电压上升趋势受到抑制，稳定了输出电压。同理，当输入电压U_I减小或负载电流I_o增大引起U_o减小时，电路将产生与上述相反的稳压过程，亦将维持输出电压基本不变。

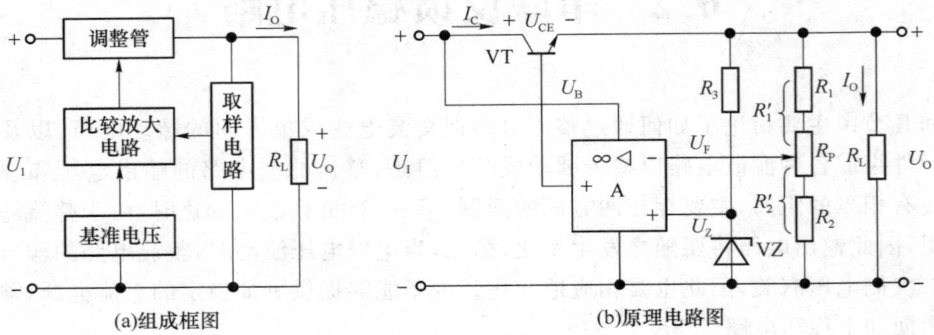

图 6.17 串联反馈式稳压电路

由图 6.17(b)可得

$$U_F = \frac{R_2'}{R_1 + R_2 + R_P} U_O \tag{6-11}$$

由于$U_F \approx U_Z$，所以稳压电路输出电压

$$U_O = \frac{R_1 + R_2 + R_P}{R_2'} U_Z \tag{6-12}$$

由此可见，串联反馈式稳压电路通过调节电位器R_P的动端，即可调节输出电压U_O的大小。由于运算放大器调节方便，电压放大倍数很高，输出阻抗较低，因而可以获得极其优良的稳压特性，其应用十分广泛。

6.3 三端集成稳压器

6.3.1 三端集成稳压器概述

随着集成电路的发展，出现了集成稳压电源，或称集成稳压器。所谓集成稳压器是指将功率调整管、取样电阻以及基准稳压源、误差放大器、启动和保护电路等全部集成在一块芯片上，形成的一种串联型集成稳压电路。它具有体积小、可靠性高、使用灵活、价格低廉等优点，因此得到广泛的应用。

目前常见的集成稳压器引出脚为多端(引出脚多于 3 脚)和三端两种外部结构形式。本节主要介绍广泛使用的三端集成稳压器。由于三端式稳压器只有三个引出端子，具有应用时外接元件少、使用方便、性能稳定、价格低廉等优点，因而得到广泛应用。三端式稳压器有两种：一种输出电压是固定的，称为固定输出三端稳压器；另一种输出电压是可调的，称为可调输出三端稳压器。它们的基本组成及工作过程都相同，均采用串联型稳压电路。

三端固定输出集成稳压器通用产品有 CW7800 系列(正电源)和 CW7900 系列(负电源)。输出电压由具体型号中的后两个数字代表，有 5 V、6 V、9 V、12 V、15 V、18 V、24 V 等档次。

其额定输出电流以 78 或(79)后面所加字母来区分。L 表示 0.1A,M 表示 0.5,无字母表示 1.5A。例如,CW7805 表示输出电压为+5 V,额定输出电流为 1.5 A。

图 6.18 所示为 CW7800 和 CW7900 系列塑料封装和金属封装三端集成稳压器的外形及管脚排列。

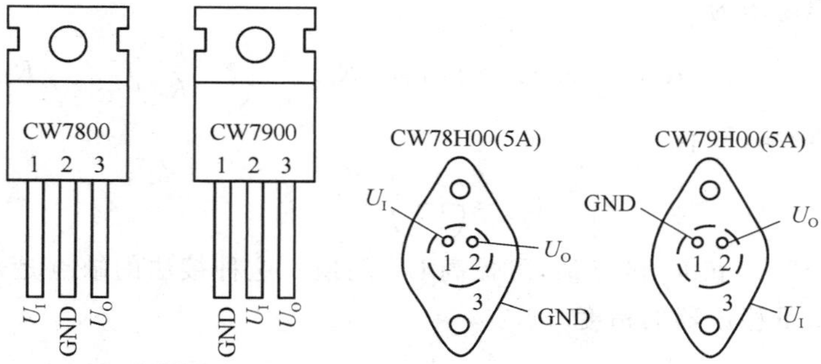

图 6.18　三端固定输出集成稳压器的外形及管脚排列

6.3.2　三端集成稳压器应用电路

1. 基本应用电路

图 6.19 所示为 7800 系列集成稳压器的基本应用电路。由于输出电压决定于集成稳压器,所以图 6.19 输出电压为 12 V,最大输出电流为 1.5 A。为使电路正常工作,要求输入电压 U_I 比输出电压 U_o 至少大 2.5～3 V。输入端电容 C,用以抵消输入端较长接线的电感效应,以防止自激振荡,还可抑制电源的高频脉冲干扰。输出端电容 C_1、C_3 一般取(0.1～1 μF),用以改善负载的瞬态响应,消除电路的高频噪声,同时也具有消振作用。VD 是保护二极管,用来防止在输入端短路时输出电容 C_3 所存储电荷通过稳压器放电而损坏器件。CW7900 系列的接线与 CW7800 系列基本相同。

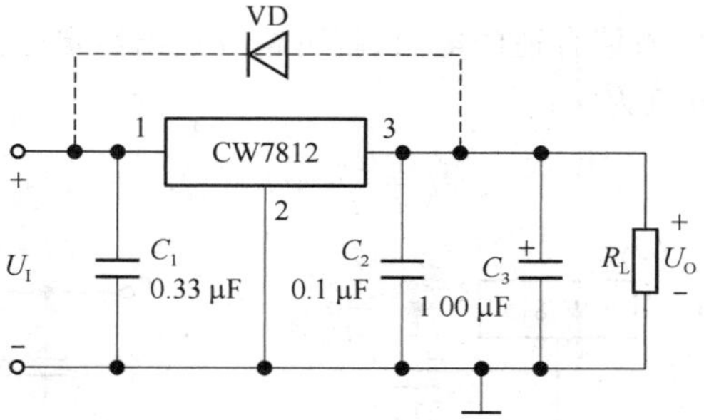

图 6.19　7800 系列基本应用电路

2. 提高输出电压的电路

实际需要的直流稳压电源,如果超过集成稳压器的输出电压数值时,可外接一些元件提高输出电压,图 6.20 所示电路能使输出电压高于固定电压,图中的 $U_{\times\times}$ 为 CW78 系列稳压器的固定输出电压数值,显然有

$$U_O = U_{\times\times} + U_Z \tag{6-13}$$

也可采用图 6.21 所示的电路提高输出电压。图中 R_1、R_2 为外接电阻，R_1 两端的电压为三端集成稳压器的额定输出电压 $U_{\times\times}$，R_1 上流过的电流为 $I_{R1}=U_{\times\times}/R_1$，三端集成稳压器的静态电流为 I_Q，则有

$$I_{R2}=I_{R1}+I_Q \tag{6-14}$$

稳压电路输出电压为

$$U_O=U_{\times\times}+R_2I_{R2}=R_1I_{R1}+R_2I_{R1}+R_2I_Q=\left(1+\frac{R_2}{R_1}\right)U_{\times\times}+R_2I_Q \tag{6-15}$$

若忽略 I_Q 的影响，则有

$$U_O\approx\left(1+\frac{R_2}{R_1}\right)U_{\times\times} \tag{6-16}$$

由此可见，提高 R_1 和 R_2 的比值，可提高 U_O 的值。这种接法的缺点是，当输入电压变化时 I_Q 也变化，将降低稳压器的精度。

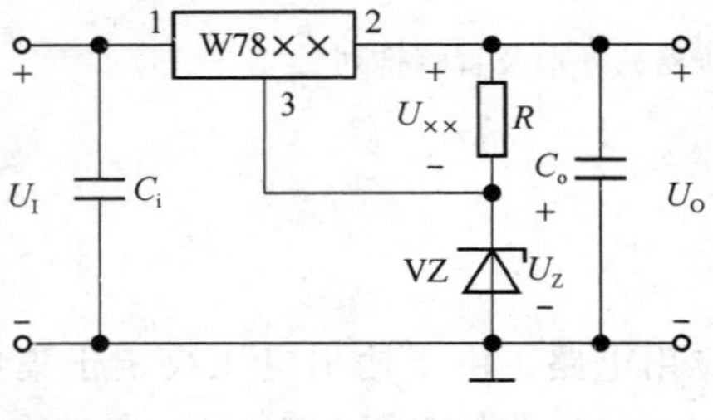

图 6.20 提高输出电压电路一

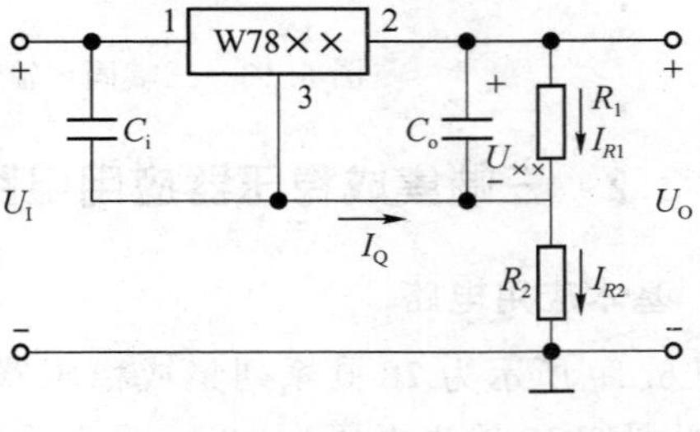

图 6.21 提高输出电压电路二

3. 输出正、负电压的电路

图 6.22 所示为采用 CW7815 和 CW7915 三端稳压器各一块组成的具有同时输出 +15～−15 V 电压的稳压电路。

4. 恒流源电路

集成稳压器输出端串入阻值合适的电阻，就可构成输出恒定电流的电源，如图 6.23 所示。稳压器向负载 R_L 输出的电流为

$$I_O=\frac{U_{23}}{R}+I_Q \tag{6-17}$$

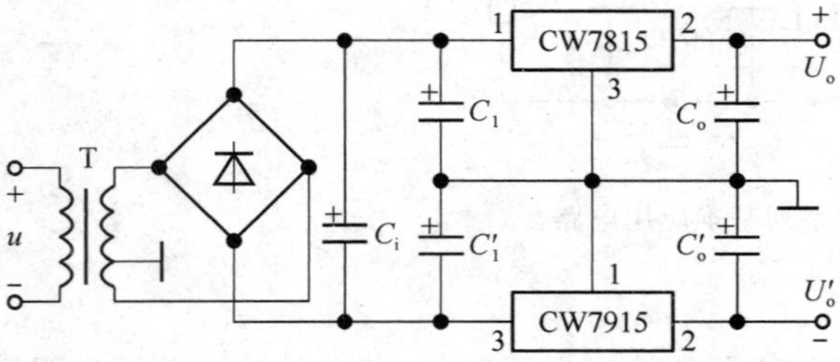

图 6.22 输出正、负电压的电路

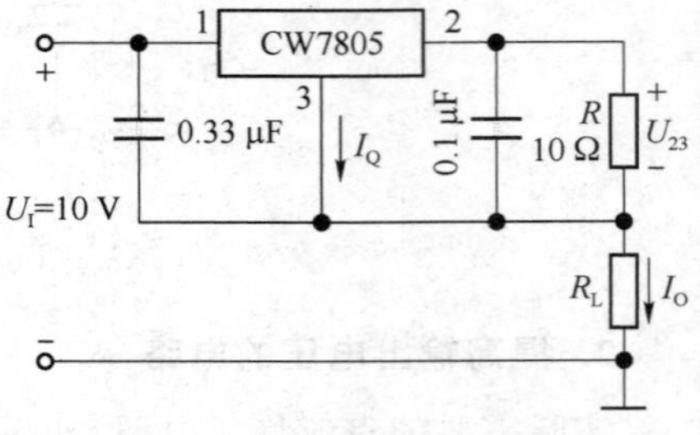

图 6.23 恒流源电路

式中，I_Q 为稳压器静态工作电流，由于它受 U_I 及温度变化的影响，所以只有当 $\frac{U_{23}}{R}\gg I_Q$ 时，输

出电流 I_O 才比较稳定。由图 6.23 可知，$\frac{U_{23}}{R}=\frac{5\ \text{V}}{10\ \Omega}=0.5\ \text{A}$，显然比 I_Q 大得多，故 $I_O\approx0.5\text{A}$，受 I_Q 的影响很小。

另外，集成稳压器还有三端可调输出集成稳压器。三端可调输出集成稳压器是在三端固定输出集成稳压器的基础上发展起来的，集成片的输入电流几乎全部流到输出端，流到公共端的电流非常小，因此可以用少量的外部元件方便地组成精密可调的稳压电路，应用更为灵活。典型产品 CW117、CW217、CW317 系列为正电压输出，负电源系列有 CW137、CW237、CW337 等。同一系列的内部电路和工作原理基本相同，只是工作温度不同。例如，CW117、CW217、CW317 的工作温度分别为 −55～150 ℃、−25～150 ℃、0～125 ℃。根据输出电流的大小，每个系列又分为 L 型系列（$I_O<0.1$ A）、M 型系列（$I_O<0.5$ A）。如果不标 M 或 L 的则表示该器件 $I_O<1.5$ A。

6.3.3 实验项目十七：三端集成稳压器应用电路调测

1. 实验目的

(1) 了解集成稳压电路的特性和使用方法；
(2) 掌握直流稳压电源主要参数测试方法。

2. 实验设备

(1) 数字双踪示波器；
(2) 数字万用表；
(3) 信号发生器；
(4) TPE-A5Ⅱ型模拟电路实验箱。

3. 预习要求

(1) 复习教材直流稳压电源部分关于电源主要参数及测试方法；
(2) 查阅手册，了解本实验使用稳压器的技术参数；
(3) 拟定实验步骤及记录表格。

集成负反馈串联稳压电路，稳压基本要求 $U_{in}-U_{out}\geqslant2$ V。主要分为三个系列：固定正电压输出的 78 系列、固定负电压输出的 79 系列、可调三端稳压器×17 系列。78 系列中输出电压有 5 V，6 V，9 V 等，按输出最大电流分类有 1.5A 型号的 78××（××为其输出电压）、0.5A型号的 78M××、0.1A 型号的 78L××三档。79 系列中输出电压有 −5 V、−6 V、−9 V 等等，同样由输出最大电流分为三档，标识方法一样。可调式三端稳压器由工作环境温度要求不同分为三种型号，能工作在 −55～150℃ 的为 117，能工作在 −25～150℃ 的为 217，能工作在 0～150℃ 的为 317，同样根据输出最大电流不同分为×17、×17M、×17L 三档。其输入输出电压差要求在 3 V 以上。

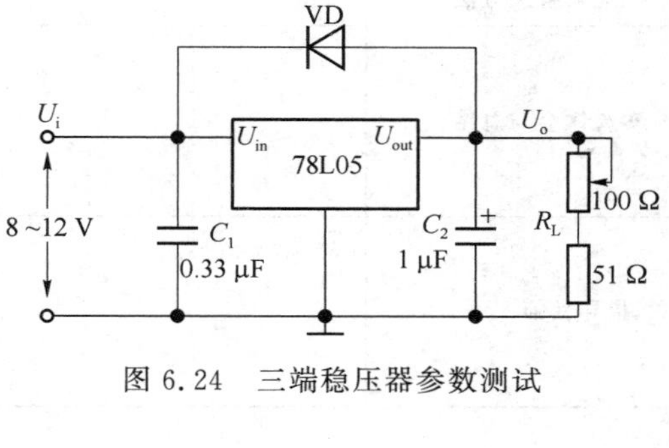

图 6.24 三端稳压器参数测试

4. 实验内容

图 6.24 为集成稳压电路的标准电路，

其中二极管VD是保护管,防止输入端突然短路时电流倒灌损坏稳压块。两个电容用于抑制纹波与高频噪声。请对应表6.4进行稳压器的测试,并填写实验数据。

表6.4 测试电路稳定输出电压

U_i/V	10	11	12	9	8
U_o/V					

5. 实验报告要求

(1) 绘出实验原理电路图,标明实验的元件参数。

(2) 总结本实验所用两种三端稳压器的应用方法。

(3) 完成三端集成稳压电路调测实验报告(表6.5)。

表6.5 模拟电子技术实验报告十七:三端集成稳压电路调测

<table>
<tr><td colspan="2">实验地点</td><td colspan="2"></td><td>时间</td><td></td><td>实验成绩</td><td></td></tr>
<tr><td>班级</td><td></td><td>姓名</td><td></td><td>学号</td><td></td><td colspan="2">同组姓名</td></tr>
<tr><td colspan="2">实验目的</td><td colspan="6"></td></tr>
<tr><td colspan="2">实验设备</td><td colspan="6"></td></tr>
<tr><td colspan="2">实验内容</td><td colspan="6">1. 画出实验电路原理图

2. 测试内容:稳定输出电压
<table>
<tr><td>U_i/V</td><td>10</td><td>11</td><td>12</td><td>9</td><td>8</td></tr>
<tr><td>U_o/V</td><td></td><td></td><td></td><td></td><td></td></tr>
</table></td></tr>
<tr><td colspan="2">写出集成稳压电路的工作过程,并分析实验过程中遇到的问题及解决方法</td><td colspan="6"></td></tr>
<tr><td colspan="2">实验体会与总结</td><td colspan="6"></td></tr>
<tr><td colspan="2">指导教师评语</td><td colspan="6"></td></tr>
</table>

本章小结

(1) 直流稳压电源是电子设备中的重要组成部分,用来将交流电网电压变为稳定的直流电压。一般小功率直流电源由电源变压器、整流电路、滤波电路和稳压电路等部分组成。

(2) 整流电路的作用是利用二极管的单向导电性,将交流电压变成单方向的脉动直流电压,目前广泛采用整流桥构成桥式整流电路。为了消除脉动电压的纹波电压需采用滤波电路,单相小功率电源常采用电容滤波。

(3) 稳压电路用来在交流电源电压波动或负载变化时,稳定直流输出电压。目前广泛采用集成稳压器,在小功率供电系统中多采用线性集成稳压器。

(4) 线性集成稳压器中调整管与负载相串联,且工作在线性放大状态,它由调整管、基准电压、取样电路、比较放大电路以及保护电路等组成。

习 题 6

6-1　填空题。

(1) 直流稳压电源一般由四部分组成:________、________、________和________。

(2) 整流电路是利用具有单向导电性能的整流元件,如________________,将正负交替变化的正弦交流电压变换成________。

(3) 滤波电路的作用是尽可能地将单向脉动直流电压中的脉动部分(即交流分量)________,使输出电压成为________。

(4) 单相半波整流电路输出电压的平均值 U_o 为________。

(5) 电容滤波电路一般适用于________场合。

(6) 串联型稳压电路由________、________、________和________等部分组成。

6-2　选择题。

(1) 在桥式整流电路中,若有一只整流二极管开路,则________。

A. 可能烧毁元器件　　B. 电路变为半波整流

C. 输出电压为零　　D. 输出电流变大

(2) 变压器二次侧上的电压 $U_2=10$ V,经桥式整流电容滤波后,其输出直流电压 U_L 约为________。

A. 4.5 V　　B. 9 V　　C. 12 V　　D. 20 V

(3) 在桥式整流电容滤波电路中,变压器二次侧电压 $U_2=20$ V,二极管承受的最高反向电压是________。

A. 20 V　　B. 28 V　　C. 24 V　　D. 56 V

(4) 有两个 2CW15 稳压二极管，一个稳压值为 8 V，另一个稳压值为 7.5 V，若把两管的正极并接，再将负极并接，组合成一个稳压管接入电路，这时组合管的稳压值是________。

A. 8 V　　B. 7.5 V　　C. 15.5 V　　D. 1.5 V

(5) 要获得 9 V 的稳定电压，集成稳压器的型号应选用________。

A. W7812　　B. W7909　　C. W7912　　D. W7809

6-3 判断题。

(1) 单相半波、全波和桥式整流电路在负载上得到的都是单向脉动电压。 (　　)

(2) 如果将单相桥式整流电路的四个整流二极管全部接反，则整流电路不能工作，没有电压输出。 (　　)

(3) 在电容滤波的单相桥式整流电路中，当滤波电容器开路时，整流管承受的最高反向电压值保持不变。 (　　)

(4) 硅稳压二极管并联型稳压电路结构简单，调试方便，但输出电流较小且稳压精度不高。 (　　)

(5) 在串联型稳压电路中，为了提高稳压效果，就在调整管基极与电路输出端之间加上一个比较放大环节，把输出电压的很小变化加以放大，再加到调整管基极，以提高调整管的灵敏度。 (　　)

6-4 图 6.2 所示半波整流电路中，已知 $R_L = 100\ \Omega$，$u_2 = 10\sin \omega t$(V)，试求输出电压的平均值 U_o、流过二极管的平均电流 I_D 及二极管承受的反向峰值电压 U_{RM} 的大小。

6-5 桥式整流电容滤波电路如图 6.8(a)所示，在电路中出现下列故障，会出现什么现象？(1) R_L 短路；(2) VD_1 击穿短路；(3) VD_1 极性接反；(4) 四只二极管极性都接反。

6-6 串联型稳压电路由哪几部分组成？请画出一简单串联型稳压电路。

6-7 图 6.17(b)所示电路中，已知 $R_1' = 3\ k\Omega$，$R_{b2}' = 2\ k\Omega$，$U_Z = 6$ V，试问输出电压 u_o 为多少？对输入电压 u_i 的大小有何要求？

6-8 题图 6.25 所示为变压器二次线圈有中心抽头的单相整流滤波电路，二次电压有效值为 U_2，试解答：

(1) 标出负载电阻 R_L 上电压 u_o 和滤波电容 C 的极性。

(2) 分别画出无滤波电容和有滤波电容两种情况下输出电压 u_o 的波形，并说明输出电压平均值 U_o 与变压器二次电压有效值 U_2 的数值关系。

(3) 无滤波电容的情况下，二极管上所承受的最高向电压 U_{RM} 为多少？

(4) 如果二极管 VD_2 脱焊、极性接反、短路，电路分别会出现什么问题？

(5) 如果变压器二次线圈中心抽头脱焊，这时会有输出电压吗？

(6) 在无滤波电容的情况下，如果 VD_1、VD_2 的极性都接反，u_o 会有什么变化？

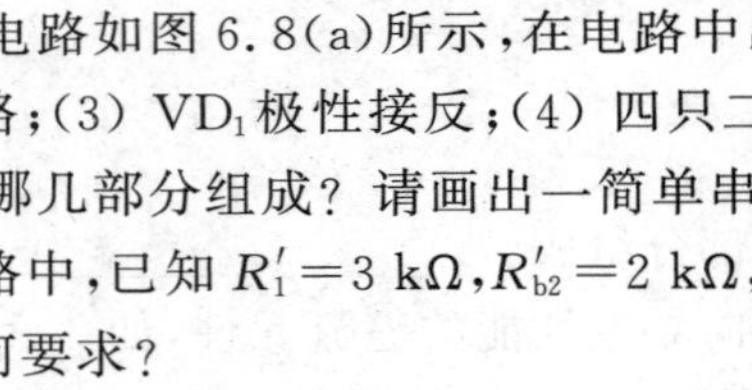

图 6.25 习题 6-8 图

6-9　电路如图 6.26 所示，试说明各元器件的作用，并指出电路在正常工作时的输出电压值。

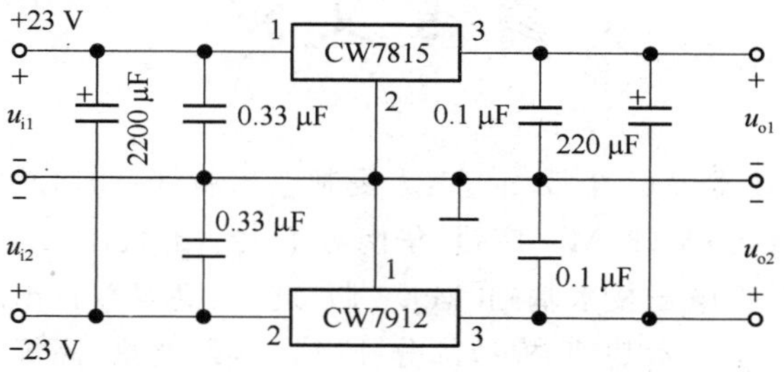

图 6.26　习题 6-9 图

6-10　直流稳压电路如图 6.27 所示，试求输出电压 u_o 的大小。

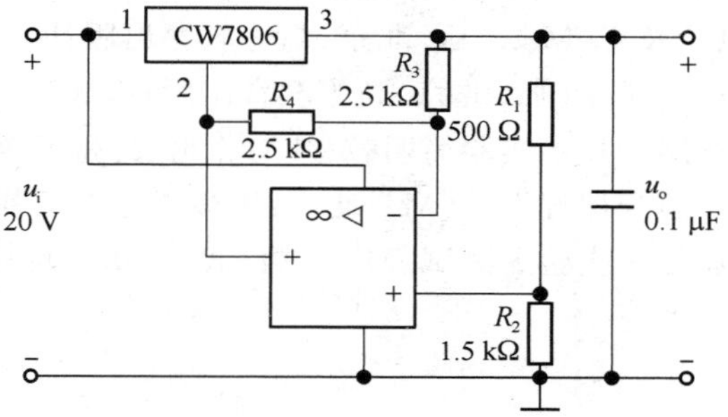

图 6.27　习题 6-10 图

参考文献

[1] 苏士美.模拟电子技术[M].3版.北京:人民邮电出版社,2014.

[2] 吴运昌.模拟电子线路基础[M].广州:华南理工大学出版社,2006.

[3] 童诗白,华成英.模拟电子技术基础[M].3版.北京:高等教育出版社,2006.

[4] 康华光,陈大钦.电子技术基础(模拟部分)[M].5版.北京:高等教育出版社,2006.

[5] 杨素行.模拟电子技术基础简明教程[M].3版.北京:高等教育出版社,2006.

[6] 王俊鹍.电路基础[M].3版.北京:人民邮电出版社,2013.

[7] 李晶皎.电路与电子学[M].4版.北京:电子工业出版社,2012.

[8] 秦曾煌.电工学—电子技术[M].7版.北京:高等教育出版社,2009.

[9] 胡宴如.模拟电子技术[M].4版.北京:高等教育出版社,2013.

[10] 孙肖子.现代电子线路和技术实验简明教程[M].北京:高等教育出版社,2009.

[11] 毕满清.电子技术实验与课程设计[M].北京:机械工业出版社,2005.

[12] 谢自美.电子线路设计·实验·测试[M].2版.武汉:华中科技大学出版社,2000.

附录 A

各章部分习题参考答案

A.1 习题 1 参考答案

1-1 (1) 热敏,光敏,掺杂;(2) 升高;(3) 自由电子,空穴;(4) N 型,P 型(5) 自由电子,空穴;(6) 单向导电,导通,截止;(7) 大;(8) I_F,U_{BR};(9) 击穿区;(10) 电流,电压;(11) 正向,反向;(12) 做得很薄且掺杂浓度低,杂质浓度则比较高,面积需要比发射区做得大;(13) 放大,饱和,截止;(14) 集电极,恒流;(15) $U_C>U_B>U_E$,$U_C<U_B<U_E$;(16) 结型和绝缘栅型;(17) 反向,大于,小于;(18) g_m;(19) 高,好;(20) 第一个。

1-2 (1) A;(2) C;(3) A;(4) B;(5) B;(6) A;(7) A;(8) B;(9) C;(10) D;(11) B;(12) C;(13) C;(14) B;(15) C;(16) A;(17) A;(18) B;(19) A;(20) D。

1-3 (1) ×;(2) √;(3) √;(4) ×;(5) √;(6) √。

1-4 (a)VD 截止,$U_o=3$ V;(b)VD_1 截止、VD_2 导通,$U_o=-0.7$ V;(c)VD_1 导通、VD_2 截止,$U_o=-2.3$ V。

1-9 15 mA,180 mW,2CW19。

1-10 选 B 管。

1-11 NPN 型硅管。

1-12 PNP 型,80,集电极。

A.2 习题 2 参考答案

2-1 (1) 共射,共集,共基;(2) 正向,反向;(3) 小能量,大能量;(4) 交流;(5) 截止,饱和;(7) 共射,共集,共集,共基;(8) 高,好,低,小;(9) 阻容,直接,变压器;(10) 直接;(11) I_{BQ},I_{CQ},U_{CEQ};(12) A_u,R_i,R_o;(13) 开路,短路,短路(14) 为 1,电压,电流,相同;(15) 隔直耦合电容,极间电容和线间杂散电容;(16) 大,窄;(17) 采用对称性电路,使温漂相互抵消;(18) 差模输出电压 u_{od} 与差模输入电压 u_{id},共模输出电压 u_{oc} 与共模输入电压 u_{ic};(19) 差模电压放大倍数 A_{ud} 与共模

电压放大倍数 A_{uc}，抑制温漂能力越强；(20) 上限，下限。

2-2 (1) A；(2) C；(3) B；(4) C；(5) C；(6) A；(7) B；(8) D；(9) A；(10) B；(11) B；(12) C；(13) A；(14) B；(15) B；(16) C；(17) A；(18) B；(19) C；(20) C。

2-3 (1) ×；(2) √；(3) ×；(4) √；(5) ×(6) ×；(7) ×；(8) ×；(9) √；(10) ×；(11) √；(12) √；(13) ×；(14) ×。

2-6 截止，减小 R_b。

2-7 $I_{BQ}\approx 31\ \mu A$，$I_{CQ}=1.86$ mA，$U_{CEQ}=4.4$ V，$A_u\approx -81$，$R_i\approx 1.1$ kΩ，$R_o\approx 3$ kΩ，不能。

2-8 $I_{BQ}\approx 42\ \mu A$，$I_{CQ}=2.5$ mA，$U_{CEQ}=7$ V，$A_u\approx -90$，$A_{uS}\approx -55$，$R_i\approx 0.8$ kΩ，$R_o\approx 1.9$ kΩ。

2-10 $I_{CQ}\approx 2$ mA，$U_{CEQ}=6$ V，$A_u\approx -120$，$R_i\approx 1$ kΩ，$R_o\approx 3$ kΩ。

2-12 $I_{BQ}\approx 23\ \mu A$，$I_{CQ}=1.15$ mA，$U_{CEQ}=6.1$ V，$A_u\approx 1$，$R_i\approx 86$ kΩ，$R_o\approx 35$ Ω。

2-19 $I_{EQ}\approx 0.517$ mA，$A_{ud}\approx -116$，$R_{id}\approx 20.5$ kΩ。

2-20 (1) $I_{CQ1}=I_{CQ2}=I_{CQ}\approx I_{EQ}\approx 0.265$ mA，$U_{CQ1}\approx 6.18$ V，$U_{CQ2}=U_{CC}=15$ V；(2) $\Delta u_o\approx -4.18$ V，$r_{be}\approx 5.1$ kΩ，$A_{ud}=-24.5$，$u_I=171$ mV；若 $u_I=10$ mV，则 $\Delta u_o=A_{ud}$，$u_I\approx -0.245$ V，$u_o=U_{CQ1}+\Delta u_o\approx 2.9$ V。

A.3 习题 3 参考答案

3-1 (1) 开环放大电路，闭环放大电路；(2) $1+AF$；(3) 减小，增大；(4) 电压反馈，电流反馈；(5) 电压串联，电压并联，电流串联，电流并联；(6) 输出电压，减小，增大，提高；(7) 输出电流，增大；(8) 稳定，交流；(9) 提高，减小，扩展；(10) 串联，并联，电流；(11) 5，0.04。

3-2 (1) B；(2) B；(3) B；(4) A；(5) A；(6) A；(7) B；(8) D；(9) A；(10) D。

3-3 (1) √；(2) ×；(3) ×；(4) ×。

3-4 90。

3-9 12，1.2 V。

3-10 $A_f\approx 10$，$u_o\approx 1$ V，$u_{id}=1$ mV，$u_f=99$ mV。

A.4 习题 4 参考答案

4-1 (1) 甲类，乙类，甲乙类，丙类；(2) 有效值，有效值；(3) 双，零，电容；(4) 单，电容；(5) 一半；(6) 乙类，甲乙类；(7) 输出功率，效率；(8) 大于 4 W。

4-2 (1) A；(2) B；(3) C；(4) BDE；(5) B；(6) C；(7) B；(8) A；(9) B；(10) D。

4-3 (1) ×；(2) √；(3) √；(4) √；(5) ×；(6) √；(7) ×；(8) ××√；(9) ××√×。

4-7 $P_{omax}=18.1$ W，$\eta=70.2\%$，$P_{Tmax}=3.62$ W，$U_{CEO}>2U_{CC}$，$I_{CM}>\dfrac{U_{CC}}{R_L}$。

4-8 (2) $U_E=\dfrac{1}{2}U_{CC}$，$I_L=0$；(4) $P_{omax}=2.64$ W。

4-10 (2) $R_f=800\ k\Omega$;(3) ±13 V;(4) $P_{omax}=7$ W。

A.5 习题5参考答案

5-1 (1) 输入级,中间级,输出级,偏置电路;(2) 反相,同相;(3) ∞,∞,0,∞;(4) $u_+\approx u_-$,$i_+=i_-\approx0$;(5) $i_+=i_-\approx0$;(6) 电压串联,电压并联;(7) 负,正;(8) 带阻;(9) 低通。

5-2 (1) A;(2) C;(3) B;(4) D;(5) B,A;(6) C,D;(7) B;(8) D。

5-3 (1) ×;(2) √;(3) √;(4) ×;(5) ×;(6) √;(7) √;(8) √;(9) √;(10) ×。

5-4 $A_u=-3$,$R_i=R_1=10\ k\Omega$,$R'=7.5\ k\Omega$。

5-5 $R_f=18\ k\Omega$,$R'\approx2.6\ k\Omega$。

5-9 (a)高通滤波;(b)低通滤波;(c)带阻滤波;(d)带通滤波。

5-10 (1) 当 $t=0$ 时,$u_{o1}(0)=0$ V,$u_o(0)=0.5$ V;

(2) 当 $t=10$ s 时,$u_{o1}(10)=1$ V,$u_o(10)=-0.5$ V;

(3) 当 $t=20$ s 时,$u_{o1}(20)=0$ V,$u_o(20)=0.5$ V。

5-11 $u_o(t)=-\frac{1}{C}\int\left(\frac{u_{i2}}{R_2}-\frac{u_{i1}}{R_3}\right)dt$。

A.6 习题6参考答案

6-1 (1) 变压器,整流电路,滤波电路,稳压电路;(2) 二极管,单方向的脉动直流电压;(3) 滤除,平滑的直流电压;(4) $0.45U_2$;(5) 高电压、小电流;(6) 调整管,取样电路,比较放大电路,基准电压。

6-2 (1) B;(2) C;(3) B;(4) B;(5) D。

6-3 (1) √;(2) ×;(3) √;(4) √;(5) √。

6-4 4.5 V,0.045 A,10 V。

6-5 (1) 输出为0 V;(2) VD_2击穿;(3) 电压减半;(4) 电压反向。

6-6 调整管,取样电路,比较放大电路,基准电压。

6-7 15 V,大于18 V。

6-8 (1) u_o上正下负、C上正下负;(3) $2U_2$;(4) 电压减半,二极管VD_2被击穿;(5) 没有;(6) 大小不变,极性相反。

6-9 $U_{o1}=15$ V,$U_{o2}=-12$ V。

附录 B

常用半导体器件手册

B.1 半导体分立器件的命名方法

1. 国产半导体分立器件命名法

表 B.1 国产半导体分立器件型号命名法

第一部分		第二部分		第三部分				第四部分	第五部分
用数字表示器件电极的数目		用汉语拼音字母表示器件的材料和极性		用汉语拼音字母表示器件的类型				用数字表示器件序号	用汉语拼音表示规格的区别代号
符号	意义	符号	意义	符号	意义	符号	意义		
2	二极管	A	N 型，锗材料	P	普通管	D	低频大功率管		
		B	P 型，锗材料	V	微波管		(f_α<3 MHz,		
		C	N 型，硅材料	W	稳压管		P_C≥1W)		
		D	P 型，硅材料	C	参量管	A	高频大功率管		
3	三极管	A	PNP 型，锗材料	Z	整流管		(f_α≥3 MHz,		
		B	NPN 型，锗材料	L	整流堆		P_C≥1 W)		
		C	PNP 型，硅材料	S	隧道管	T	半导体闸流管		
		D	NPN 型，硅材料	N	阻尼管		(可控硅整流器)		
		E	化合物材料	U	光电器件	Y	体效应器件		
				K	开关管	B	雪崩管		
				X	低频小功率管	J	阶跃恢复管		
					(f_α<3 MHz,	CS	场效应器件		
					P_C<1W)	BT	半导体特殊器件		
				G	高频小功率管	FH	复合管		
					(f_α≥3 MHz,	PIN	PIN 型管		
					P_C<1W)	JG	激光器件		

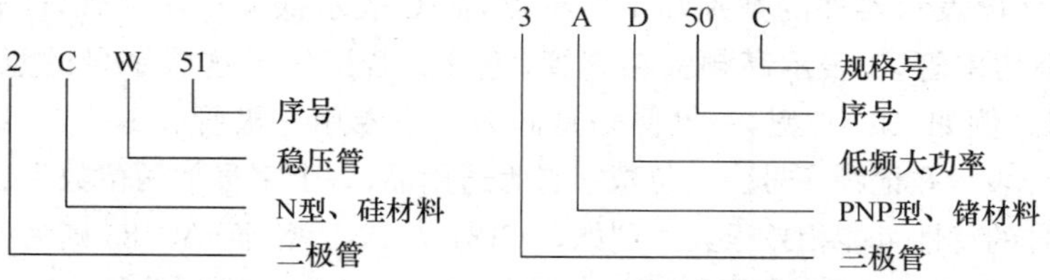

(a)N型硅材料稳压二极管　　(b)锗材料PNP型低频大功率三极管

图 B.1 国产半导体分立器件型号命名示例

2. 国际电子联合会半导体器件命名法

表 B.2 国际电子联合会半导体器件型号命名法

第一部分		第二部分				第三部分		第四部分	
用字母表示使用的材料		用字母表示类型及主要特性				用数字或字母加数字表示登记号		用字母对同一型号者分档	
符号	意义	符号	意义	符号	意义	符号	意义	符号	意义
A	锗材料	A	检波、开关和混频二极管	M	封闭磁路中的霍尔元件	三位数字	通用半导体器件的登记序号(同一类型器件使用同一登记号)	A B C D E …	同一型号器件按某一参数进行分档的标志
		B	变容二极管	P	光敏元件				
B	硅材料	C	低频小功率三极管	Q	发光器件				
		D	低频大功率三极管	R	小功率可控硅				
C	砷化镓	E	隧道二极管	S	小功率开关管				
		F	高频小功率三极管	T	大功率可控硅	一个字母加两位数字	专用半导体器件的登记序号(同一类型器件使用同一登记号)		
D	锑化铟	G	复合器件及其他器件	U	大功率开关管				
		H	磁敏二极管	X	倍增二极管				
R	复合材料	K	开放磁路中的霍尔元件	Y	整流二极管				
		L	高频大功率三极管	Z	稳压二极管即齐纳二极管				

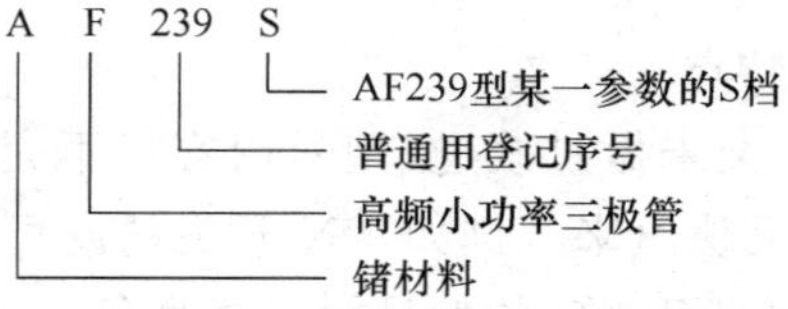

图 B.2 国际电子联合会半导体器件型号命名示例

国际电子联合会晶体管型号命名法的特点：

(1) 这种命名法被欧洲许多国家采用。因此，凡型号以两个字母开头，并且第一个字母是 A,B,C,D 或 R 的晶体管，大都是欧洲制造的产品，或是按欧洲某一厂家专利生产的产品。

(2) 第一个字母表示材料(A 表示锗管，B 表示硅管)，但不表示极性(NPN 型或 PNP 型)。

(3) 第二个字母表示器件的类别和主要特点，如 C 表示低频小功率管，D 表示低频大功率管，F 表示高频小功率管，L 表示高频大功率管，等等。若记住了这些字母的意义，不查手册也可以判断出类别。例如，BL49 型，一见便知是硅大功率专用三极管。

(4) 第三部分表示登记顺序号。三位数字者为通用品；一个字母加两位数字者为专用品，顺序号相邻的两个型号的特性可能相差很大。例如，AC184 为 PNP 型，而 AC185 则为 NPN 型。

(5) 第四部分字母表示同一型号的某一参数(如 h_{FE} 或 N_F)进行分档。

(6) 型号中的符号均不反映器件的极性(指 NPN 或 PNP)，需查阅手册或测量。

3. 美国半导体器件型号命名法

美国晶体管或其他半导体器件的型号命名法较混乱。这里介绍的是美国晶体管标准型号命名法，即美国电子工业协会(EIA)规定的晶体管分立器件型号的命名法。具体如表 B.3 所示。

表 B.3 美国电子工业协会半导体器件型号命名法

第一部分		第二部分		第三部分		第四部分		第五部分	
用符号表示用途的类型		用数字表示PN结的数目		美国电子工业协会(EIA)注册标志		美国电子工业协会(EIA)登记顺序号		用字母表示器件分档	
符号	意义	符号	意义	符号	意义	符号	意义	符号	意义
JAN 或 J	军用品	1	二极管	N	该器件已在美国电子工业协会注册登记	多位数字	该器件在美国电子工业协会登记的顺序号	A	同一型号的不同档别
无	非军用品	2	三极管					B	
		3	三个 PN 结器件					C	
		n	n 个 PN 结器件					D …	

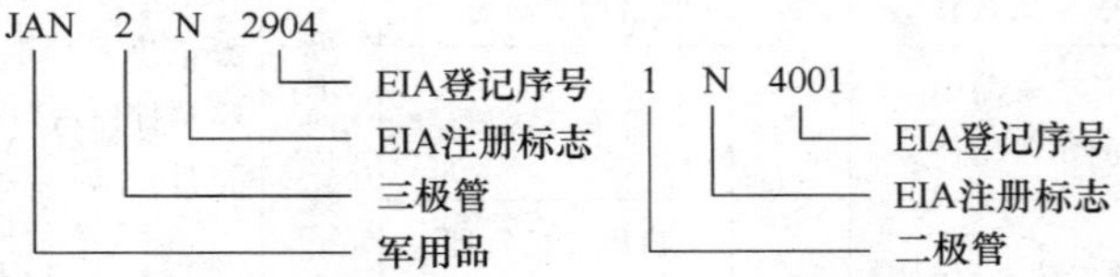

(a)JAN2N2904 (b)1N4001

图 B.3 美国电子工业协会半导体器件型号命名示例

美国晶体管型号命名法的特点：

(1) 型号命名法规定较早，又未做过改进，型号内容很不完备。例如，对于材料、极性、主要特性和类型，在型号中不能反映出来。例如，2N 开头的既可能是一般晶体管，也可能是场效应管。因此，仍有一些厂家按自己规定的型号命名法命名。

(2) 组成型号的第一部分是前缀，第五部分是后缀，中间的三部分为型号的基本部分。

(3) 除去前缀以外，凡型号以 1N、2N 或 3N ……开头的晶体管分立器件，大都是美国制造的，或按美国专利在其他国家制造的产品。

(4) 第四部分数字只表示登记序号，而不含其他意义。因此，序号相邻的两器件可能特性相差很大。例如，2N3464 为硅 NPN，高频大功率管，而 2N3465 为 N 沟道场效应管。

(5) 不同厂家生产的性能基本一致的器件，都使用同一个登记号。同一型号中某些参数的差异常用后缀字母表示。因此，型号相同的器件可以通用。

(6) 登记序号数大的通常是近期产品。

4. 日本半导体器件型号命名法

日本半导体分立器件(包括晶体管)或其他国家按日本专利生产的这类器件，都是按日本工业标准(JIS)规定的命名法(JIS-C-702)命名的。

日本半导体分立器件的型号，由五至七部分组成。通常只用到前五部分。前五部分符号及意义如表 B.4 所示。第六、七部分的符号及意义通常是各公司自行规定的。第六部分的符号表示特殊的用途及特性，其常用的符号有：

M—松下公司用来表示该器件符合日本防卫厅海上自卫队参谋部有关标准登记的产品。

N—松下公司用来表示该器件符合日本广播协会(NHK)有关标准的登记产品。

Z—松下公司用来表示专用通信用的可靠性高的器件。

H—日立公司用来表示专为通信用的可靠性高的器件。

K—日立公司用来表示专为通信用的塑料外壳的可靠性高的器件。

T—日立公司用来表示收发报机用的推荐产品。

G—东芝公司用来表示专为通信用的设备制造的器件。

S—三洋公司用来表示专为通信设备制造的器件。

表 B.4　日本半导体器件型号命名法

第一部分		第二部分		第三部分		第四部分		第五部分	
用数字表示类型或有效电极数		S表示日本电子工业协会(EIAJ)的注册产品		用字母表示器件的极性及类型		用数字表示在日本电子工业协会登记的顺序号		用字母表示对原来型号的改进产品	
符号	意义	符号	意义	符号	意义	符号	意义	符号	意义
0	光电(即光敏)二极管、晶体管及其组合管	S	表示已在日本电子工业协会(EIAJ)注册登记的半导体分立器件	A	PNP 型高频管	四位以上的数字	从 11 开始，表示在日本电子工业协会注册登记的顺序号，不同公司性能相同的器件可以使用同一顺序号，其数字越大越是近期产品	A	用字母表示对原来型号的改进产品
1	二极管			B	PNP 型低频管			B	
2	三极管、具有两个以上 PN 结的其他晶体管			C	NPN 型高频管			C	
3	具有四个有效电极或具有三个 PN 结的晶体管			D	NPN 型低频管			D	
…	…			F	P 控制极可控硅			E	
$n-1$	具有 n 个有效电极或具有 $n-1$ 个 PN 结的晶体管			G	N 控制极可控硅			F	
				H	N 基极单结晶体管			…	
				J	P 沟道场效应管				
				K	N 沟道场效应管				
				M	双向可控硅				

第七部分的符号，常被用来作为器件某个参数的分档标志。例如，三菱公司常用 R，G，Y 等字母；日立公司常用 A，B，C，D 等字母，作为直流放大系数 h_{FE} 的分档标志。

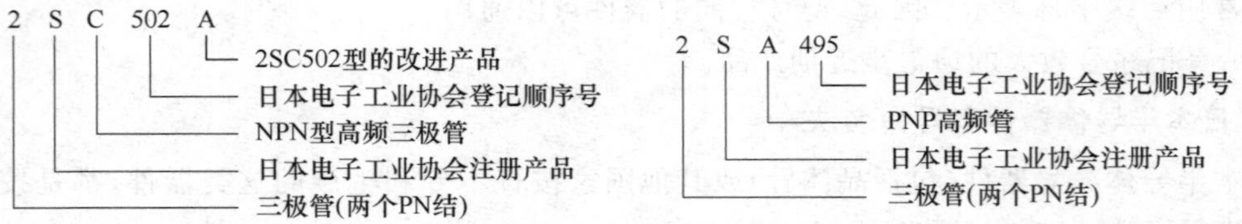

(a)2SC502A(日本收音机中常用的中频放大管)　(b)2SA495(日本夏普公司GF-9494收音机用小功率管)

图 B.4 日本半导体器件型号命名示例

日本半导体器件型号命名法有如下特点：

(1) 第一部分是数字，表示器件的类型或有效电极数。例如，用“1”表示二极管，用“2”表示三极管。而屏蔽用的接地电极不是有效电极。

(2) 第二部分为字母 S，表示日本电子工业协会注册产品，而不表示材料和极性。

(3) 第三部分表示极性和类型。例如，用 A 表示 PNP 型高频管，用 J 表示 P 沟道场效应三极管。但是，第三部分既不表示材料，也不表示功率的大小。

(4) 第四部分只表示在日本工业协会(EIAJ)注册登记的顺序号，并不反映器件的性能，顺序号相邻的两个器件的某一性能可能相差很远。例如，2SC2680 型的最大额定耗散功率为 200 mW，而 2SC2681 的最大额定耗散功率为 100 W。但是，登记顺序号能反映产品时间的先后。登记顺序号的数字越大，越是近期产品。

(5) 第六、七两部分的符号和意义各公司不完全相同。

(6) 日本有些半导体分立器件的外壳上标记的型号，常采用简化标记的方法，即把 2S 省略。例如，2SD764 简化为 D764；2SC502A 简化为 C502A。

(7) 在低频管(2SB 和 2SD 型)中，也有工作频率很高的管子。例如，2SD355 的特征频率 f_T 为 100 MHz，所以，它们也可当高频管用。

(8) 日本通常把 $P_{cm} \geqslant 1$ W 的管子，称为大功率管。

B.2 常用半导体二极管的主要参数

表 B.5 部分半导体二极管的参数

类型	型号	最大整流电流/mA	正向电流/mA	正向压降(在左栏电流值下)/V	反向击穿电压/V	最高反向工作电压/V	反向电流/μA	零偏压电容/pF	反向恢复时间/ns
普通检波二极管	2AP9	≤16	≥2.5	≤1	≥40	20	≤250	≤1	f_H(MHz)150
	2AP7		≥5		≥150	100			
	2AP11	≤25	≥10	≤1		≤10	≤250	≤1	f_H(MHz)40
	2AP17	≤15	≥10			≤100			

续 表

类型	型号	最大整流电流/mA	正向电流/mA	正向压降(在左栏电流值下)/V	反向击穿电压/V	最高反向工作电压/V	反向电流/μA	零偏压电容/pF	反向恢复时间/ns
锗开关二极管	2AK1		≥150	≤1	30	10		≤3	≤200
	2AK2				40	20			
	2AK5		≥200	≤0.9	60	40		≤2	≤150
	2AK10		≥10	≤1	70	50			
	2AK13		≥250	≤0.7	60	40			
	2AK14				70	50			
硅开关二极管	2CK70A～E		≥10	≤0.8	A≥30 B≥45 C≥60 D≥75 E≥90	A≥20 B≥30 C≥40 D≥50 E≥60		≤1.5	≤3
	2CK71A～E		≥20						≤4
	2CK72A～E		≥30					≤1	≤5
	2CK73A～E		≥50	≤1					
	2CK74A～D		≥100						
	2CK75A～D		≥150						
	2CK76A～D		≥200						
整流二极管	2CZ52A～2CZ52M	2	0.1	≤1		25、50、100、200、300、400、500、600、800、1 000			同2AP普通二极管
	2CZ53A～2CZ53M	6	0.3	≤1					
	2CZ54A～2CZ54M	10	0.5	≤1					
	2CZ55A～2CZ55M	20	1	≤1					
	2CZ56A～2CZ56M	65	3	≤0.8					
	1N4001～4007	30	1	1.1		50～1 000	5		
	1N5391～5399	50	1.5	1.4		50～1 000	10		
	1N5400～5408	200	3	1.2		50～1 000	10		

B.3 常用稳压二极管的主要参数

表 B.6 部分稳压二极管的主要参数

型号	工作电流为稳定电流时，稳定电压/V	稳定电压下，稳定电流/mA	环境温度<50 ℃下，最大稳定电流/mA	反向漏电流	稳定电流下，动态电阻/Ω	稳定电流下，电压温度系数 $(10^{-4}\cdot ℃^{-1})$	环境温度<10 ℃下，最大耗散功率/W
2CW51	2.5～3.5	10	71	≤5	≤60	≥−9	0.25
2CW52	3.2～4.5		55	≤2	≤70	≥−8	
2CW53	4～5.8		41	≤1	≤50	−6～4	
2CW54	5.5～6.5		38	≤0.5	≤30	−3～5	
2CW56	7～8.8		27		≤15	≤7	
2CW57	8.5～9.8		26		≤20	≤8	
2CW59	10～11.8	5	20		≤30	≤9	
2CW60	11.5～12.5		19		≤40	≤9	
2CW103	4～5.8	50	165	≤1	≤20	−6～4	1
2CW110	11.5～12.5	20	76	≤0.5	≤20	≤9	
2CW113	16～19	10	52	≤0.5	≤40	≤11	
2CW1A	5	30	240		≤20		1
2CW6C	15	30	70		≤8		1
2CW7C	6.0～6.5	10	30		≤10	0.05	0.2

B.4 常用整流桥的主要参数

表 B.7 几种单相桥式整流器的参数

型号	不重复正向浪涌电流/A	整流电流/A	正向电压降/V	反向漏电/μA	反向工作电压/V	最高工作结温/℃
QL1	1	0.05	≤1.2	≤10	常见的分档为：25，50，100，200，400，500，600，700，800，900，1 000	130
QL2	2	0.1				
QL4	6	0.3				
QL5	10	0.5				
QL6	20	1				
QL7	40	2		≤15		
QL8	60	3				

B. 5　常用半导体三极管的主要参数

1. 3AX51(3AX31)型 PNP 型锗低频小功率三极管

表 B. 8　3AX51(3AX31)型半导体三极管的参数

原型号		3AX31				测试条件
新型号		3AX51A	3AX51B	3AX51C	3AX51D	
极限参数	P_{CM}/mW	100	100	100	100	T_a=25 ℃
	I_{CM}/mA	100	100	100	100	
	T_{jM}/℃	75	75	75	75	
	BU_{CBO}/V	≥30	≥30	≥30	≥30	I_C=1 mA
	BU_{CEO}/V	≥12	≥12	≥18	≥24	I_C=1 mA
直流参数	I_{CBO}/ μA	≤12	≤12	≤12	≤12	U_{CB}=−10 V
	I_{CEO}/μA	≤500	≤500	≤300	≤300	U_{CE}=−6 V
	I_{EBO}/μA	≤12	≤12	≤12	≤12	U_{EB}=−6 V
	h_{FE}	40～150	40～150	30～100	25～70	U_{CE}=−1 V　I_C=50 mA
交流参数	f_α/kHz	≥500	≥500	≥500	≥500	U_{CB}=−6 V　I_E=1 mA
	N_F/dB	—	≤8	—	—	U_{CB}=−2 V　I_E=0. 5 mA　f=1 kHz
	h_{ie}/kΩ	0. 6～4. 5	0. 6～4. 5	0. 6～4. 5	0. 6～4. 5	U_{CB}=−6 V　I_E=1 mA　f=1 kHz
	h_{re}(×10)	≤2. 2	≤2. 2	≤2. 2	≤2. 2	
	h_{oe}/μs	≤80	≤80	≤80	≤80	
	h_{fe}	—	—	—	—	
h_{FE}色标分档		(红)25～60;(绿)50～100;(蓝)90～150				
管脚		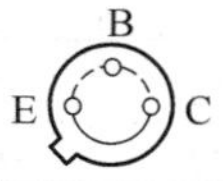				

2. 3AX81 型 PNP 型锗低频小功率三极管

表 B. 9　3AX81 型 PNP 型锗低频小功率三极管的参数

型号		3AX81A	3AX81B	测试条件
极限参数	P_{CM}/mW	200	200	
	I_{CM}/mA	200	200	
	T_{jM}/℃	75	75	
	BU_{CBO}/V	−20	−30	I_C=4 mA
	BU_{CEO}/V	−10	−15	I_C=4 mA
	BU_{EBO}/V	−7	−10	I_E=4 mA

续 表

型号		3AX81A	3AX81B	测试条件
直流参数	$I_{CBO}/\mu A$	≤30	≤15	$U_{CB}=-6$ V
	$I_{CEO}/\mu A$	≤1 000	≤700	$U_{CE}=-6$ V
	$I_{EBO}/\mu A$	≤30	≤15	$U_{EB}=-6$ V
	U_{BES}/V	≤0.6	≤0.6	$U_{CE}=-1$ V　$I_C=175$ mA
	U_{CES}/V	≤0.65	≤0.65	$U_{CE}=U_{BE}$　$U_{CB}=0$　$I_C=200$ mA
	h_{FE}	40～270	40～270	$U_{CE}=-1$ V　$I_C=175$ mA
交流参数	f_β/kHz	≥6	≥8	$U_{CB}=-6$ V　$I_E=10$ mA
h_{FE}色标分档		（黄）40～55（绿）55～80（蓝）80～120（紫）120～180（灰）180～270（白）270～400		
管脚		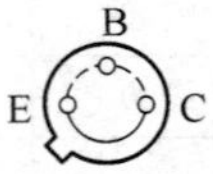		

3. 3BX31 型 NPN 型锗低频小功率三极管

表 B.10　3BX31 型 NPN 型锗低频小功率三极管的参数

型号		3BX31M	3BX31A	3BX31B	3BX31C	测试条件
极限参数	P_{CM}/mW	125	125	125	125	$T_a=25$ ℃
	I_{CM}/mA	125	125	125	125	
	T_{jM}/℃	75	75	75	75	
	BU_{CBO}/V	−15	−20	−30	−40	$I_C=1$ mA
	BU_{CEO}/V	−6	−12	−18	−24	$I_C=2$ mA
	BU_{EBO}/V	−6	−10	−10	−10	$I_E=1$ mA
直流参数	$I_{CBO}/\mu A$	≤25	≤20	≤12	≤6	$U_{CB}=6$ V
	$I_{CEO}/\mu A$	≤1 000	≤800	≤600	≤400	$U_{CE}=6$ V
	$I_{EBO}/\mu A$	≤25	≤20	≤12	≤6	$U_{EB}=6$ V
	U_{BES}/V	≤0.6	≤0.6	≤0.6	≤0.6	$U_{CE}=6$ V　$I_C=100$ mA
	U_{CES}/V	≤0.65	≤0.65	≤0.65	≤0.65	$U_{CE}=U_{BE}$　$U_{CB}=0$　$I_C=125$ mA
	h_{FE}	80～400	40～180	40～180	40～180	$U_{CE}=1$ V　$I_C=100$ mA
交流参数	f_β/kHz	—	—	≥8	f_α≥465	$U_{CB}=-6$ V　$I_E=10$ mA
h_{FE}色标分档		（黄）40～55（绿）55～80（蓝）80～120（紫）120～180（灰）180～270（白）270～400				
管脚		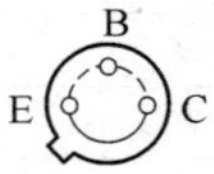				

4. 3DG100(3DG6)型 NPN 型硅高频小功率三极管

表 B.11　3DG100(3DG6)型 NPN 型硅高频小功率三极管的参数

原型号		3DG6				测试条件
新型号		3DG100A	3DG100B	3DG100C	3DG100D	
极限参数	P_{CM}/mW	100	100	100	100	
	I_{CM}/mA	20	20	20	20	
	BU_{CBO}/V	≥30	≥40	≥30	≥40	$I_C=100\ \mu A$
	BU_{CEO}/V	≥20	≥30	≥20	≥30	$I_C=100\ \mu A$
	BU_{EBO}/V	≥4	≥4	≥4	≥4	$I_E=100\ \mu A$
直流参数	$I_{CBO}/\mu A$	≤0.01	≤0.01	≤0.01	≤0.01	$U_{CB}=10$ V
	$I_{CEO}/\mu A$	≤0.1	≤0.1	≤0.1	≤0.1	$U_{CE}=10$ V
	$I_{EBO}/\mu A$	≤0.01	≤0.01	≤0.01	≤0.01	$U_{EB}=1.5$ V
	U_{BES}/V	≤1	≤1	≤1	≤1	$I_C=10$ mA　$I_B=1$ mA
	U_{CES}/V	≤1	≤1	≤1	≤1	$I_C=10$ mA　$I_B=1$ mA
	h_{FE}	≥30	≥30	≥30	≥30	$U_{CE}=10$ V　$I_C=3$ mA
交流参数	f_T/MHz	≥150	≥150	≥300	≥300	$U_{CB}=10$ V　$I_E=3$ mA $f=100$ MHz　$R_L=5\ \Omega$
	K_P/dB	≥7	≥7	≥7	≥7	$U_{CB}=-6$ V　$I_E=3$ mA　$f=100$ MHz
	C_{ob}/pF	≤4	≤4	≤4	≤4	$U_{CB}=10$ V　$I_E=0$
h_{FE}色标分档		（红）30～60　（绿）50～110　（蓝）90～160　（白）>150				
管脚		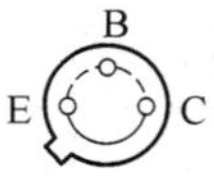				

5. 3DG130(3DG12)型 NPN 型硅高频小功率三极管

表 B.12　3DG130(3DG12)型 NPN 型硅高频小功率三极管的参数

原型号		3DG12				测试条件
新型号		3DG130A	3DG130B	3DG130C	3DG130D	
极限参数	P_{CM}/mW	700	700	700	700	
	I_{CM}/mA	300	300	300	300	
	BU_{CBO}/V	≥40	≥60	≥40	≥60	$I_C=100\ \mu A$
	BU_{CEO}/V	≥30	≥45	≥30	≥45	$I_C=100\ \mu A$
	BU_{EBO}/V	≥4	≥4	≥4	≥4	$I_E=100\ \mu A$

续 表

原型号		3DG12				测试条件
新型号		3DG130A	3DG130B	3DG130C	3DG130D	
直流参数	$I_{CBO}/\mu A$	≤0.5	≤0.5	≤0.5	≤0.5	$U_{CB}=10\ V$
	$I_{CEO}/\mu A$	≤1	≤1	≤1	≤1	$U_{CE}=10\ V$
	$I_{EBO}/\mu A$	≤0.5	≤0.5	≤0.5	≤0.5	$U_{EB}=1.5\ V$
	U_{BES}/V	≤1	≤1	≤1	≤1	$I_C=100\ mA\quad I_B=10\ mA$
	U_{CES}/V	≤0.6	≤0.6	≤0.6	≤0.6	$I_C=100\ mA\quad I_B=10\ mA$
	h_{FE}	≥30	≥30	≥30	≥30	$U_{CE}=10\ V\quad I_C=50\ mA$
交流参数	f_T/MHz	≥150	≥150	≥300	≥300	$U_{CB}=10\ V\quad I_E=50\ mA$ $f=100\ MHz\quad R_L=5\ \Omega$
	K_P/dB	≥6	≥6	≥6	≥6	$U_{CB}=-10\ V\quad I_E=50\ mA\quad f=100\ MHz$
	C_{ob}/pF	≤10	≤10	≤10	≤10	$U_{CB}=10\ V\quad I_E=0$
h_{FE}色标分档		(红)30～60 (绿)50～110 (蓝)90～160 (白)>150				
管脚		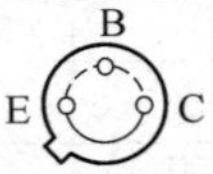				

6. 9011～9018 塑封硅三极管

表 B.13 9011～9018 塑封硅三极管的参数

型号		(3DG) 9011	(3CX) 9012	(3DX) 9013	(3DG) 9014	(3CG) 9015	(3DG) 9016	(3DG) 9018
极限参数	P_{CM}/mW	200	300	300	300	300	200	200
	I_{CM}/mA	20	300	300	100	100	25	20
	BU_{CBO}/V	20	20	20	25	25	25	30
	BU_{CEO}/V	18	18	18	20	20	20	20
	BU_{EBO}/V	5	5	5	4	4	4	4
直流参数	$I_{CBO}/\mu A$	0.01	0.5	0.5	0.05	0.05	0.05	0.05
	$I_{CEO}/\mu A$	0.1	1	1	0.5	0.5	0.5	0.5
	$I_{EBO}/\mu A$	0.01	0.5	0.5	0.05	0.05	0.05	0.05
	U_{BES}/V	0.5	0.5	0.5	0.5	0.5	0.5	0.35
	U_{CES}/V		1	1	1	1	1	1
	h_{FE}	30	30	30	30	30	30	30
交流参数	f_T/MHz	100			80	80	500	600
	K_P/dB	3.5			2.5	4	1.6	4
	C_{ob}/pF							10
h_{FE}色标分档		(红)30～60 (绿)50～110 (蓝)90～160 (白)>150						
管脚								

7. 常用场效应管主要参数

表 B.14　常用场效应三极管主要参数

参数名称	N沟道结型				MOS型N沟道耗尽型		
	3DJ2	3DJ4	3DJ6	3DJ7	3D01	3D02	3D04
	D～H	D～H	D～H	D～H	D～H	D～H	D～H
饱和漏源电流 I_{DSS}/mA	0.3～10	0.3～10	0.3～10	0.35～1.8	0.35～10	0.35～25	0.35～10.5
夹断电压 U_{GS}/V	$<\lvert 1\sim 9\rvert$	$<\lvert 1\sim 9\rvert$	$<\lvert 1\sim 9\rvert$	$<\lvert 1\sim 9\rvert$	$\leqslant\lvert 1\sim 9\rvert$	$\leqslant\lvert 1\sim 9\rvert$	$\leqslant\lvert 1\sim 9\rvert$
正向跨导 $g_m/\mu V$	>2 000	>2 000	>1 000	>3 000	≥1 000	≥4 000	≥2 000
最大漏源电压 BU_{DS}/V	>20	>20	>20	>20	>20	>12～20	>20
最大耗散功率 P_{DNI}/mW	100	100	100	100	100	25～100	100
栅源绝缘电阻 r_{GS}/Ω	$\geqslant 10^8$	$\geqslant 10^8$	$\geqslant 10^8$	$\geqslant 10^8$	$\geqslant 10^8$	$\geqslant 10^9$	≥100
管脚							

B.6　模拟集成电路的主要参数

1. 国产模拟集成电路命名法

表 B.15　国产模拟集成电路命名法

第零部分		第一部分		第二部分	第三部分		第四部分	
用字母表示器件符合国家标准		用字母表示器件的类型		用阿拉伯数字表示器件的系列和品种代号	用字母表示器件的工作温度范围		用字母表示器件的封装	
符号	意义	符号	意义		符号	意义	符号	意义
C	中国制造	T	TTL		C	0～70 ℃	W	陶瓷扁平
		H	HTL		E	−40～85 ℃	B	塑料扁平
		E	ECL		R	−55～85 ℃	F	全封闭扁平
		C	CMOS		M …	−55～125 ℃ …	D	陶瓷直插
		F	线性放大器				P	塑料直插
		D	音响、电视电路				J	黑陶瓷直插
		W	稳压器				K	金属菱形
		J	接口电路				T	金属圆形

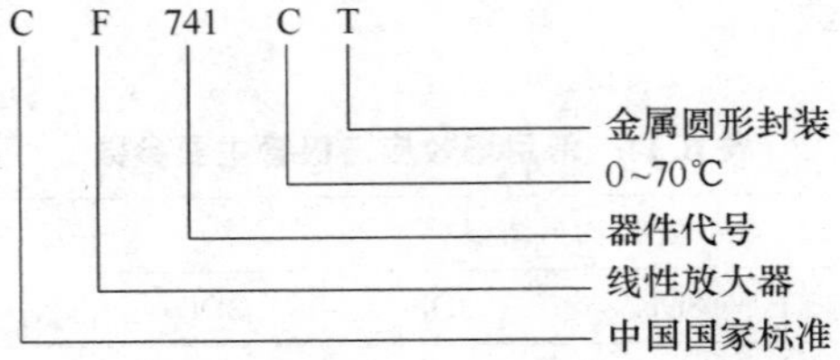

图 B.5 国产模拟集成电路命名示例

2. 国外部分公司及产品代号

表 B.16 国外部分公司及产品代号

公司名称	代号	公司名称	代号
美国无线电公司(BCA)	CA	美国悉克尼特公司(SIC)	NE
美国国家半导体公司(NSC)	LM	日本电气工业公司(NEC)	μPC
美国莫托洛拉公司(MOTA)	MC	日本日立公司(HIT)	RA
美国仙童公司(PSC)	μA	日本东芝公司(TOS)	TA
美国德克萨斯公司(TII)	TL	日本三洋公司(SANYO)	LA,LB
美国模拟器件公司(ANA)	AD	日本松下公司	AN
美国英特西尔公司(INL)	IC	日本三菱公司	M

3. 部分模拟集成电路引脚排列

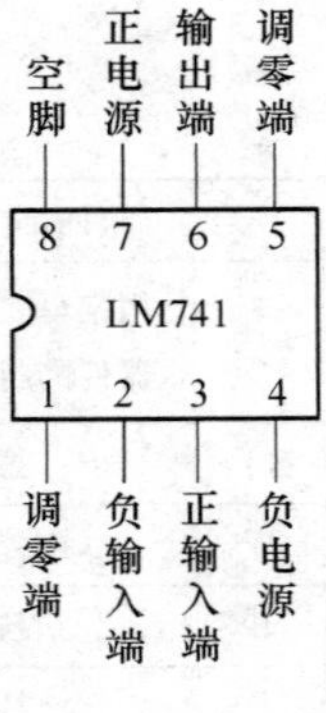

图 B.6 LM741 运算放大器

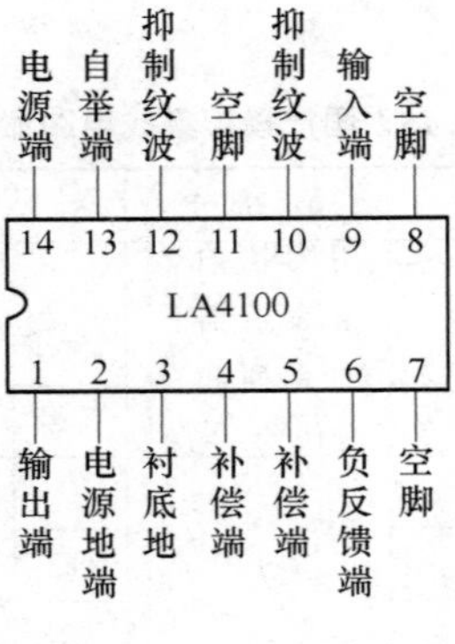

图 B.7 LA4100 音频功率放大器

图 B.8 LM317 集成稳压器

4. 部分模拟集成电路主要参数

(1) μA741 运算放大器的主要参数

表 B.17 μA741 运算放大器的性能参数

电源电压	$+U_{CC}$	+3～+18 V,典型值+15 V	工作频率	10 kHz
	$-U_{EE}$	−3～−18 V,典型值−15 V		
输入失调电压 U_{IO}		2 mV	单位增益带宽积 A_u·BW	1 MHz
输入失调电流 I_{IO}		20 nA	转换速率 S_R	0.5 V/μS
开环电压增益 A_{uo}		106 dB	共模抑制比 CMRR	90 dB
输入电阻 R_i		2 MΩ	功率消耗	50 mW
输出电阻 R_o		75 Ω	输入电压范围	±13 V

(2) LA4100、LA4102 音频功率放大器的主要参数

表 B.18 LA4100、LA4102 音频功率放大器的主要参数

参数名称/单位	条件	典型值(R_L=8 Ω)	
		LA4100 ($+U_{CC}$=+6 V)	LA4102 ($+U_{CC}$=+9 V)
耗散电流/mA	静态	30.0	26.1
电压增益/dB	R_{NF}=220, f=1 kHz	45.4	44.4
输出功率/W	THD=10%, f=1 kHz	1.9	4.0
总谐波失真×100	P_0=0.5 W, f=1 kHz	0.28	0.19
输出噪声电压/mV	R_g=0, U_G=45 dB	0.24	0.21

(3) CW7805、CW7812、CW7912、CW317 集成稳压器的主要参数

表 B.19 CW78 系列、CW79 系列、CW317 系列参数

参数名称/单位	CW7805	CW7812	CW7912	CW317
输入电压/V	+10	+19	−19	≤40
输出电压范围/V	+4.75～+5.25	+11.4～+12.6	−12.6～−11.4	+1.2～+37
最小输入电压/V	+7	+14	−14	$+3 \leqslant V_i - V_o \leqslant +40$
电压调整率/mV	+3	+3	+3	0.02%/V
最大输出电流/A	加散热片可达 1A			1.5

附录 C

TPE-A5Ⅱ型模拟电路实验箱简介

TPE-A5Ⅱ型模拟电路实验箱的实物图如图 C.1 所示。此模拟电路实验箱分为三部分:信号源和直流电源,模拟电路的基本线路,电路模块。

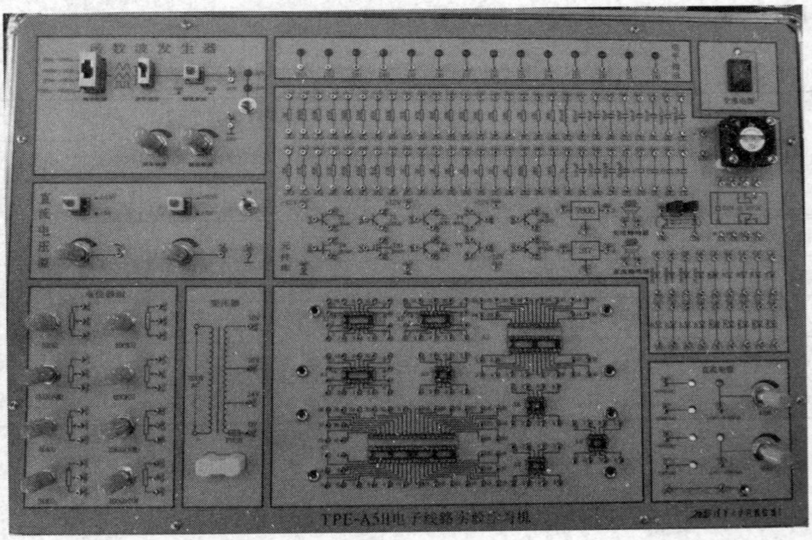

图 C.1　TPE-A5Ⅱ型模拟电路实验箱实物图

一、信号源和直流电压源

信号源(即函数波发生器)和直流电压源是用于辅助做模拟电路实验时所需的外部输入信号。

1. 信号源(函数波发生器)

信号源部分可以对信号的波形、频率、幅值进行选择及调节。

(1) 频率选择分 10～100 Hz,100～1 kHz,1～10 kHz,10～100 kHz 这四档,在各档之间可以通过频率细调改变这一档之间的频率,以满足实验中频率的要求。

(2) 波形选择分正弦波、三角波、方波。同时可以通过幅值细调改变输出波形的幅值幅度。

2. 直流电压源

(1) +5～−5 V 使按钮处于弹出,调节电位器使输出满足实验的要求。

(2) +0.5～−0.5 V 按钮往下按使它处于压下,调节电位器使输出满足实验的要求。

3. 直流电源

直流电源有六档可供选择。

(1) +12 V 通电,红灯亮,即可输出+12 V 电压。

(2) −12 V 通电,绿灯亮,即可输出−12 V 电压。

(3) +5 V 通电,红灯亮,即可输出+5 V 电压。

(4) −5 V 通电,红灯亮,即可输出−5 V 电压。

(5) +1.3～+15 V 通电,红灯亮,通过调节电位器使输出电压在+1.3～+15 V 变化。

(6) −1.3～−15 V 通电,绿灯亮,通过调节电位器使输出电压在−1.3～−15 V 变化。

二、模拟电路的基本线路

模拟电路实验分五个模块:电位器,变压器,集成电路接插,电平指示,元件库。

1. 电位器

电位器有 510 Ω、100 Ω、51 kΩ、680 kΩ、100 kΩ、10 kΩ、1 kΩ 等不同阻值。

2. 变压器

变压器为交流 220 V、50 Hz 输入的多绕组输出变压器,可输出频率为 50 Hz,幅值分别为 14 V、16 V、18 V 的三组交流电压。

3. 集成电路接插

可对 DIP8、DIP14、DIP24、DIP40 封装的双列直插集成电路进行接线和测试。

4. 电平指示

用于指示管脚或电路某处电位的高低,由 14 个红色 LED 和对应插孔组成。

5. 元件库

用于实验连接各种电子电路,包括多种电阻、电容、电感、二极管、稳压二极管、双向稳压二极管、晶体三极管、场效应管、稳压模块、光耦合器、直流蜂鸣器、交流蜂鸣器、继电器、风扇等。

三、电路模块

1. 分立电路模块

分立电路模块可以完成单管交流放大、两级交流放大电路、负反馈放大电路、射级跟随电路、*RC* 正弦波振荡电路、*LC* 振荡电路及选频放大电路的实验。模块实物图如图 C.2 所示。

2. 差动放大电路与波形变换器模块

差动放大电路与波形变换器模块可以完成直流差动放大电路、波形发生电路、波形变换电路的实验。模块实物图如图 C.3 所示。

3. 集成运放电路模块

集成运放电路模块可以完成比例求和运算电路、积分与微分电路、波形发生电路、电压比较器、*LC* 振荡电路及选频放大电路、电流/电压转换电路、电压/频率转换电路等实验。模块实物图如图 C.4 所示。

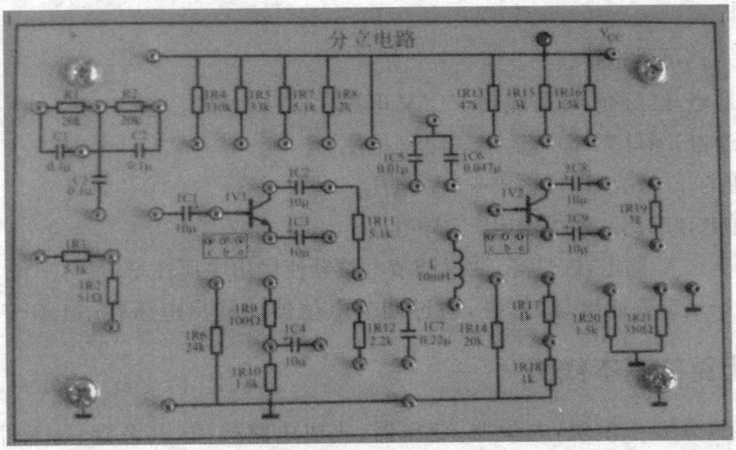

图 C.2　分立电路模块实物图

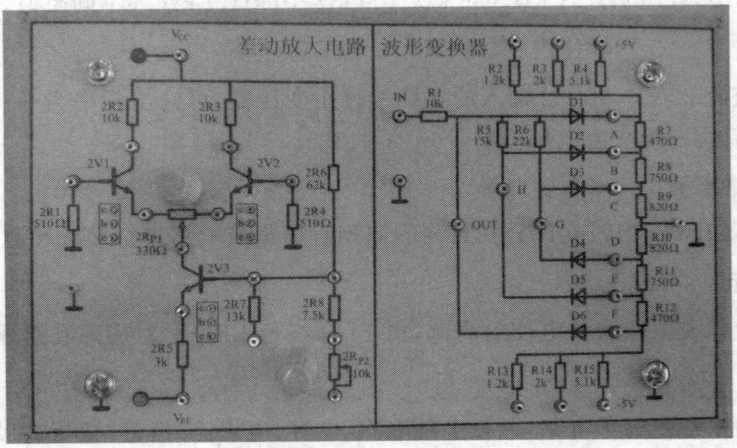

图 C.3　差动放大电路与波形变换器模块实物图

4. 功率放大电路模块

功率放大电路模块可以完成互补对称功率放大器和集成功率放大器的实验。模块实物图如图 C.5 所示。

5. 整流滤波与稳压电路模块

整流滤波与稳压电路模块可以完成整流滤波与并联稳压电路、串联稳压电路、集成稳压电路等实验。模块实物图如图 C.6 所示。

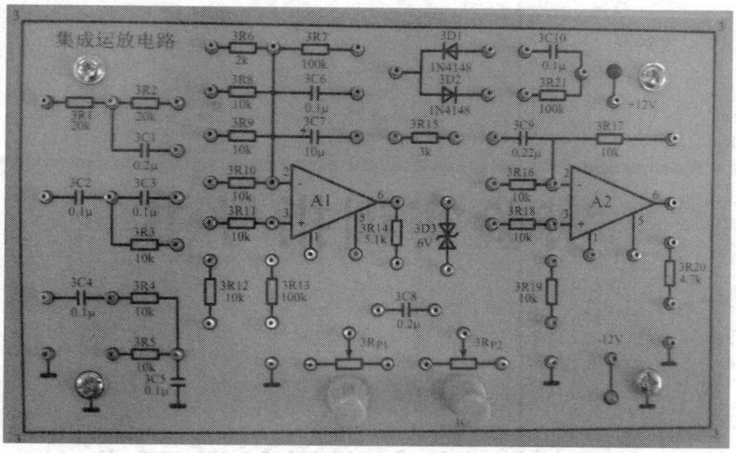

图 C.4 集成运放电路模块实物图

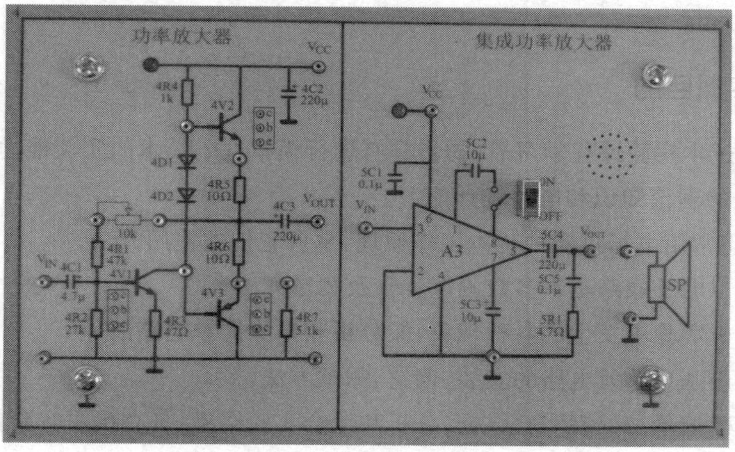

图 C.5 功率放大电路模块实物图

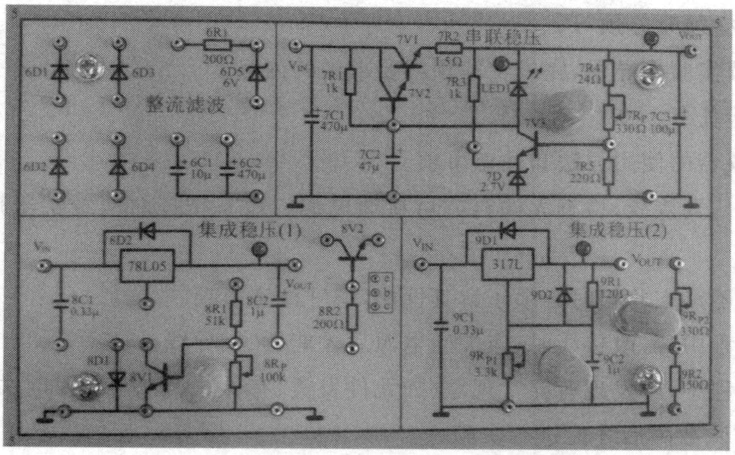

图 C.6 整流滤波与稳压电路模块实物图

附录 D

实验实训指导书

D.1 实验实训目的及要求

一、实验实训目的

(1) 学生通过本实验课程学习后，初步具有进行模拟电子技术的实验能力，巩固和扩大模拟电子线路课程的理论知识和电路设计能力。

(2)要求熟悉常用电子仪器的基本工作原理，掌握它们的使用方法。

(3) 掌握模拟电子线路基本参数测试步骤及测量方法。

(4) 正确分析实验中发生的各种现象，能分析和排除简单电路故障。

(5) 学会常用基本单元电路的安装、调整、测试方法。

(6) 学会正确记录和处理实验数据，分析和综合实验结果，具有撰写实验报告的能力。

二、实验实训的要求

(1) 实验前必须充分预习。

① 认真阅读实验指导书，完成实验预习要求中的内容。

② 熟悉实验任务。

③ 了解各仪器的使用方法和注意事项。

(2) 实验时认真接线，检查无误时方可接通电源。没有把握时应经实验指导老师检查后才能接通电源。

(3) 使用仪器和实验箱时必须了解其性能，遵守注意事项。

(4) 实验过程中，需改接线时，应关断电源后才能拆、接导线。

(5) 实验过程中，若发现有异常现象(如元件发烫、有异味、冒烟)应及时关断电源，报告实验指导老师。排除故障后才能进行实验。

(6) 实验过程中，应仔细观察实验现象，记录实验结果。

（7）实验结束后，必须关断电源，拔出电源插头；整理仪器、工具、导线。

（8）实验后，按要求独立完成实验报告。

（9）模拟实验注意事项：

① 在进行小信号放大实验时，由于所用信号发生器及连接电缆的缘故，往往在进入放大器前就出现噪声或不稳定，有些信号源调不到毫伏以下，实验时可采用在放大器输入端加衰减的方法。一般可用实验箱中的电阻组成衰减器，这样连接的电缆上的信号电平较高，不易受干扰。

② 做放大器实验时如发现波形削顶失真甚至变成方波，应检查工作点设置是否正确，或输入信号是否过大，由于实验箱所用三极管 h_{fe} 较大，所以两级放大电路容易饱和失真。

③ 如果实验器材中无频率计，可由示波器测量波形周期再进行换算。

（10）课程学时：实验课程 16，实训课程 30。

（11）教材：主编董兵，副主编欧阳欣、于丙涛，《模拟电子技术与实训教程》。

（12）成绩评定

根据每次实验过程中学生对实验内容的理解，操作的准确性和熟练程度，发现问题及解决问题的能力，以及实验数据的核查，给出操作成绩，占 60 分；实验报告撰写占 40 分；综合给出每次实验成绩。

D.2　综合实训项目：功率放大电路的设计

一、实训目的

模拟电子技术是移动通信技术专业及其他相关专业的一门非常重要的专业基础课，它也是一门实践性很强的一门课程，为进一步强化对理论知识的理解及综合利用所开设的一项基本训练课程。通过实训，加强学生对所学理论知识的理解；强化学生的技能练习，使之能够掌握电子技术应用的基本理论、技能、技巧；加强动手能力及劳动观念的培养；尤其在培养学生对所学专业知识综合应用能力及认知素质等方面，该项实训是不可缺少的重要环节。

二、实训基本要求

（1）能正确使用仪器仪表测试电子元器件；

（2）能正确分析功放电路的工作原理；

（3）进一步巩固电路设计、调试的基本技能；

（4）初步掌握功率放大电路设计的基本方法。

三、实训内容

（1）功放电路电子元器件的识别与检测。

(2) 按已知功放电路在面包板上设计电路分布图。

(3) 电路参数的计算:Q 点、A_u、R_i、R_o。

(4) 电路测试与调试:

① 静态工作点的测试与调整;

② 功放电路交越失真现象的观察与调整;

③ 功放电路最大不失真输出功率的测试与效率测试;

④ 功放电路的频率特性测试。

(5) 音乐测试,通过试听评价功放电路的效果。

(6) 编写实训报告,要求如下:

① 功放电路的原理分析;

② 电路分布图;

③ 功放电路技术数据的测试结果与分析;

④ 试听效果与分析;

⑤ 实训体会与实训建议。

四、实训要求

(1) 自带记录纸、笔和模拟电子技术教材;

(2) 实训课前要认真阅读实训指导书与教材;

(3) 实训课上遵守实验室规则和设备操作要求;

(4) 按操作步骤和要求认真进行每项实训内容;

(5) 对实操方法及步骤认真进行整理和记录;

(6) 认真处理实训数据,完成实训报告。

五、考核要求

(1) 考核内容:出勤、实训报告和考核。

(2) 考核办法:出勤占 20%,实训报告占 20%,考核(功放电路效果评价)占 60%。

(3) 成绩评定:百分制。

D.3　模拟电子技术综合实训报告:功率放大电路的设计

实训时间		实训地点		实训成绩	
班级		姓名		学号	
实训目的					
实训仪器					
实训内容	1. 画出所设计的 OTL 功放电路的原理图。				

续 表

实训内容	2. 根据OTL功放电路原理图，计算电路的静态和动态参数（Q点、A_u、R_i、R_o），要求写出过程。

续表

3. 根据电路选取元器件，对元器件进行识别、清点和测试，并填写下表。

OTL功放电路元器件清单

序号	元件名称	型号或参数	实测参数	数量	备注
1					
2					
3					
4					
5					
6					
7					
8					
9					
10					
11					
12					
13					
14					
15					
16					
17					
18					
19					
20					
21					
22					
23					
24					

续表

实训内容	4. 根据 OTL 功放电路的原理图，设计并画出电路的装配图。

续表

实训内容	5. 对OTL功放电路的静态工作点(Q点)进行调试及测试,写出调试方法和步骤,测试并记录电路的Q点。

续表

实训内容	6. 画出测试OTL功放电路动态参数时的仪器布局图，测试并计算电路的电压放大倍数 A_u、最大不失真输出功率 P_{om}。

续 表

实训内容	7. 对数据的测试结果进行分析，包括： (1) 理论设计电压放大倍数与实测电压放大倍数的比较； (2) 理论最大不失真输出功率与实测最大不失真输出功率的比较； (3) 分析产生误差的原因。

续 表

实训内容	可从如下方面进行总结： (1) 在实训过程中遇到的问题及解决方法； (2) 在实训中的体会与收获； (3) 对实训的意见或建议。
指导教师评语	